Schriftenreihe - Heft 15

H. V e n z m e r
(Hrsg.)

Aktuelles
zur
Fassadeninstandsetzung

Vorträge

15. Hanseatische Sanierungstage
im November 2004
in Rostock-Warnemünde

HUSS-MEDIEN GmbH
Verlag Bauwesen
10400 Berlin

Bibliografische Informationen der Deutschen Bibliothek. Die Deutsche Bibliothek verzeichnet diese Publikation in der Deutschen Nationalbibliographie; detaillierte bibliographische Daten sind im Internet über http://dnb.ddb.de abrufbar

Schriftenreihe

Herausgeber
Prof. Dr. rer. nat. Dr.-Ing. habil. Helmuth Venzmer - Wismar
e-mail: h.venzmer@bau.hs-wismar.de

Redaktion Heft 15
Dipl.-Ing. Lev Kots und Dipl.-Ing. Julia von Werder - Wismar

Umschlag
Dipl.-Designer (FH) Dörte Alberts - Hamburg

Umschlagfoto
Fachwerk- und Fensterdetails eines saniertes Bürgerhauses in Wismar, Runde Grube
(Foto: Helmuth Venzmer)

ISBN 3 - 345 –00876-9
HUSS - MEDIEN GmbH / Verlag Bauwesen
D - 10400 Berlin, Am Friedrichshain 22

Herstellung
Crivitz - Druck
19089 Crivitz, Gewerbeallee 7a

Editorial

In diesem Jahr treffen wir uns nun schon zu den 15. Hanseatischen Sanierungstagen des Fachverbandes Feuchte und Altbausanierung. Dieser versucht seit der politischen Wende eine Brücke zwischen Wissenschaft und Praxis der Bausanierung zu schlagen. Aus den Teilnehmerzahlen der letzten Jahre ist entgegen dem allgemeinen Trend der Baukonjunktur eine immer noch zunehmende Akzeptanz abzulesen.

Die Brückenfunktion zwischen Wissenschaft und der Praxis der Bausanierung ist erforderlich, um einmal den in der Baupraxis tätigen Architekten, Bauingenieuren, Denkmalpflegern, Gutachtern und Sachverständigen neue Entwicklungen aus Forschung und Entwicklung nahe zu bringen. Gilt es doch immer, die Vorzüge bzw. Nachteile von Sanierungsverfahren und Produkten zu vermitteln. Andererseits soll auch die o.g. Brücke von der anderen Seite her beschritten werden, denn die in der Baupraxis tätigen Fachleute können den Teilnehmern aus Forschung und Entwicklung aufzeigen, an welcher Stelle ein dringender Handlungsbedarf besteht. Entscheidend ist, dass eine Diskussion untereinander zustande kommt.

In diesem Jahr wird zum dritten Mal der Nachwuchsinnovationspreis, die Dahlberg-Medaille verliehen, der vom Fachverband Feuchte und Altbausanierung e.V., der Huss-Medien GmbH Berlin und dem Dahlberg-Institut für Diagnostik und Instandsetzung historischer Bausubstanz e.V. in Wismar ausgelobt wird. Die diesjährigen Preisträger werden wie auch in den Vorjahren üblich, ihre Arbeiten vorstellen
In diesem Jahr befassen sich die Hanseatischen Sanierungstage mit ausgewählten aktuellen Problemen der Fassadensanierung. Das Programmkomitee hatte in diesem Jahr erfreulicherweise die Möglichkeit, auf mehr als 60 Vortragsangebote zurückzugreifen und musste schweren Herzens ca. 40 Interessenten absagen und auf das kommende Jahr oder auf weitere Veranstaltungen verweisen.

Wir werden während der dreitägigen Veranstaltung einige ausgewählte Grundlagen vorstellen, die sich mit neuen Forschungsergebnissen und auch mit historischen Betrachtungen beschäftigen. Sachverständige berichten über Beispiele ihrer täglichen Arbeit. Einen besonders breiten Raum nehmen Planungen, Ausführungen und diagnostische Arbeiten im Fassadenbereich ein. Das Abendprogramm der 15. Hanseatischen Sanierungstage ist ausschließlich bestimmten Rechtsproblemen gewidmet. Fragen der Haftung des Sachverständigen werden ebenso angesprochen wie auch die neuen Entwicklungen zur Mediation im Bauwesen. Weitere Vorträge beschäftigen sich mit ausgewählten Fragen des Wärme- und Feuchteschutzes von Fassaden, denn die neuen Entwicklungen zu immer größeren Dämmstoffdicken sind von Phänomenen begleitet, die besonders Beachtung finden müssen.

Der Tradition folgend findet auch in diesem Jahr eine Exkursion statt, die uns an interessante Orte der Hansestadt Rostock führen wird. Der Architekt Bräuer wird Ihnen ausgewählte, denkmalgeschützte Objekte vorstellen.

Im Namen des Vorstandes wünsche ich Ihnen eine interessante Veranstaltung mit anregenden Diskussionen und verbinde dieses mit der Hoffnung, dass Sie Anregungen für die Fassadensanierung mit nach Hause nehmen werden.

Prof. Dr. Dr. Helmuth Venzmer

Wismar, den 11. November 2004

Inhaltsverzeichnis

6

Von Vitruv bis Gehry
Die Entwicklung der Fassadenstruktur vom antiken Tempel bis zu amorphen Hülle

E.-M. Barkhofen
Berlin

Zusammenfassung

So alt wie die Architektur selbst ist das Prinzip, die Funktion eines Bauwerks durch sein äußeres Erscheinungsbild kenntlich zu machen. Zier- und Konstruktionselemente des antiken Tempels haben sich über 2000 Jahre hindurch in der Architektur des Abendlands als besonders aufwendige Fassaden bildende Formen überliefert. Erst die entwerferische und technologische Loslösung von der klassischen, tektonisch geprägten Gebäudefassade mit Haupt- und Nebenansichten hat in der Architektur des 20. Jahrhunderts zu freier Formentwicklung und letztendlich zum Bauwerk als antiklassische, Raum bildende Hülle geführt. Die klassische Fassade markiert einen Bau als gerichtet, mit einer Hauptansichtsseite, auf die die Gestaltung konzentriert ist. In der Regel ist das die Haupteingangsseite, im antiken Tempelbau nach Osten, im abendländischen Kirchenbau nach Westen ausgerichtet. Die Hauptfassade des Profanbaus orientiert sich auf die wirkungsvollste stadträumliche oder landschaftliche Ansicht. Die klassische Fassade gibt mit mehr oder weniger Schmuckaufwand den Querschnitt der konstruktiven Gliederung des Baukörpers wieder; in der Komposition reiner Zierfassaden verliert sich der Bezug zur Konstruktion gänzlich. Die Außenhülle wird schließlich, losgelöst von Innenraumstruktur und Tragwerk, zu einer individuellen, gebauten Skulptur in freier Formenausprägung.

Es gibt freiräumliche Fassaden und Wand gebundene. Dieser Beitrag soll sich vornehmlich mit letzteren beschäftigen, obwohl sich der Formenkanon aller klassischen, Wand gebundenen Fassaden, die ich reliefierte Fassaden nennen möchte, aus den freiräumlichen Fassaden des antiken Tempelbaus zurückführen lassen.

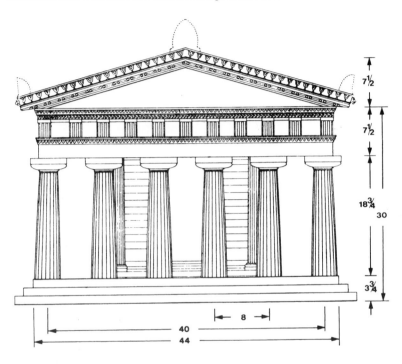

Bild 1:   Athenatempel in Paestum, um 510 v. Chr.

Antike Großbauten/Tempel

Die umfassendsten Kenntnisse über das Bauwesen der Antike hat uns der unter Caesar tätige römische Bauingenieur Marcus Vitruvius Pollio in Schriftform überliefert. Die Entwicklung des klassischen Tempelbaus liegt jedoch schon im antiken Griechenland und mehr als 400 Jahre vor der Tätigkeit Vitruvs.
Als Beispiel dafür sei hier der Athenatempel in Paestum genannt, der um 510 v. Chr. errichtet wurde. Es handelt sich um den Typ eines Hexastylos mit 6 Frontsäulen. An diesem Beispiel ist der grundsätzlich dreiteilige Aufbau der Tempelfassade festzustellen: Über einer Sockelzone erhebt sich die Säulenstellung, darüber ruht das Ge-

bälk, und der dreieckige Giebelabschluss nimmt die Form des dahinter liegenden Dachstuhls auf. Noch 500 Jahre später wird dieses Schema grundsätzlich in der römischen Antike umgesetzt. Vom dorischen Vorbild unterscheiden sich die Gerichtetheit des Baues auf einen Platz hin, die stark erhöhte Sockelzone und die schlankeren Säulenstellungen.

Bedenkt man die formale Herkunft des Tempelbaus, so darf man sicher sein, dass sich die technisch, statische Konstruktion aus der Holzbauweise ableitet.

So sehr der Tempel in seiner Längsform und dem typischen, flachen Satteldach in Sparrenkonstruktion, Eingang in die Architekturformen der nachfolgenden Jahrhunderte gefunden hat, so ist der antike Wölbebau, den man in Rom erst ab dem ersten nachchristlichen Jahrhundert kennt, -etwa in der Maxentius Basilika, den Thermen oder dem Kuppeldach des Pantheon-, als Vorbild vor allem für mittelalterliche Sakralbauten nicht wegzudenken. Als besonders herausragender Bau, im weitesten Sinne das typologische Vorbild für die byzantinischen 5-Kuppelkirchen schlechthin, ist die Hagia Sophia in Konstantinopel, ein 532-37 unter Kaiser Justinian errichteter Kultbau zu nennen. Die Hagia Sophia wurde als Abbild des salomonischen Tempels, auch Tempel von Jerusalem genannt, ebenso betrachtet, wie sie als Beispiel für architektonische Zahlensymbolik gelten kann. Der Bauherr, der sich mit dem biblischen König Salomo verglich, bediente sich der alttestamentlichen Überlieferung der Maßzahlen des Tempels und übertrug diese auf die Höhen-Breiten-Längenproportion der Hagia Sophia.[1] [1] Der Zahlensymbolik bediente man sich vornehmlich für Bauvorhaben, deren Funktion sie aus der übrigen Architektur heraushoben, sie kam in erster Linie bei religiösen Kultbauten zur Anwendung.

Mittelalter

Die Fassaden des Mittelalters waren nicht nur Übermittler architektonischer Maß- und Symbolsysteme, sondern vor allem Träger dekorativer, erzählender Bildprogramme. Auch dies ist der Antike entnommen, die Tempel trugen nicht allein steinerne Reliefbilder, sondern ebenso sehr farbige Darstellungen aus mythologischen Erzählungen. Jedoch wird das Steinrelief, das in die übergeordnete architektonische Struktur eingebunden ist, fortan zum wichtigsten Mittler bildlichen Inhalts an der Fassade.

In der Architektur der Gotik führten revolutionäre, neue Bautechniken zu Bauformen, die als Vorbilder nicht in der Antike zu finden sind. In der Weise, wie es gelang, die Masse der tragenden Wände durch bautechnische Fortschritte zu reduzieren, gelangte man zu Himmels strebenden Proportionen, die konsequent erst wieder im 20. Jahrhundert, im Hochhausbau, aufgenommen wurden. Allein in Frankreich lag der Baubeginn von mehr als 80 Kathedralen und etwa 500 Klöstern in einem Zeitraum von nur 30 Jahren, zwischen 1190 und 1220.

---

[1] Proportionsverhältnisse von Länge zu Breite zu Höhe = 6:2:1.

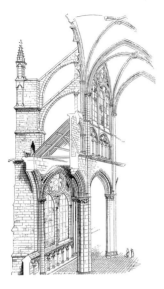

Bild 2:   Kathedrale in Reims, Schema der Wand
nach Viollet-le-Duc

Die Kathedrale in Reims steht als Beispiel für die Auflösung der Wände. Zwei Hauptelemente der Konstruktion sind signifikant für die gotische Architektur: Das System der Strebepfeiler und die diaphane Wand. Das hohe Mittelschiff, dessen aufgehende Wand von sehr dünnen Bündelpfeilern getragen wird, die sich ihrerseits in schmalen Gewölberippen aufzulösen scheinen, wird, und das ist die Neuerung, von außen gestützt. Das Seitenschiff bindet direkt in die außen vorgesetzten Strebepfeiler, die ebenso die Wand des Mittelschiffs und dessen leichtes Kreuzgratgewölbe tragfähig machen. Dass diese filigrane Bautechnik auch auf einen rein ornamentalen Zuckerbäckerstil reduziert wurde, zeigen spätgotische Bauten in England und beispielhaft das Rathaus in der belgischen Stadt Löwen.

Renaissance

Wie in keiner anderen Epoche berief sich die Architekturlehre der Renaissance auf die Proportionslehre der Antike als ihr wichtigstes Strukturelement. Abgeleitet aus der antiken Philosophie und der Erforschung antiker Bauten, galt der Mensch als Maß aller Dinge. Wobei zu bemerken ist, dass Übersetzungsunschärfen antiker Schriften und die Interpretation der Bibel maßgeblich dazu beigetragen haben, Erklärungen für Maßeinheiten zu entwickeln, die man sich für eigene Zwecke zurecht deutete. So ist die Interpretation vom Zusammenhang zwischen Menschengestalt und Kirchengebäude bereits in den 10 Büchern über Architektur bei Vitruv angelegt: „...kein Tempel kann ohne Symmetrie und Proportion eine vernünftige Formgebung haben, wenn seine Glieder nicht in einem bestimmten Verhältnis zueinander stehen, wie die Glieder eines wohlgeformten Menschen.". [1] Fast alle mittelalterlichen und nachmittelalterlichen Maßvorstellungen beriefen sich auf diese Gleichung Mensch-Tempel.

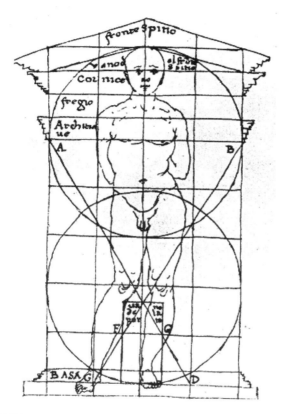

Bild 3:   Francesco di Giorgio Martini: Kirchenfassade nach dem Maß des Menschen, 1480/90

Der Architekt Francesco die Giorgio Martini stellt in einer Zeichnung um 1480 den Mensch als unmittelbares Vorbild für die Gestalt und Proportionierung der Kirchenfassade dar. Die Füße bilden den Sockel, über dem die Beine, die die Säulen darstellen, den Körper stützen, der seinerseits die Aufgabe des Gebälks übernimmt. Der Kopf steht stellvertretend für die Giebelzone des Baues.

Eine der frühesten Renaissancefassaden überhaupt ist die der Kirche San Miniato al Monte in Florenz, entstanden 1140-1170. Sie verkörpert den Typ der „gegliederten Querschnittsfassade". [3] Das heißt, sie gibt mehr oder weniger genau die innere Struktur des Baukörpers wieder und lehnt sich formal eng an die antiken Tempelfassaden an.

Besonders intensiv setzte man sich in der Renaissance mit den Proportionen der fünf antiken Säulenordnungen auseinander, der dorischen, ionischen, korinthischen und der kompositen Ordnung, wobei man eine weitere, die toskanische, dazu erfand. Bereits in der Antike wurden diese verschieden proportionierten Säulensysteme in menschliche Bezüge gesetzt. So entsprach nach Vitruv die gedrungene Säule des dorischen Systems der Stärke des männlichen Körpers, die ionische der fraulichen Schlankheit und die korinthische der jungfräulichen Zartheit. Je nach Säulenordnung ist der Durchmesser 6–10 mal in der Säulenhöhe enthalten. Der vitruvsche Säulenkanon behielt, modifziert, von der Renaissance bis zum Ende des 18. Jahrhunderts seine Gültigkeit. Die Lehre von den Säulenordnungen wurde als Kernstück in den Architekturtraktaten von Alberti, Serlio und Vignola aus dem 15. und 16. Jh. bis hin zu französischen Säulenlehren des 17. und den sog. nordischen Säulenbüchern des 18. Jhs. fortgeführt. Diese Stichwerke verbreiteten sich teilweise in hohen Druckauflagen in Europa und erreichten auch den Provinzarchitekten, der keine Studienreisen unternehmen konnte.

Doch wie alle Theorie erfuhr auch die Architekturtheorie ein Herabsinken durch falsch verstandene Vorlagen zu reinen Bilderbüchern, die jeder Schreiner zur Hand hatte. Das führte zur selektiven Übernahme von Motiven aus dem Gesamtzusammenhang heraus. Das Ende der klassischen Architekturgestalt kam im Historismus des 19. Jhs., architektonische Motive verkamen zu Zierrat. Fast jeder kennt den angeblichen Ausspruch eines Berliner Poliers aus dem späten 19. Jh.: „Meester, der Rohbau steht, wat für'n Stil soll nun ran?" Doch soweit sind wir noch lange nicht.

Säule und Dreiecksgiebel wurden von Anbeginn der Entwicklung der Herrschaftsarchitektur zum Symbol von Macht und als Hoheitssymbol beinahe zum universalen Bildzeichen für Sakral- wie für Profanbauten. Klassische Beispiele lieferte der oberitalienische Renaissancearchitekt Andrea Palladio mit seinen Entwürfen ab der Mitte des 16. Jahrhunderts. Weit weniger den klassischen Vorbildern und dem ganzheitlichen Anspruch an das Bauen verpflichtet sind die Baumeister in der Zeit der späten Renaissance und des Frühbarock nördlich der Alpen. So wurden die Säulenordnungen fast beliebig verwendet, aus Sparsamkeitsgründen sogar teilweise durch Architekturmalerei imitiert. Zu bedenken ist, dass das berühmte Theoriewerk Palladios, die „Vier Bücher zur Architektur" erst 1698, also 128 Jahre nach der ersten italienischen Ausgabe, ins Deutsche übersetzt wurden. Italien blieb Vorreiter für die stilistische Entwicklung der Baukunst seit der Renaissance.

Barocke „Innen-Außenfassaden"

Im Sakralbau wurde die Fassade der römischen Jesuitenkirche, Il Gesù, 1577 von Giacomo della Porta ausgeführt, zum Prototyp für beinahe alle Kirchenfassaden der Renaissance und sogar des Barock.

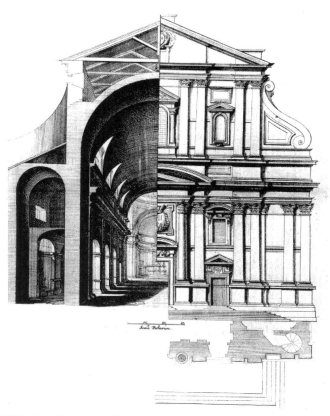

Bild 4: Giacomo della Porta, Fassade Il Gesù, 1577,
Umzeichnung Johann Jakob Sandrart 1694

Diese Fassade gehört dem Typus der „reliefierten Kirchenfronten" [3] an, dessen Hauptfassaden im Grundriss durch einen einzigen, geraden Mauerzug gekennzeichnet sind. Diese stehen im Gegensatz zur „kurvierten Kirchenfassade" [4], die mit einer geschwungenen, raumbildenden Hauptwand in den Stadtraum hineingreifen. Als Beispiel dafür sei Francesco Borrominis San Carlo alle Quattre Fontane, deren Fassade von 1667 stammt, genannt. Der Aufbau der Barockfassaden, so sehr im Laufe der Zeit differenziert, erinnert noch immer an die antike Tempelfassade. Sockelzone, Säulenstellung mit zentralem Haupteingang, Gesims und Tympanon sind als Bautypologien erhalten geblieben. Man darf für die Entwicklung der barocken Fassade im römischen Sakralbau generell sagen, je früher der Bau datiert ist, desto flacher, grafischer die Gestaltung. Je weiter der Bau in das 17. Jahrhundert reicht, desto bewegter, raumplastischer ist die Fassade ausgebildet.

Die wohl umfassendste Raumplastik stellt im Kirchenbau des Barock die Karlskirche in Wien von Johann Fischer von Erlach dar. Sie birgt mit ihren beiden Säulen, die antiken Hoheitszeichen nachgebildet sind, nicht nur einen ganzen Zitatenschatz aus der Kunstgeschichte von der Antike bis zur damaligen Gegenwart, sie ist auch von extrem breit angelegter Architektursymbolik, die vornehmlich den Bauherrn, Karl V., in höchstes, herrschaftliches Licht setzen sollte.

Historismus

Das 19. Jahrhundert entwickelte revolutionäre Neuerungen in der Baukonstruktion, so etwa die Möglichkeit weit gespannte Hallen in Eisen- Glaskonstruktionen zu errichten, die die Tragwerktechnik des späten 20. Jahrhunderts vorwegzunehmen scheinen. Als Beispiele seien hier der Chrystal Palace in London von 1851 nach Entwurf von Joseph Paxton oder das 1889 bis 1893 von Suchov entwickelte Glasdach des Kaufhauses GUM in Moskau genannt.

Maßgeblich für das Bauwesen in Deutschland war im gesamten 19. Jahrhundert der Rückgriff auf alle Stile der Architekturgeschichte aller Zeiten und aller Länder sowie deren wilde Vermischung zum Ende des Jahrhunderts. Schon 1828 fragt ein Architekt einigermaßen verunsichert: „In welchen Style sollen wir bauen?". [6] Die Chance, aus neuen Materialien neue Formen zu entwickeln griffen eher Ingenieure auf, die Architekten suchten in der Baugeschichte nach überlieferten Gestaltungselementen. Eine weitreichende Folge dieses Vorgehens: Die Funktion des Bauwerks lässt sich an seiner Gestalt nicht mehr ablesen. So entwarf Ludwig Persius 1843/44 einen Kalkofen in Potsdam in Form einer stilreinen, mittelalterlichen Burg. Berliner Mietshäuser aus der Mitte des 19. Jahrhunderts schmücken sich mit antikisierenden Säulenportiken, oder es werden Verwaltungsbauten in Form gotischer Kathedralen errichtet. Die neue Synagoge in Berlin-Mitte von Ernst Knoblauch von 1859-66 tritt als eine Art orientalisches Märchenschloss auf. Aber auch die antiken griechischen Tempel wurden abermals Vorbild für die Architekten in Form geradezu vollkommener Stilkopien. Friedrich August Stüler und Johann Heinrich Strack verliehen 1865-69 der Alten Nationalgalerie in Berlin, bezeichnenderweise einem Museum, fast annähernd die Gestalt des antiken Parthenon in Athen.

Expressionismus

Die stilistische Konfusion konnte nicht ohne Opposition unter den Architekten als schöpferischen Gestaltern bleiben. Das Ende der Kaiserzeit, die Zeit vor dem ersten Weltkrieg, der politische Umbruch ließen die gestalterischen Revolutionäre freie Fantasien entwickeln und das klassische Formenrepertoire der Architektur verhasst werden. Der Expressionismus riss die Welt ein. Architekten und Städtebauer gingen da Hand in Hand. Bruno Taut rief 1920 in einem Pamphlet gegen die Mietskasernenstadt auf, die „gebauten Gemeinheiten zusammenfallen zu lassen".

Die berühmte Architektengruppe „Gläserne Kette" berief sich auf die Verwendung von natürlichen Werkstoffen, das Bauen mit Glas, Beton und Eisen. In diesem Zusammenhang steht auch der berühmte Entwurf Ludwig Mies van der Rohes für ein Hochhaus in Berlin von 1921, das aus Glas verkleidetem, leichten Betontragwerk wie ein Lichtzeichen aufsteigen sollte.

Die Fassaden restlos aufzulösen war das Ziel Erich Mendelsohns. Vor allem seine Skizzen geben ausdrucksstark die Dynamik wieder, in der seine Gebäude in einen einzigen, stromlinienförmigen Körper gefasst werden.

Tragkraftfreie Fassaden

Außerordentlich wichtig für die Entwicklung der Fassadengestaltung wurde die Verwendung von Beton in den 20er Jahren des 20. Jahrhunderts. Die Entwicklung der so genannten „Architektur der Moderne" beruht fast vollständig auf dieser Bautechnik. Die Außenwände wurden von ihrer ureigenen Aufgabe, Last zu tragen, befreit, ihre Fassadengestaltung neu möglich. Eines der berühmtesten Beispiele aus den 50er Jahren ist wohl das 1957 im Rahmen der Berliner Bauausstellung „Interbau" fertig gestellte Wohnhaus von Le Corbusier.

Das 17-geschossige, lang gestreckte Bauwerk, beherbergt nicht nur eine Stadt in einem einzigen Gebäude, es ist auch eines der frühen, in Teilfertigbauweise erstellten Großbauten, der auf Betonpfeilern ruht und dessen Fassade insgesamt aus Sichtbeton gefertigt ist.

Die gesamte Architektur der 50er, 60er und 70er Jahre wird von Fertigbauweise und der Vernachlässigung ästhetischen Gestaltungswillens geprägt. Die im Nachhinein als „New Brutalism" benannte Ära musste eine ideologische Gegenströmung erfahren, die sich seit Mitte der 70er Jahre in der Stilform der „Postmoderne" niederschlug.

Postmoderne Architektur

Die postmoderne Architektur hat viele Spielarten. Einen revolutionären Entwurf lieferte ab 1977 James Stirling mit dem Neubau der Staatsgalerie Stuttgart. Er persiflierte die klassische Architektursprache, gab sich antihistorisch, offenbarte sich jedoch als Kenner der Historie. Er ließ Säulen, unfähig zu stützen, im Boden versinken, stellte klassische Architekturformen auf den Kopf und veränderte ihre Proportionen bis zur Absurdität. Auch der Italiener Aldo Rossi spielte gern mit Zitaten aus der Architekturgeschichte. Doch seine einzelne, monumentale Ecksäule an seinem 1981-88 im Rahmen der „Internationalen Bauausstellung" errichteten Mietshaus in Berlin-Kreuzberg mutet mehr als provokativ an. Die Krönung lieferte Oswald Mathias Ungers 1977-84 mit dem Deutschen Architekturmuseum in Frankfurt am Main. In einen älteren, dreigeschossigen Bau steckte er ein Haus ins Haus.

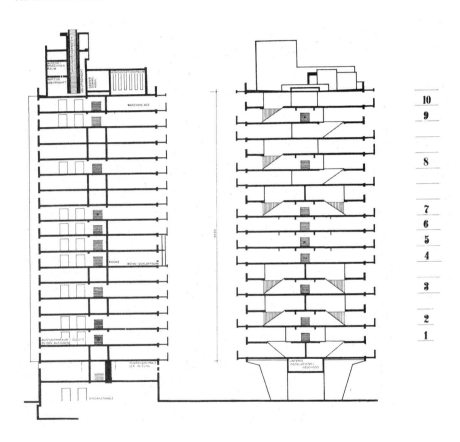

Bild 5:   Le Corbusier, Wohneinheit Typ Berlin, 1957, 2 Querschnitte

Entwicklung zur amorphen Gebäudehülle

Die Entwicklung zur amorphen Fassade war schon im Expressionismus angelegt, doch erlaubte es die Bautechnologie vor fast 90 Jahren noch nicht die Entwurfsvisionen umzusetzen. Bereits in den 50er Jahren wagte ein deutscher Architekt den Weg zur amorphen Architekturgestalt einzuschlagen. Hans Scharoun realisierte mit der Philharmonie in Berlin 1956-63 das bisher nicht Mögliche. Charakteristisch für den Außenbau ist die dreifach geschwungene Dachsilhouette, die die Decke des Konzertsaals nachformt. Der Architekt beschreibt seine Intention: „Die Gesamtform des Raumes kommt dem Wunsche nach Diffusität entgegen." [7]

Mitte der 70er Jahre opponierten einige amerikanische Architekten gegen die Funktion von Architektur auf besonders skurriler Weise. So lässt die Gruppe SITE künstlich Zerstörungen an die Fassaden anbringen, etwa bei den Gebäuden der Supermarktkette BEST in Texas 1975, bei der die Fassaden in sich zusammen zu fallen scheinen oder sich ganze Fassadenteile mit Schwung von den tragenden Wänden abzulösen drohen. Diese Fassaden wurden zum Markenzeichen der Supermarktkette und erhöhten deren Werbewirksamkeit enorm.

Neben der Engländerin Zaha Hadid ist der israelisch-amerikanische Architekt Daniel Libeskind ein Enfant terrible der Architektur. Der Neubau des Jüdischen Museums, 1989-1997, in Berlin ist seit der Zeit der Barockarchitektur eine der sprechendsten Architekturen schlechthin. Wie ein Blitz schlägt das als zerbrochener Davidstern gebildete, nach außen ganz in Titanzink gefasste Museum in den Stadtplan Berlins ein. Libeskind gehört zur Gruppe der Dekonstruktivisten, die nach einem ganz neuen Kodex in der Architektursprache suchen.

Den fraglos radikalsten Weg der Abstraktion in der Architektur hat der Amerikaner Frank O. Gehry eingeschlagen. Zunächst wurden seine Bauten in die Gattung Dekonstruktivsmus eingeordnet, so etwa das 1989 entstandene Vitra-Design Museum in Weil am Rhein. Seine Intention ist jedoch nicht Strukturen in ihre Bestandteile zu zerlegen, sondern das Unvollendete herauszustellen, Form als Skulptur zu erkennen und in Architektur zu übersetzen. Gehry selbst sagt über sich, er wisse nicht was schön oder hässlich bedeute. [8] Als ein der Kunst verschriebener Architekt legt er mehr Gewicht auf plastische und kompositionelle Aspekte als auf Funktion. Er ist in der Lage das Gleichgewicht zwischen Spielerei und Professionalismus zu halten und wurde damit zu einem der bekanntesten und respektiertesten Architekten der Welt. Sein entwerferisches Vorgehen scheint banal. So entwickelt er Modelle aus Abfallmaterial wie Kartons, geknülltem Papier und Metallresten. Die Umsetzung in statisch und technisch berechenbare Bauwerke überlässt er den Computerexperten und Statikern seines Büros.

Das derzeit bekannteste Werk Gehrys dürfte das Guggenheim Museum in Bilbao sein, das 1997 fertig gestellt wurde. Er ist ein Verehrer der römischen Hochbarockarchitektur, und das ist nicht kokettiert. So schaute er etwa bei den skulptural durch gebildeten Sakralbauten Borrominis den dynamischen Hohlkörper ab, dessen innere Struktur sich am Außenbau abzeichnet.

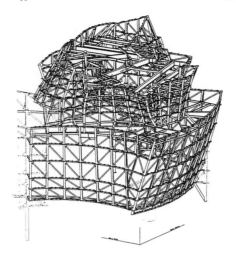

Bild 6:   Frank O. Gehry, Guggenheim
Museum Bilbao 1997,
schematische Darstellung
der Tragstruktur, Ausschnitt

Schlussbemerkung

Die Fassadengestalt hat sich fast mehr als 2400 Jahre formal vom antiken Tempelbau abgeleitet. Erst die vergangenen knapp 100 Jahre brachten die antiklassische, frei geformte Außenarchitektur zustande. Möglich wurde diese „Kunst" erst aufgrund ingenieurbautechnischen Fortschritts.

Literatur

[1] P. von Naredi-Rainer, *Architektur und Harmonie. Zahl, Maß und Proportion in der abendländischen Baukunst,* Köln 1986

[2] P. Jesberg, *Die Geschichte der Ingenieurbaukunst aus dem Geist des Humanismus,* Stuttgart 1996

[3] H. Schlimme, *Die Kirchenfassade in Rom. ‚Reliefierte Kirchenfronten' 1475-1765,* Petersberg 1999

[4] Ausstellungskatalog, *Architekt und Ingenieur. Baumeister in Krieg und Frieden,* Braunschweig 1984

[5] H. Koepf, *Bildwörterbuch der Architektur,* Stuttgart 2. Aufl. 1974

[6] H. Hübsch, *In welchem Style sollen wir Bauen?* Karlsruhe 1828, Reprint Karlsruhe 1984

[7] P. Pfankuch (Hg.), *Hans Scharoun. Bauten, Entwürfe, Texte,* Berlin 1995

[8] A. Papadakis/J. Steele, *Architektur der Gegenwart,* Paris 1991

[9] F. dal Co/K.W. Forster, *Frank O. Gehry, the Complete Works,* Mailand 2003

[10] M. Vitruvius Pollio, *Zehn Bücher über Architektur,* deutsch von D. Fensterbusch, Darmstadt 4. Aufl. 1987

Die Fassadenrestaurierungsaktion des Bundesministeriums für Bildung, Wissenschaft und Kultur in Österreich

F. Neuwirth
Wien

Zusammenfassung

Die wirtschaftliche Entwicklung der 2. Hälfte des 20. Jhdts. hat immer mehr Bereiche des kulturellen Erbes bedroht, deren ungestörte Existenz früher nicht in Frage gestellt war. Der Wunsch, diese Bereiche zu schützen, hat daher in den letzten 40 Jahren zwangsläufig zu einer Erweiterung des Denkmalbegriffs vom Einzeldenkmal über das städtische und ländliche Ensemble zur Kulturlandschaft geführt. Allerdings haben die Instrumente des Denkmalschutzes in den meisten Ländern mit dieser Entwicklung nicht schritthalten können. Als Anreiz zur Bewahrung städtischer und ländlicher Ensembles auch ohne Bestehen eines Denkmalschutzes, hat daher das für Denkmalschutz zuständige Bundesministerium in den 70-er Jahren die sogenannte Fassadenrestaurierungsaktion eingeführt. Es handelt sich dabei um eine Gemeinschaftsaktion von Bund, Land und Gemeinde, die paritätisch Erhaltungs- und Restaurierungsmaßnahmen an Fassaden auch nicht denkmalgeschützter Gebäude mit einem bestimmten Prozentsatz fördert. Der Grundgedanke, dass - ist einmal die Fassade in gutem Zustand - der Eigentümer auch auf die Erhaltung der dahinterliegenden Bausubstanz bedacht sein wird, hat sich in den meisten Fällen bestätigt. Viele der besterhaltenen Ortskerne in Österreich verdanken ihren Zustand der Fassadenrestaurierungsaktion. Sie hat sich in den nunmehr 35 Jahren ihres Bestehens als erfolgreich erwiesen und kann als Modell für ähnliche Aufgabenstellungen dienen.

Zum Verständnis der Situation in Österreich

Zuerst zum besseren Verständnis der Situation in Österreich ein paar statistische Angaben und Erklärungen: Österreich hat auf rund 80.000 km² etwa 8 Millionen Einwohner, vereinfacht 1/10 der Bundesrepublik Deutschland. Derzeit gibt es etwa 260.000 Arbeitlose. Der für die Erhaltung des Kulturerbes in Frage kommende Mehrwertsteuersatz beträgt 20%. Österreich ist ein Bundesstaat bestehend aus 9 Bundesländern. Im Gegensatz zu Deutschland ist in Österreich der Denkmalschutz Bundessache (Bundesministerium für Bildung, Wissenschaft und Kultur), wogegen Raumordnung, Bauordnung (im Zusammenhang damit steht auch der Ortsbildschutz) und Naturschutz Sache der Länder sind. Wenn wir von Denkmälern sprechen, sind darunter nur die Objekte und Ensembles zu verstehen, die nach dem Denkmalschutzgesetz des Bundes geschützt sind. Eine größere Zahl von historischen Objekten befindet sich in den von den Altstadterhaltungs- und Ortsbildschutzgesetzen der Länder geschützten Bereichen. Der größte Teil des baulichen Erbes und auch ein großer Teil der drei bisher in die UNESCO-Welterbeliste eingetragenen Kulturlandschaften unterliegen jedoch weder dem Denkmal- noch dem Ortsbildschutz. Daraus versteht sich auch die Bedeutung der Fassadenrestaurierungsaktion.

Von der Fassadenerneuerungsaktion zur Fassadenrestaurierungsaktion

Bei dieser seit 1969 bestehenden gemeinschaftlichen Kampagne von Bund, Ländern und Gemeinden handelt sich um die gemeinsame Förderung von Sanierungsarbeiten an Fassaden in historischen Ortskernen durch diese drei Gebietskörperschaften, ursprünglich bis zu einer Gesamthöhe von 75% der anrechenbaren Kosten. Die in der Praxis der folgenden Jahre bestätigte Grundüberlegung war, dass die derart hoch geförderte Restaurierung oder Sanierung der Fassade einen Anreiz für den Eigentümer darstellen würde, das dabei ersparte Geld im Inneren des Objektes zu investieren und derart neben einer erheblichen Verbesserung des Ortsbildes wesentlich zur qualitativen Verbesserung der Altbausubstanz beizutragen. Der bei Einführung der Aktion aus Gründen des Anreizes zur Annahme so hoch festgelegte Förderungsprozentsatz wurde später auf 60% und musste in weiterer Folge (analog zu den budgetbedingt auch in anderen Bereichen verringerten Förderungssätzen) auf insgesamt 30% (d.h. 10% je Subventionsgeber) reduziert werden. Doch auch 30% stellen einen nicht unbeträchtlichen Anreiz dar, wie die Fortführung vieler Fassadenrestaurierungsaktionen zeigt. Allerdings bietet die Fassadenrestaurierungsaktion ohne Schutzbestimmungen keine Gewähr gegen spätere negative Veränderungen von Objekten sei es innerhalb oder außerhalb der Aktion.

Der Grundgedanke geht auf eine Initiative des seinerzeitigen Leiters der Fachabteilung für Denkmalschutz im damals für den Denkmalschutz zuständigen Bundesministerium für Unterricht, Ministerialrat Dr. Walter Hafner (†) zurück und verwirklicht die in der österreichischen Kompetenzverteilung (Denkmalschutz ist Bundeskompetenz, Ortsbildschutz und Bauangelegenheiten fallen in die Kompetenz der Länder bzw. Gemeinden) verankerte gemeinsame Verantwortung der drei Gebietskörperschaften für das architektonische Erbe. Es wird heute leider viel zu wenig daran gedacht, dass die wissenschaftliche Grundlage dafür von Prof. Dr. Adalbert Klaar (†) mit seinen fast 200 Baualterplänen österreichischer Städte, Märkte und Gemeinden stammt, die er nach dem 2. Weltkrieg in den vierziger und fünfziger Jahren allein erstellt hat. In diese selbst angefertigten Grundrisspläne im Maßstab 1:1000 hat er Anzahl der Stockwerke, Fenster- und Torachsen, Dachformen, wichtige Architekturdetails sowie Angaben über Bedeutung der Gebäude eingetragen; das Baualter der Objekte wurde in Farbe ausgewiesen. Mit diesem Kartenmaterial, dem ein maßstabgleiches Luftbild gegenübergestellt wurde, hat das Bundesdenkmalamt im Jahr 1970 den ersten Band des „Atlas der historischen Schutzzonen Österreichs I – Städte und Märkte", kurz Schutzzonenatlas [1], herausgegeben, in dem 167 schützenswerte Ortsbilder enthalten waren - jedes aufgeschlüsselt nach Schutzkategorien. Mit diesem Schutzzonenatlas, der anlässlich des zum europäischen Denkmalschutzjahr 1975 in Amsterdam stattfindenden Kongresses international vorgestellt wurde, erzielte das Bundesdenkmalamt europaweit Vorbildwirkung.

Innerhalb dieser Ortsbilder lagen auch die (relativ wenigen) damals unter Denkmalschutz stehenden Objekte - weitgehend ident mit den von Prof. Adalbert Klaar als bedeutend ausgewiesenen Denkmalen. Im Rahmen der Fassadenrestaurierungsaktion galt es in erster Linie die nicht unter Denkmalschutz stehende sogenannte Begleitarchitektur der Denkmäler zu erfassen.

Naturgemäß haben sich entsprechend der Entwicklung der Denkmalpflege in diesen 35 Jahren auch Art und Qualität der geförderten Arbeiten verändert, wie dies auch die Änderung der Bezeichnung von ursprünglich „Fassadenerneuerungsaktion" zu „Fassadenrestaurierungsaktion" verdeutlicht. Galt anfänglich nicht künstlerisch gestaltetes amorphes Material wie Verputze, Farbschichten, Dachdeckungen als im Rahmen der „Fassadenerneuerungsaktion" noch auswechselbar, so wird heute im Rahmen der „Fassadenrestaurierungsaktion" getrachtet, original erhaltene Strukturen zu erhalten. So sind etwa bei nicht denkmalgeschützten Objekten die historischen Kastenfenster üblicherweise nur mehr im Rahmen einer Fassadenaktion durchzusetzen; und statt wie seinerzeit mit beliebiger Farbe und Material erfolgen Fassadenanstriche heute nur mehr nach vorhergehender Fassadenuntersuchung und Befunderhebung durch einen Restaurator in historischer Farbgebung und Technik. Pilot- und Musterarbeiten sind heute selbstverständliche Voraussetzungen für jede Fassadenrestaurierung geworden.

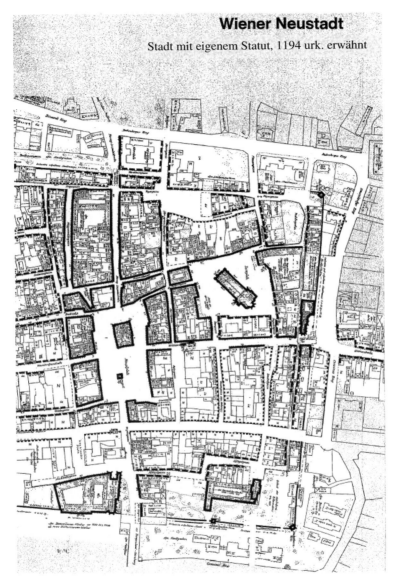

Bild 1:   Klaar´scher Alterbauplan mit Schutzzonen
des Bundesdenkmalamtes - Ausschnitt

Autriche
Austria
Österreich

SCHUTZZONENATLAS

Enquête nationale sur la conservation
National conservation survey

Depuis 1945, le -Bundesdenkmalamt (Office fédéral des monuments historiques) a produit des plans des centres historiques urbains, comprenant des détails sur la construction et l'architectonique de chaque maison. Ces plans ont été utilisés comme matériaux de base pour le premier volume du Schutzzonenatlas (enquête nationale sur la conservation), qui décrit les zones de protection. D'autres volumes sont en préparation.

Since 1945 the "Bundesdenkmalamt" (Federal Office of Historic Monuments) has produced maps of historic town centres showing the date of construction and architectural details of every house. These were used as the basis for the first volume of the "Schutzzonenatlas" (National Conservation Survey), outlining areas of protection. Other volumes are in preparation.

Seit 1945 wurden im Bundesdenkmalamt Baualterplane von historischen Stadtkernen erarbeitet, die das Baualter und Architekturdetails jedes Hauses angeben. Diese Plane wurden als Grundlage für den ersten Band des Schutzzonenatlas verwendet und zeigen die Schutzbereiche. Andere Bande sind in Vorbereitung.

Bild 2:   Katalog zur internat. Ausstellung zum
europäischen Denkmalschutzjahr 1975

Durchführung

Die Gemeinde führt die Fassadenrestaurierungsaktion eigenverantwortlich unter fachlicher Aufsicht des Bundesdenkmalamtes und der auf Landesebene subventionierenden Stelle durch. Auf Antrag der jeweiligen Gemeinde wird in Zusammenarbeit mit dem Bundesdenkmalamt ein Arbeits- und Etappenplan erarbeitet, aus dem die in der Fassadenrestaurierungsaktion zu erfassenden Objekte, die bei jedem Objekt durchzuführenden Arbeiten sowie die Aufteilung, welche Objekte in welcher Bauphase restauriert werden sollen, hervorgehen. Auch allfällig notwendige Voruntersuchungen durch Restauratoren werden bereits vorgesehen. Die jeweilige Gemeinde ist für die finanzielle Durchführung der Fassadenrestaurierungsaktion verantwortlich. Sie erhält die Förderungen von Bund und Land und zahlt sie – nach entsprechender Kontrolle der Arbeiten – zusammen mit der anteiligen Gemeindesubvention an die Antragsteller aus. Vielfach wird auch die Gemeinde zur Abrechnung der Fassadenaktion, das heißt zur Überprüfung des Nachweises der widmungsgerechten Verwendung der Gelder und zur Entwertung der Rechnungen ermächtigt, was eine erhebliche Arbeitsvereinfachung im Vergleich dazu darstellt, wenn jede der beteiligten Gebietskörperschaften ihren Subventionsanteil selbst abrechnet.

Die im Rahmen der Fassadenrestaurierungsaktion zu fördernden Maßnahmen umfassten ursprünglich Maurer- und Malerarbeiten, Dachdecker-, Zimmermanns- und Spenglerarbeiten. In der Folge wurden auch Fenster und Tore betreffende Tischlerarbeiten sowie Steinmetzarbeiten in die Liste der förderbaren Arbeiten aufgenommen, gefolgt von Arbeiten zur Feuchtigkeitssanierung. Natürlich fallen auch künstlerische oder restauratorische Arbeiten wie etwa die Freilegung übermalter Fresken oder Sgrafitti und die Freilegung von zugemauerten Architekturdetails in den Rahmen der geförderten Maßnahmen. Auch Fassadenuntersuchungen von Restauratoren zur Ermittlung des historischen Erscheinungsbildes gehören immer mehr zur notwendigen Voraussetzung einer Fassadenrestaurierungsaktion.

Regionale Sonderformen der Fassadenrestaurierungsaktion betrafen bzw. betreffen zum Beispiel Kellergassen im Burgenland, oder etwa die Deckung mit „Steinplatten", einer vor allem in Kärnten regional verbreiteten und bereits mangels Nachfrage abgekommenen Dachdeckungsart mit unregelmäßigen Schieferplatten, die durch die Fassadenrestaurierungsaktion vor dem Aussterben bewahrt werden konnte und nun wieder verwendet wird.

Ebenso wie darüber hinausgehende Förderungen für unter Denkmalschutz stehende Objekte innerhalb des von der Fassadenrestaurierungsaktion erfassten Ensembles wurden und werden auch die Wohnbauförderung und die Wohnhausverbesserung in Anspruch genommen. Entsprechend der Bundesgesetzgebung zur Wohnhausverbesserung und Wohnbauförderung können zur Verbesserung der Wohnqualität und mangelnder Sanitärausstattung sowie wie zur Erweiterung und Veränderung bestehender Wohnbauten Mittel beantragt werden. Derart können die Sanierungsmaßnahmen durch gemeinsame Bundes- und Landeskredite, Annuitätszuschüsse und Wohnungsbeihilfen sowie Bürgschaften unterstützt werden.

Einschränkungen erfolgten entweder seitens des Bundes durch Beschränkung auf eine gewisse Anzahl von Bauphasen, wodurch verhindert werden sollte, dass die Fassadenrestaurierungsaktion zu einem festen Bestandteil des Baubudgets von Gemeinden wird und „ad infinitum" weiterläuft, oder aber durch Länder oder Gemeinden, die für die jährliche Bauphase eines Ortes ihre Mittel „deckelten", d.h. jeweils mit einer maximalen Höhe beschränkten. Ausgeschlossen von der Förderung waren Objekte im jeweiligen Eigentum der drei fördernden Gebietskörperschaften, da ausgeschlossen wurde, dass sich die fördernden Stellen selbst fördern.

Als Vorteil der Fassadenrestaurierungsaktion gegenüber sonstigen Förderungen aus Mitteln des Denkmalschutzes wird häufig geltend gemacht, dass im Rahmen der Aktion einerseits ein Rechtsanspruch gegeben ist, andererseits bei Nichtbefolgen der Auflagen auch nur für ein Detail einer Fassade die Förderung auch für die restlichen Bereiche ausgeschlossen wird. Von ihrer Kosten-Nutzen-Relation her ist sie das beste Steuerungsinstrument für den Ortsbildschutz. Ihre Inanspruchnahme durch die Gemeinden ist allerdings derzeit sinkend, wenn man davon ausgeht, dass ein (von der inzwischen erfolgten Alterung der Bausubstanz her gesehen, gerechtfertigter) zweiter Durchgang seinerzeit bereits in der Fassadenaktion einmal geförderter Objekte derzeit nicht möglich ist.

Statistik

Dem Verfasser stehen derzeit nur Statistiken über Gesamtkosten und die analoge Bundesbeihilfe in den 20 Jahren von 1969 – 1989 und dann von 1992 – 2001 zur Verfügung. Es handelt sich bei den verwendeten Daten um zum Teil selbst erhobene bzw. erarbeitete Werte, weshalb der Statistik kein offizieller Charakter zukommt. Hinsichtlich der Anzahl der Objekte und Bauphasen in den einzelnen Gemeinden wird auf die angeschlossene Tabelle verwiesen. Die Anzahl der tatsächlich im Rahmen der Fassadenrestaurierungsaktion sanierten bzw. restaurierten Objekte ist höher zu veranschlagen, da der Verfasser noch nicht in der Lage war, das statistische Material für die angegebene zeitliche Lücke im Beobachtungszeitraum zu erarbeiten, und kann mit etwa 4.500 Objekten/Fassaden geschätzt werden.

Im ersten Beobachtungszeitraum wurde die Fassadenrestaurierungsaktion noch anfänglich mit insgesamt 75%, später nur mehr mit 60% Förderung der öffentlichen Hand gespeist. In diesen ersten 20 Jahren wurden insgesamt 3.204 Objekte in 68 Gemeinden restauriert. Dabei standen den Gesamtkosten von rund € 30,50 Mio. Bundesmittel von € 3,64 Mio. gegenüber. Stellt man für die Gesamtförderung der öffentlichen Hand die dreifache Bundessubvention in Rechnung, ergibt sich ein durchschnittlicher Förderungsprozentsatz der öffentlichen Hand von rund 36%. Der Prozentsatz liegt deshalb unter 60%, weil die Gesamtkosten auch nicht förderbare Maßnahmen enthalten.

Die Angaben basieren auf der 1989 von Walter Harher herausgegebenen Publikation „20 Jahre Fassadenerneuerungsaktion im Rahmen der Altstadterhaltung" und die Angaben der „Kulturberichte des BMBWK" von 1995 bis 2001. Zahlenmaterial über die 5 Jahre von 1990 bis 1994 konnte vom Autor noch nicht erhoben werden!

Tabelle 1: Anzahl restaurierter Objekte (Anzahl der Bauphasen) je Gemeinde:
Übersicht über den Zeitraum von 1969 bis 1989 und von 1991 bis 2001

BURGENLAND	234	Objekte
Donnerskirchen	59	(2)
Eisenstadt	45	(7)
Purbach	25	(1)
Rust	65	(5)
Stadtschlaining	40	(5)

KÄRNTEN	107	Objekte
Klagenfurt	94	(20)
Friesach	13	(4)

NIEDERÖSTERREICH	1.163	Objekte
Allentsteig	12	(3)
Bruck/Leitha	12	(3)
Brunn/Gebirge	27	(8)
Drosendorf	53	(8)
Eggenburg	51	(11)
Gmünd	35	(11)
Gresten	10	(2)
Haag	14	(4)
Hainburg	17	(3)
Herzogenburg	12	(1)
Hollenstein	11	(4)
Kaumberg	3	(1)
Klosterneuburg	34	(6)
Krems (und Gemeinden)	91	(14)
Lichtenwörth-Nadelburg	6	(2)
Ma.Enzersdorf	12	(2)
Mödling	52	(9)
Neunkirchen	9	(2)
Perchtoldsdorf	24	(4)
Pottenstein	27	(1)
Prellenkirchen	57	(1)
Pulkau	27	(5)
Ravelsbach	5	(1)
Retz	28	(8)
Scheibbs	35	(6)
Sitzendorf	13	(3)
Spitz/Donau	13	(4)
St.Pölten	54	(9)
Traismauer	10	(3)
Ulmerfeld	7	(2)
Weißenkirchen	25	(5)
Weiten	3	(1)
Waidhofen/Ybbs	59	(7)
Weitra	189	(13)
Wilhelmsburg	6	(2)
Wr.Neustadt	66	(8)
Ybbs/Donau	13	(3)
Ybbsitz	41	(10)

OBERÖSTERREICH	1.886	Objekte
Ach	8	(3)
Aschach	73	(5)
Bad Leonfelden	11	(1)
Braunau	241	(17)
Eferding	117	(12)
Enns	141	(12)
Freistadt	157	(19)
Gmunden	130	(11)
Mauthausen	47	(2)
Ried/Innkreis	172	(11)
Steyr	566	(20)
Steyregg	31	(2)
Vöcklabruck	32	(2)
Vorchdorf	19	(2)
Wels	82	(6)
Weyer	59	(5)

SALZBURG	215	Objekte
Hallein	160	(4)
Mauterndorf	28	(3)
Tamsweg	27	(3)

STEIERMARK	140	Objekte
Bad Radkersburg	30	(2)
Bärnbach	18	(1)
Eisenerz	59	(3)
Kapfenberg	8	(1)
Riegersburg	25	(1)

TIROL	274	Objekte
Grins	14	(7)
Hall/Tirol	123	(19)
Pfunds	6	(3)
Rattenberg	83	(20)
Schwaz	48	(11)

VORARLBERG	64	Objekte
Feldkirch	64	(4)

**in 75 Gemeinden insges. 4.083 Objekte
(Anz. d. jährl. Bauphasen i. Klammern)**

Die Angaben basieren auf der 1989 von Walter
Hafner herausgegebenen Publikation „20 Jahre
Fassadenerneuerungsaktion im Rahmen der
Altstadterhaltung" und die Angaben der
„Kulturberichte des BMBWK" von 1995 bis
2001. Zahlenmaterial über die 5 Jahre von
1990 bis 1994 konnte vom Autor noch nicht
erhoben werden!

Im zweiten Beobachtungszeitraum wurde die Fassadenrestaurierungsaktion spätestens ab Einsetzen der Maßnahmen zur Budgetkonsolidierung 1995 nur mehr mit rd. 30% Förderung der öffentlichen Hand gespeist. In diesen 13 Jahren wurden 1.445 Objekte restauriert. Dabei standen den Gesamtkosten von € 35,35 Mio. Bundesmittel von € 2,54 Mio. gegenüber. Stellt man auch hier wieder für die Gesamtsubvention der öffentlichen Hand die dreifache Bundessubvention als Richtwert in Rechnung, ergibt sich ein Förderungsprozentsatz der öffentlichen Hand von rund 22%. Auch hier liegt der Prozentsatz wieder unter 30%, weil die Gesamtkosten auch nicht förderbare Maßnahmen enthalten.

Fassadenrestaurierungsaktion im Rahmen von Denkmal- u. Ortsbildschutz

Denkmale sind nach dem österreichischen Denkmalschutzgesetz [3] von Menschen geschaffene bewegliche oder unbewegliche Objekte, deren Erhaltung ihrer künstlerischen, historischen oder sonstigen kulturellen Bedeutung wegen im öffentlichen Interesse gelegen ist. Dieser Denkmalschutz ist bei Objekten in Privateigentum vom Bundesdenkmalamt festzustellen (Unterschutzstellung). Bei Objekten im öffentlichen Eigentum (Bund, Land, Gemeinde, Kirchen) gilt Denkmalschutz automatisch solange als gegeben, als bis auf Antrag des Eigentümers oder von Amts wegen das Gegenteil festgestellt wird. Diese einmalige Regelung kam derart zustande, dass zur Entstehungszeit des Denkmalschutzgesetzes im Jahr 1923 ein Großteil der damals als denkmalwürdig erachteten Objekte im Eigentum der öffentlichen Hand oder Kirchen war, denen damit eine Vorbildfunktion bei der Erhaltung zukam. Da jedoch nur ein Teil dieser automatisch unter Denkmalschutz stehenden Bauten wirklich Denkmaleigenschaften hat, und bisher nicht genügend Feststellungen auf das tatsächliche Vorhandensein des Denkmalschutzes getroffen wurden, führte diese Regelung zu einer gewissen Rechtsunsicherheit. Es steht daher bis heute auch nur die Anzahl der unter Denkmalschutz stehenden Objekte im Privateigentum fest (etwa 13.000), über die Denkmale im öffentlichen Eigentum und der Kirchen gibt es bisher nur Hochrechnungen (etwa 17.000). Die Gesamtzahl der Denkmäler in Österreich ist daher mit rund 30.000 anzunehmen, zu denen durch noch durchzuführende Unterschutzstellungen weitere dazukommen können.

Das Bundesdenkmalamt mit seiner Zentrale in Wien und den Landeskonservatoraten in den Bundesländern ist die erste Instanz für den Denkmalschutz. Mit seinen zentralen Abteilungen (etwa den Restaurierwerkstätten für Baudenkmale in Mauerbach und den Restaurierwerkstätten für bewegliche Kunstdenkmale im Arsenal) und der fachlichen Beratung durch die Landeskonservatorate erfüllt das Bundesdenkmalamt über die hoheitlich rechtliche Funktion hinaus auch sehr wichtige Serviceleistungen im Bereich der Denkmalpflege.

Förderungen können für die Restaurierung, Erhaltung und Erforschung geschützter Denkmale gewährt werden, aber es gibt keinen Rechtsanspruch darauf – abgeleitet davon gibt es in Österreich keine Erhaltungspflicht für denkmalgeschützte Objekte; lediglich ihre absichtliche Zerstörung ist strafbar. Neben steuerlich absetzbaren Spenden an das Bundesdenkmalamt gibt es auch Steuerermäßigungen für Ausgaben im Interesse der

Denkmalpflege, allerdings nur bei Nutzung eines Denkmals als Betriebsobjekt oder seiner Vermietung oder Verpachtung. Die steuerlichen Anreize und Abschreibemöglichkeiten überschreiten jedoch die direkten Subventionen bei weitem.

Die Fassadenrestaurierungsaktion ist aus der Zeit ihres Entstehens zu Ende der sechziger Jahre heraus zu verstehen, als die Begriffserweiterung des zu schützenden Gutes vom Einzelobjekt zum Ensemble der Öffentlichkeit bewusst gemacht und mit dem Begriff des Kulturerbes verbunden worden ist. Das städtische und das ländliche Ensemble wurden als Schutzgut gesehen, das für die Erhaltung des Einzeldenkmals in seiner Wertigkeit notwendig ist, aber auch als schützenswertes Gut an sich. Darüber hinaus wurde mit dem Begriff der „conservation intégrée" postuliert, Denkmalschutz zur besseren Wirksamkeit möglichst frühzeitig in die jeweiligen Planungsinstrumente zu integrieren. Der besonderen, durch die Verfassung bedingten Kompetenzverteilung Österreichs entsprechend, wurde der Ortsbildschutz in den sechziger und siebziger Jahren des 20. Jhdts. nicht dem Denkmalschutz zugeordnet, sondern sind in einigen Bundesländern eigene Ortsbildschutzgesetze geschaffen worden, da bis zu einer Novellierung im Jahr 1978 das Denkmalschutzgesetz keinerlei Möglichkeit enthielt, Ensembles unter Schutz zu stellen. Diese Gesetze ähneln einander zumeist. Darüber hinaus enthalten die Bauordnungen der einzelnen Bundesländer fallweise Sonderbestimmungen, die es den Gemeinden ermöglichen, zusätzlich Schutzbestimmungen für ihre Ortsbilder zu erlassen, wovon aber in der Praxis zu wenig Gebrauch gemacht wird.

Nicht unter Denkmal- oder Ortsbildschutz stehende Ortskerne

Der Großteil der Altbauten und damit des baulichen Erbes in Österreich unterliegt jedoch nicht dem Denkmalschutz oder dem Ortsbildschutz. Unter Altbau ist eigentlich jedes Bauwerk zu verstehen, das seine (steuerliche) Amortisationsgrenze überschritten hat. Für die Herstellung der meisten von ihnen reichten die traditionellen Bauhaupt- und Nebengewerbe aus und die meisten der traditionell in der Denkmalpflege bewährten Methoden der Instandhaltung, Instandsetzung (umfasst auch Reparatur, Konservierung, Sicherung, Restaurierung, Renovierung und Ergänzung) und Sanierung (beinhaltet auch Modernisierung) könnten auch bei ihnen als kostengünstige Vorgangsweise angewendet werden. Altbauten sind solange ökonomisch, als sie mit dieser herkömmlichen Methodik behandelt werden. Sobald einzelnen Bauteile nicht mehr individuell handwerklich, sondern generalisierend industriell behandelt werden, wird die Erhaltung des Altbaues unökonomisch, und das Endprodukt entspricht allenfalls dem Bestand, nicht aber seiner Wertigkeit.

Welchen Richtlinien außer der Bauordnung unterliegen nun diese nicht geschützten Bauten in den Ortskernen? Gibt es irgendwelche Normen, die verhindern, dass sie entstellt bzw. zu Karikaturen ihrer selbst verändert werden? Gibt es eine minimale Altbaupflege analog zur Denkmalpflege? Leider nein. Denkmalschutz stellt eine Auswahl dar und wird vom Gesetzgeber auf Objekte beschränkt, bei denen es sich aus überregionaler oder vorerst nur regionaler (lokaler) Sicht um Kulturgut handelt, dessen Verlust eine Beeinträchtigung des österreichischen Kulturgutbestandes in seiner Gesamtsicht hinsichtlich Qualität sowie ausreichende Vielzahl, Vielfalt und Verteilung bedeuten würde.

Hier ist die Gemeinde als erste Bauinstanz gefordert, der von den meisten der Landesbauordnungen über die allgemeinen Bestimmungen hinaus die Möglichkeit gegeben ist, für einen bestimmten Teil oder das ganze Gemeindegebiet besondere Bestimmungen zu erlassen. Damit ließen sich für ausgewiesene Ortskerne die ärgsten Auswüchse hinsichtlich Fensterauswechslung, Fassadenbeschichtung, Dachformen udgl. vermeiden. Die seinerzeitige Überantwortung der Baukompetenz von den Bauämtern an die Gemeinden hat sich in vielen Fällen als nachteilig erwiesen. Dort, wo die damit beabsichtigte eigenverantwortliche Gestaltung des Gemeindegebietes verantwortungsvoll wahrgenommen wurde, funktioniert sie großartig, aber dort, wo dies nicht der Fall war, sind die Folgen katastrophal. Selbst wenn die Bürgermeister in Baufragen fachlich kompetent wären (was nicht zu sein ihnen niemand verübeln wird) birgt die Doppelfunktion des Bürgermeisters als politischer Mandatar und als erste Bauinstanz einen furchtbaren Interessenskonflikt dessen manchmal katastrophale Auswirkungen auf das Ortsbild landauf landab zu sehen sind. Abgesehen von diesen Fragen der ersten Bauinstanz, haben sich viele Gemeinden durch überzogene kommunale Vorhaben schwer verschuldet und wären im nachhinein froh gewesen, hätten sie diese Kompetenz nicht wahrnehmen müssen.

Für solche weder von den einzelnen Ortsbildschutzgesetzen oder dem Denkmalschutz erfassten Ensembles, war und ist die Fassadenrestaurierungsaktion eine wichtige Förderungs- und damit Steuerungsmöglichkeit. Daraus erklärt sich auch der hohe Anteil von ober- und niederösterreichischen Orten an der Gesamtstatistik, da diese beiden Bundesländer zum Beispiel über keine regionale Ortsbildschutzgesetzgebung verfügen und schon aus diesem Grund vielfach von der Fassadenrestaurierungsaktion Gebrauch gemacht haben.

Ausblicke

Abgesehen von der Tatsache, dass durch die Fassadenrestaurierungsaktion in rund 75 österreichischen Städten, Märkten und Gemeinden mit der Erhaltung von über 4.500 Objekten wesentlich zur Bewahrung des historischen Ortsbildes in Österreich beigetragen wurde, ist dieses Modell heute, 35 Jahre nach seiner Einführung im Jahr 1969, aus verschiedenen Gründen als Erfolg und Beispiel zu werten. Einerseits wurde und wird damit die gemeinsame Verantwortung der beteiligten Gebietskörperschaften an der Erhaltung des architektonischen Erbes vorbildlich dokumentiert und exerziert, andererseits ist es damit gelungen, auch bei nicht denkmalgeschützten Gebäuden allein durch Beispielwirkung eine werkgerechte handwerkliche Erhaltung im Vergleich zur ansonsten drohenden Veränderung durch Verwendung nicht entsprechender Industrieprodukte zu erreichen. Vielleicht mag zur Verbesserung dieser Tendenz hilfreich beitragen, dass der Altbausektor und die Erhaltung des gebauten Kulturerbes ein besonders arbeits- und lohnintensiver Bereich sind und - entsprechend einer Studie des Europarates - mit relativ geringen Investitionen der öffentlichen Hand (10% öffentliche Mittel setzen die restlichen 90% privater Mittel in Gang) als arbeitsmarktpolitisches Instrument dienen können.

Mittlerweile gilt es, die nächst größere Dimension des Kulturerbes zu bewahren - die Kulturlandschaft. Der Schutz unseres Kulturerbes wird zunehmend ganzheitlich gesehen. International gelten bereits neue Wertkategorien wie etwa jene der Kulturlandschaft, einer Symbiose von Natur und menschlicher Gestaltung. Die UNESCO-Konvention zum Schutz des Kultur- und Naturerbes der Welt aus dem Jahr 1972 wurde von Österreich 1993 ratifiziert, das inzwischen mit 8 Objekten auf der derzeit rd. 780 Eintragungen umfassenden Liste des Welterbes vertreten ist, darunter den 3 Kulturlandschaften Hallstatt-Dachstein-Salzkammergut, der Wachau und neuerdings der Kulturlandschaft Fertö/Neusiedlersee (zusammen mit Ungarn).

Ebenso, wie sich vor 30 Jahren im Bereich des Schutzgedankens der Schritt vom Einzeldenkmal zum Ensemble vollzogen hat, ist jetzt der Schritt vom Ensemble zur Kulturlandschaft im Gange. Damals wie heute musste dazu erst ein entsprechendes Instrumentarium entwickelt werden, da bekanntlich Denkmalschutz in der Kompetenz des Bundes liegt, jedoch die Belange des Ortsbildschutzes und mehr noch jene der Kulturlandschaft den Ländern bzw. Gemeinden obliegen.

Für die Kategorie der Kulturlandschaft wird es notwendig sein, innerhalb der bestehenden Rechtsinstrumente auf den Ebenen von Bund, Land und Gemeinde eine Methodik zu entwickeln, die sowohl ihren Schutz als auch ihre nachhaltige Entwicklung ermöglicht. Diese scheint in dem vom UNESCO-Welterbezentrum für Welterbestätten geforderten Managementplan gegeben, der nach einer Inventarisierung und Bewertung aller schützenswerten Elemente diese einerseits durch Schutzbestimmungen zu bewahren und andererseits durch finanzielle und steuerliche Anreize nachhaltig zu entwickeln sucht. Es darf nicht vergessen werden, dass der Kulturtourismus eine der wenigen Wirtschaftssparten mit prognostizierten zweistelligen Wachstumsraten ist. Einigermaßen intakte städtische und ländliche Ensembles innerhalb der Kulturlandschaft sind die Voraussetzung für das Florieren des Kulturtourismus und die Fassadenrestaurierungsaktion ein erprobtes und modifizierbares Instrument für die Bewahrung dieser Bereiche. Vielleicht ließe sich das Modell der Fassadenrestaurierungsaktion als Vorbild für eine künftige Kulturlandschaftspflegeaktion auf der Basis eines Managementplans heranziehen. In dieser könnten dann noch einvernehmlich zu definierende kulturlandschaftsrelevante Maßnahmen von den Gebietskörperschaften initiativ gefördert werden. Allerdings müsste die Parität der Förderung den in der Kulturlandschaft vorwiegenden Kompetenzen von Gemeinde und Land Rechnung tragen.

Literatur

[1] Bundesdenkmalamt Hrsg., *Atlas der historischen Schutzzonen in Österreich I – Städte und Märkte,* Hermann Böhlaus Nachf., Wien 1970

[2] W. Hafner Hrsg., *20 Jahre Fassadenerneuerungsaktion im Rahmen der Altstadterhaltung,* Wien 1989

[3] *Österreichisches Denkmalschutzgesetz 1923* (Bundesgesetzblatt 533/1923) in der Fassung der Novelle 1999 (Bundesgesetzblatt 170/1999)

Ausgewählte Forschungsergebnisse zum Thema Sanierung von Außenwandkonstruktionen

E. Cziesielski
Berlin

Zusammenfassung

Die Sanierung und Instandhaltung der vorhandenen Gebäudesubstanz wird im Gegensatz zum Neubau in Zukunft im Bauwesen verstärkt an Bedeutung gewinnen. Bereits jetzt beträgt nach statistischen Auwertungen des Bundesbauministeriums das jährliche Bauvolumen für die Instandsetzung und Instandhaltung ca. 55 bis 60 % des Gesamtbauvolumens, das die deutsche Bauindustrie jährlich in Deutschland erbringt. Im Folgenden werden einige ausgewählte Forschungsergebnisse dargestellt, die in der Praxis erfolgreich angewendet wurden. Es sind dies:

- Wärmedämmung als Korrosionsschutz
- Reduzierung der Windsogbeanspruchung bei hinterlüfteten Außenwandbekleidungen durch Windsperren
- Ausführung der Wärmedämmung bei hinterlüfteten Außenwänden
- punktuelle Wärmebrücken im Bereich der Verankerung von Unterkonstruktionen hinterlüfteter Außenwände
- zulässige Rissbreiten im Putz von Wärmedämmverbundsystemen
- Notwendigkeit von Diagonalbewehrungen im Putz von WDVS im Bereich von Fensteröffnungen

Die Planung von Sanierungsmaßnahmen sollte wissenschaftlich abgesichert sein, denn theoretisch gewonnene Erkenntnisse sind die Grundlage jeglicher fundierter Praxis.

1   Vorbemerkung

Auf kaum einem Gebiet der Bauphysik und Baukonstruktionslehre ist in letzter Zeit
so viel geforscht worden wie auf dem Gebiet der Außenwände bzw. deren Sanierung.
Die Sanierung und Instandhaltung der vorhandenen Gebäudesubstanz wird in Zukunft im Bauwesen verstärkt an Bedeutung gewinnen: Bereits jetzt beträgt nach statistischen Auwertungen des Bundesbauministeriums das jährliche Bauvolumen für
die Instandsetzung und Instandhaltung ca. 55 bis 60 % des Gesamtbauvolumens, das
die deutsche Bauindustrie jährlich in Deutschland erbringt. Wenn im Folgenden in
einem Querschnittsbericht einige - speziell in der Praxis angewendete - Forschungsergebnisse dargestellt werden, so sind dies Themen, die an der TU Berlin bearbeitet
worden sind und an deren Ergebnissen der Verfasser beteiligt war, so dass hierzu die
genaueren Kenntnisse vorliegen. Folgende Themen werden behandelt:

- Wärmedämmung als Korrosionsschutz
- Reduzierung der Windsogbeanspruchung bei hinterlüfteten Außenwandbekleidungen durch Windsperren an den vertikalen Gebäudekanten
- Ausführung der Wärmedämmung bei hinterlüfteten Außenwänden
- punktuelle Wärmebrücken im Bereich der Verankerung von Unterkonstruktionen
  hinterlüfteter Außenwände
- zulässige Rissbreiten im Putz von Wärmedämmverbundsystemen
- Notwendigkeit von Diagonalbewehrungen im Putz von WDVS im Bereich von
  Fensteröffnungen.

Hinsichtlich weiterer Forschungsergebnisse, wie

- keramische Beläge
- faserbewehrte Putze
- Abdichtungen und
- Wärmedämmverbundsysteme auf hölzernen Untergründen

sei auf die entsprechende Fachliteratur verwiesen.

2   Wärmedämmung als Korrosionsschutz

2.1   Problemstellung

Bei Großtafelbausystemen, die weltweit zwischen 1960 und 1980 ausgeführt wurden,
sind zum überwiegenden Teil im Bereich der Außenwände Betonsandwichkonstruk-
tionen verwendet worden.
Diese Außenwände weisen im wesentlichen folgende Mängel bzw. Schäden auf:

- Korrosionsschäden im Bereich der in Betonsandwichbauweise errichteten Außenwände

- Unzureichender Wärmeschutz im Vergleich zu den errechneten Wärmeschutz-werten auch aufgrund von Wärmebrücken
- Bereichsweise undichte Fugen
- Risse im Bereich der Wetterschutzschichten

2.2 Nachträglich außenseitig aufgebrachte Wärmedämmung als Korrosionsschutz

Einen Weg, den Korrosionsprozess zu stoppen und auch die anderen Schadensbilder gleichzeitig zu beheben besteht darin, die gesamte geschädigte Außenwand z.b. mit einem Wärmedämmverbundsystem oder einer hinterlüfteten Außenwand zu verse-hen. Dem Gedanken, durch eine zusätzliche Wärmedämmung den Korrosionsprozess zu stoppen, liegt die Überlegung zugrunde, dass zur Korrosion eines Bewehrungs-stahles drei Voraussetzungen gleichzeitig erfüllt sein müssen:

- Durch eine Karbonatisierung des Betons muss die Passivierung der Stahloberflä-che im Beton aufgehoben sein.
  Die sinnvollste Maßnahme zur Einschränkung der Korrosion im nicht-chloridbelasteten Hochbau ist es, die Karbonatisierung des Betons so rechtzeitig einzudämmen, dass während der geplanten Lebensdauer des Bauwerkes der Karbonatisierungshorizont die Stahlbewehrung nicht erreicht. Dies ist bei Ge-bäuden mit sichtbaren Korrosionsschäden nicht mehr möglich.
- Sauerstoff muss an den Stahl zutreten können.
  Die zweite Möglichkeit zur Erzielung eines Korrosionsschutzes besteht darin, den Zutritt von Sauerstoff an den Stahl zu verhindern. In diffusionsoffenen Bau-stoffen wie Beton ist dies in der Regel nur direkt am Stahl möglich, z.B. durch dichte Kunststoffbeschichtungen. In der Regel sind die Bewehrungsstähle aber ungeschützt, so dass Sauerstoff an den Stahl gelangen kann.
- Ein Elektrolyt muss vorhanden sein, d.h. der Beton muss ausreichend feucht sein.
  Als dritte Möglichkeit der Korrosionshemmung bleibt noch, den Beton dauerhaft so trocken zu halten, so dass mangels ausreichendem Elektrolyten eine Beton-stahlkorrosion verhindert wird. Es ist nachgewiesen, dass die atmosphärische Korrosion von ungeschütztem Betonstahl in der Regel erst bei relativen Luft-feuchten von ca. 55 bis 60 % einsetzt. Bei Betonstählen in karbonatisiertem Be-ton ist der zur Korrosion führende Schwellenwert der relativen Luftfeuchte we-sentlich höher; nach [1] wird erst ab relativen Luftfeuchten von mehr als 80 % im Beton der Stahl zu korrodieren beginnen (vgl. Bild 1), während die relative Luftfeuchte - aufgrund der an ausgeführten Bauten durchgeführten Messungen in Deutschland - auch bei ungünstigen klimatischen Bedingungen nicht größer als ca. 70 % wird.

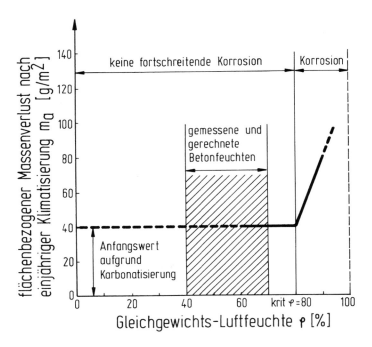

Bild 1:   Korrosion von Bewehrungsstählen im durchkarbonatisierten Beton in Abhängigkeit von der relativen Luftfeuchte

Zur Bestätigung des theoretisch gefundenen Instandsetzungsprinzips mit Wärmedämmverbundsystemen bzw. mit hinterlüfteten Außenwandbekleidungen und zur Absicherung der Laborversuche wurden in Feldversuchen korrosionsgeschädigte Betonsandwichwände mit unterschiedlichen Wärmedämmaßnahmen versehen. Es wurde beobachtet, dass die Bewehrungsstähle unter den Wärmedämmstoffen in den Betonsandwichwänden auch nach mehreren Jahren nicht rosteten bzw. dass das Rosten zum Stillstand gekommen ist (Bilder 2 und 3).

Zusammenfassend lässt sich feststellen, dass durch die außenseitig auf Betonsandwichwände aufgebrachten Wärmeschutzmaßnahmen ein wirksamer Korrosionsschutz für die in der Vorsatzschale vorhandene Bewehrung erreicht wird. Nach diesem Verfahren sind in der Vergangenheit eine Vielzahl von Großtafelbauten erfolgreich saniert worden.

Bild 2:   Korrodierte Bewehrungsstähle im Belüftungsraum
einer hinterlüfteten Außenwand nach 18 Monaten

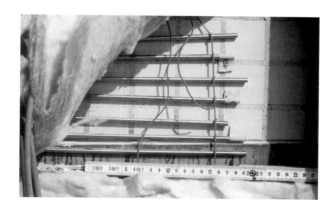

Bild 3:   Nicht korrodierte Bewehrungsstähle zwischen der Wärmedämmung und
der tragenden Wand einer hinterlüfteten Außenwand

3   Reduzierung der Windlasteinwirkungen auf hinterlüftete Außenwandbekleidungen

3.1   Problemstellung

Bei der Bemessung belüfteter Außenwandbekleidungen einschließlich deren Befesti-
gungen und Verankerungen ist in den weitaus meisten Fällen der Lastfall Wind

(Windsog) maßgebend. Nach dem derzeitigen Stand der Technik werden für den Standsicherheitsnachweis die in DIN 1055 T 4 (Fassung 1986-8) angegebenen Winddruck- bzw. Windsoglasten verwendet, obwohl der Anwendungsbereich der Norm nur für luftdichte (winddichte) Gebäudehüllen gilt.

In den Erläuterungen zu DIN 1055 T 4 zu Abschnitt 6.1 heißt es:

Den Kraft- wie Druckbeiwerten liegen Messungen an Modellen mit starrer und winddichter Oberfläche zugrunde.

Belüftete Außenwandbekleidungen sind aber dadurch gekennzeichnet, dass die Außenluft mit dem hinter den Außenwandbekleidungen befindlichen Luftraum durch die Fugen zwischen den Außenwandbekleidungen in Verbindung steht; die Gebäudehüllen sind also nicht winddicht. Unterstellt man stationäre, flächig konstante Druckverhältnisse, so besteht keine Druckdifferenz zwischen der Außenluft und der Luft im Belüftungsspalt (Prinzip der kommunizierenden Röhren), so dass eine Beanspruchung der Außenwandbekleidungen durch Wind nicht stattfindet. Im Hinblick darauf, dass aber die Strömungs- und damit die Druckverhältnisse instationär sind und sich an den Außenwänden eine windbedingte Druckverteilung einstellt, werden zwangsläufig Druckdifferenzen entstehen.

Im Rahmen eines von der DFG geförderten Forschungsprojektes und einer sich anschließenden Dissertation [2] wurden die auftretenden Druckdifferenzen und damit die Beanspruchungen der Außenwandbekleidungen unter realen Luftströmungsverhältnissen ermittelt. Das Ergebnis der Untersuchungen ist in DIN 18516-1 (Fassung 1999) und in die Neufassung von DIN 1055 (siehe E DIN 1055-4, April 2002) eingeflossen.

3.2   Strömungsverhältnisse

Die Luftbewegung im Spalt zwischen der luftdurchlässigen Außenwandbekleidung und der undurchlässigen Gebäudewand ist in Bild 4 dargestellt. Die Luftströmung im Belüftungsspalt bewirkt eine Druckverteilung im Belüftungsspalt, die sich zum Teil erheblich von der Außendruckverteilung unterscheiden kann. Die resultierende Windbeanspruchung der Außenwandbekleidung ergibt sich aus der Druckdifferenz zwischen der internen und der externen Winddruckbeanspruchung.

Um eine Verringerung der Windlastbeanspruchung zu erreichen, wird vorgeschlagen, an den vertikalen Gebäudekanten eine winddichte Trennung/Unterteilung des Belüftungsspaltes anzubringen. Der unterschiedliche Verlauf der Stromlinien ist aus Bild 5 ersichtlich. - Um den Einfluss der in Bild 5 dargestellten vertikalen "Windsperre" zu erfassen, wurden sowohl Versuche im Windkanal als auch Versuche unter realen Bedingungen durchgeführt und eine gute Übereinstimmung zwischen den Ergebnissen festgestellt.

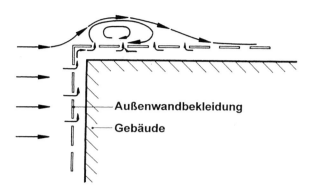

Bild 4:   Luftströmung entlang einer vertikalen Gebäudekante im Bereich der hinterlüfteten Außenwandbekleidung

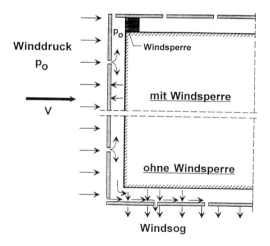

Bild 5:   Strömungslinie bei einem Gebäude mit bzw. ohne " Windsperre " im Bereich des Belüftungsspaltes

3.3   Windkanal- und Großversuche zur Ermittlung der Windlasten

Die maßgeblichen Parameter, die den Druckausgleich zwischen der Außenluft und dem Belüftungsspalt bewirken, sind

a)   die Luftdurchlässigkeit der Außenwandbekleidung
b)   der Strömungswiderstand im Belüftungsspalt.

Die Windkanalversuche wurden sowohl ohne als auch mit einer Windsperre entlang der vertikalen Gebäudekanten durchgeführt. Die Versuchsergebnisse sind sowohl in DIN 1055-4 (2001) als auch in DIN 18516-1 eingeflossen. In DIN 18516 wird aufgrund der durchgeführten Versuche zusammenfassend folgender vereinfachter Bemessungsvorschlag aufgeführt:

*Für Gebäude mit hinterlüfteten Außenwandbekleidungen müssen im Randbereich die erhöhten Windsoglasten nach DIN 1055-4 **nicht** angesetzt werden, wenn die Außenwandbekleidung winddurchlässig ist, zum Beispiel aufgrund offener Fugen zwischen den Bekleidungsplatten.*

Hierbei gilt:
a)   Die relative Winddurchlässigkeit der Außenwandbekleidung einschließlich der Unterkonstruktion muss nach Gleichung (1) bezogen auf die betrachtete Gebäudeseitenfläche sein.

$$\varepsilon = \frac{A_{Fuge}}{A_{Wand}} \cdot 100 \ [\%] \geq 0,75 \ \% \qquad (1)$$

Die Fugen sollten jedoch nicht breiter als 20 mm sein, wenn nicht aus Witterungsgründen geringere Breiten erforderlich sind.

b)   Der Strömungswiderstand muss Gleichung (2) entsprechen

$$\rho = s/a \leq 0,005 \qquad (2)$$

Dabei ist   s - Tiefe des Hinterlüftungsspaltes
*   a- Länge der Gebäudeschmalseite*

c)   Entlang der vertikalen Gebäudekanten ist eine dauerhafte und formstabile vertikale Windsperre über die gesamte Gebäudehöhe anzuordnen, um den Strömungswiderstand im Luftspalt zu bewirken (siehe z.B. Bild 6).

Nur wenn die in a) bis c) genannten Bedingungen erfüllt sind, können die reduzierten Windsoglasten angesetzt werden.

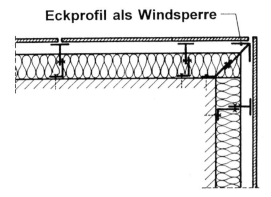

Bild 6:   Windsperre entlang der vertikalen Gebäudekante zur Verringerung der Windsogbeanspruchung nach DIN 18516-1

4   Ausführung der Wärmedämmung bei hinterlüfteten Außenwänden

Untersuchungen bezüglich der Eignung unterschiedlicher Mineralfaserdämmstoffe wurden auf einem Hochhaus der TU Berlin durch Bewitterungsversuche im Freien vorgenommen (Bild 7). Die Proben wurden so eingebaut, dass im unteren Bereich der jeweiligen Probenfläche die Mineralfaserdämmung ungeschützt der Witterung ausgesetzt war; im oberen Bereich der Dämmung war eine Außenwandbekleidung angeordnet, die mittig mit einer Vertikalfuge versehen war. Nach einer halbjährigen Freibewitterung zeigte sich, dass Mineralfaserdämmstoffe geringer Dichte "verwitterten", während Dämmstoffe höherer Dichte auch "abwitterten", aber in nicht so extremem Umfang (Bild 8). Im Hinblick darauf, dass aber auch Dämmstoffe höherer Dichte im Bereich offener Fugen "abwittern" wird empfohlen, grundsätzlich Mineralfaserdämmstoffe mit einer Glasvlieskaschierung zu versehen, wobei dann auch Dämmstoffe geringerer Dichte verwendet werden können.

5   Punktuelle Wärmebrücken im Bereich der Verankerung von Unterkonstruktionen hinterlüfteter Außenwände

Übliche Unterkonstruktionen aus Aluminium für hinterlüftete Außenwandkonstruktionen stellen erhebliche Wärmebrücken dar. Der U-Wert einer Wand unter Berücksichtigung dieser Wärmebrücken erhöht sich um bis zu 100 %, bezogen auf eine Wand ohne diese Wärmebrücken. Durch eine thermische Trennung der Anker von der tragenden Wand (thermische Entkoppelung; Bild 9) kann - wie Berechnungen und Versuche gezeigt haben - die Erhöhung des U-Wertes auf unter 15 % verbessert werden.

Bild 7:   Freibewitterungsstand nach ca. 6 Monaten.

Bild 8:   "Verwitterte" Wärmedämmung im Fugen- und im freien Bereich nach 6 Monaten Bewitterung

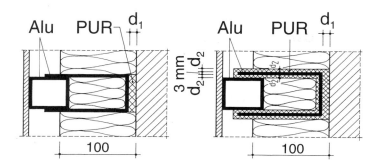

Bild 9: Thermische Verbesserungsmaßnahmen im Bereich der Ankerkonstruktion durch eine "thermische Entkoppelung" und eine wärmedämmenden Ummantelung des Ankers.

6   Zulässige Rissbreiten im Putz von Wärmedämmverbundsystemen aus technischer Sicht

Die Auswirkung von Rissen in Putzsystemen von Wärmedämmverbundsystemen können sein:

- Durchfeuchtung der Wärmedämmung
- verminderte Haftzugfestigkeit zwischen Putz und Wärmedämmung
- verminderte Querzugfestigkeit von Mineralfaserdämmungen
- verminderte Frost-Tau-Wechselbeständigkeit.

Um den Einfluss der Rissbreite auf die o.g. einzelnen Auswirkungen zu untersuchen, wurden Probekörper hergestellt und in eigens hergestellten Rissvorrichtungen wurden vorgegebene Rissbreiten zwischen 0,1 und 1,0 mm in den Probekörpern erzeugt. Wegen der Vielzahl der zu untersuchenden Parameter und zur Beschleunigung der Versuchsdurchführung wurden drei unterschiedliche Verfahren zur Wasserbeaufschlagung der Probekörper gewählt.

Untersuchungsmethode 1:   Statisch wirkende Wassersäule

Untersuchungsmethode 2:   Künstliche Schlagregenbeanspruchung mit dem Schlagregenversuchsstand der TU Berlin, mit dem es möglich ist, einen Schlagregen weitgehend naturgetreu zu simulieren

Untersuchungsmethode 3:   Freibewitterung

Die Ergebnisse der durchgeführten Versuche können wie folgt zusammengefasst werden:

- Die in das WDVS eindringende Wassermenge ist abhängig von den Eigenschaften der Wärmedämmung und des Putzes. Die klimatische Vorbelastung ("Belastungsgeschichte") des WDVS wirkt sich auf die Wasserverteilung in unmittelbarer Rissnähe aus.
- Für Risse mit sich nicht ändernden Rissbreiten und mit einer Rissbreite von ca. 0,1 mm wurden nur sehr kleine Wassereindringmengen festgestellt. Mehrfach nahm der Wassereindrang im Laufe des Versuches so stark ab, dass kein Wasserzutritt mehr vorlag (Selbstheilung des Putzes).
- In WDVS mit Putzen auf Polystyroldämmung tritt weniger Wasser ein als in vergleichbaren Systemen mit Putzen auf Mineralfaserdämmung (Bild 10).

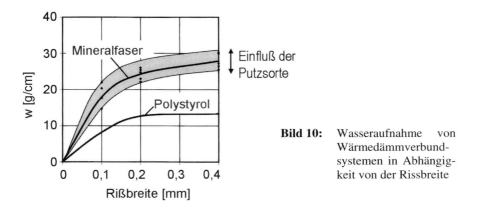

Bild 10: Wasseraufnahme von Wärmedämmverbundsystemen in Abhängigkeit von der Rissbreite

- Die Querzugfestigkeit zwischen Putz und Mineralfaser-Wärmedämmung wird durch Wassereinfluss irreversibel herabgesetzt. Auch nach einer Rücktrocknung wird nicht wieder die Ausgangsfestigkeit erreicht.
- Die Haftzugfestigkeit des WDVS ist von der Verteilung des eingedrungenen Wassers in der Mineralfaser-Wärmedämmung abhängig. Dringt das Wasser tief in den Dämmstoff ein (z.B. durch Diffusionsvorgänge), so wird die Haftzugfestigkeit stärker herabgesetzt als bei einer Anlagerung der Feuchte zwischen Putz und Wärmedämmung. Auch hier ist der Einfluss der Rissbreite signifikant. Insbesondere ist auf den sprunghaften Abfall der Haftzugfestigkeit von Mineralfaserdämmstoffen ab w = 0,3 mm hinzuweisen.

- Aufgrund des signifikanten Abfalls der Haftzugfestigkeit zwischen dem Putz und den Mineralfaserdämmplatten und des wesentlich günstigeren Verhaltens von WDVS mit einer Wärmedämmung aus Polystyrol wird folgende Regelung für die zulässige Rissbreite allein unter Berücksichtigung technischer Aspekte vorgeschlagen:

Putz auf Mineralfaserdämmung $w \leq 0,2$ mm
Putz auf Polystyroldämmung $w \leq 0,3$ mm.

7 Diagonalbewehrung im Bereich von Öffnungen in Wärmedämmverbundsystemen

Es gehört zu den a.a.R.d.T., eine Diagonalbewehrung an einspringenden Ecken von Wärmedämmverbundsystemen auszuführen (siehe E DIN 55699, 2001 sowie Ausführungsempfehlungen der WDVS-Hersteller). Eine Vielzahl von Rissen im Bereich von Fensterecken belegt dies nachdrücklich.

Andererseits gibt es aber Gebäude, bei denen die Diagonalbewehrung nicht ausgeführt worden ist und die dennoch rissefrei geblieben sind. Hier entsteht für den Sachverständigen die Frage, ob er die nachträgliche Anordnung einer Diagonalbewehrung im Rahmen der Sanierung fordern muss, obwohl der Putz über einige Jahre hinweg rissefrei geblieben ist. Es entsteht insbesondere die Frage, ob die Rissefreiheit des Putzes bei sich oftmals einstellenden hygrischen Wechselbeanspruchungen auch auf Dauer prognostiziert werden kann.

Rechnerische Untersuchungen mit der Finite-Element-Methode zeigen [3], dass die Rissfreiheit bzw. Rissgefährdung von folgenden Parametern abhängig ist:

- Art der Putzes (mineralischer Putz, Kunstharzputz)
- Dehnsteifigkeit des Putzes ($E \cdot d$)
- Schwindverhalten (Wasserbindemittelwert, Nachbehandlung)
- Hydrophobierung (hygrische Verformungseigenschaften)
- Bruchdehnverhalten des Putzes (ε_z)
- Schubsteifigkeit der Wärmedämmung (G/d_{WD}).

Im Rahmen der durchgeführten Berechnungen wurden zwei exemplarische Putzsysteme untersucht: Organischer Putz und mineralischer Putz; aus dem Spannungsdehnungsverhalten der verwendeten Putze folgt die kritische Dehnung des organischen Putzes zu $\varepsilon = 10$ ‰ und die kritische Rissbreite des mineralischen Putzes zu $w = 0,2$ mm.

Die Berechnung geschieht unter Einprägung der thermisch und hygrisch bedingten Dehnungen ε_p:

$$\varepsilon_p = \alpha_T \cdot \Delta t + \alpha_u \cdot \Delta u + \varepsilon_{s\varphi} \tag{3}$$

Es bedeuten:

ε_p Dehnung des Putzes

α_T thermischer Ausdehnungskoeffizient des Putzes

Δt Temperaturgradient zwischen Herstelltemperatur und Extremwerten der Temperatur

α_u hygrischer Ausdehnungskoeffizient des Putzes

Δu Feuchtegradient zwischen Feuchtigkeit bei der Herstellung des Putzes und Extremwerten des Feuchtegehaltes

$\varepsilon_{s\varphi}$ Schwinddehnung.

Hierbei kann davon ausgegangen werden, dass die Spannungen infolge $\varepsilon_{s\varphi}$ durch Relaxation weitgehend abgebaut werden. Zur Berechnung nach der FEM wurden aus Gründen der Rechenvereinfachung von einer äquivalenten Temperaturänderung ausgegangen, mit der das Schwinden und der Einfluss der Feuchtedehnung gleichzeitig erfasst wird:

$$\varepsilon_p = \alpha_T \cdot \Delta T^* \tag{4}$$

Unter Berücksichtigung des Schwindens, der Relaxation und der Feuchteänderung schwankt die äquivalente Temperaturänderung zwischen $\Delta T^* \approx 50$ K bis 120 K.

In Bild 11 sind die Dehnungen im Eckbereich in Abhängigkeit von der Dehnsteifigkeit des Putzes (E · d) und der Schubsteifigkeit der Wärmedämmung (G/d) dargestellt. Es ist ersichtlich, dass z.B. für einen 3 mm dicken organischen Putz mit E · d = 2,4 MN/m und einer 100 mm dicken Wärmedämmung aus Polystyrol (G/d = 35 MN/m³) nur bei fehlender Diagonalbewehrung und $\Delta T^* = 120$ K eine Rissgefährdung ($\varepsilon > 10$ ‰) auftritt (siehe Pfeile in Bild 11).

Aus dem Bild 11 können weiterhin folgende Erkenntnisse gewonnen werden:

- Dünne organische Putze (geringe Dehnsteifigkeit) sind weniger rissanfällig im Vergleich zu dehnsteifen Putzen.
- Schubsteife Wärmedämmungen sind im Hinblick auf die Rissgefährdung günstiger zu bewerten.
- Die bisherigen Rechnungen belegen aber auch die bisher gesammelten Erfahrungen, dass es im Hinblick auf die angestrebte Sicherheit sehr sinnvoll ist, die bisher geforderte Diagonalbewehrung im Bereich einspringender Ecken auch künftig zu fordern.
- Bei fehlender Diagonalbewehrung und mehrjähriger Rissfreiheit werden bei organischen Putzen mit hoher Wahrscheinlichkeit keine Risse mehr auftreten. - Aber: Versprödet der organische Putz mit der Zeit? Wie verhält sich der Putz unter langandauernder Wechselbeanspruchung? Der Verzicht auf eine Nacharbeit von Putzen mit fehlender Diagonalbewehrung beinhaltet auf lange Sicht ein - wenn auch nur geringes - Risiko.

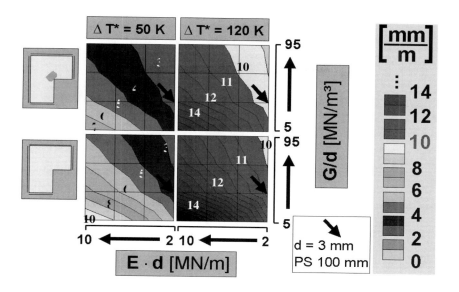

Bild 11: Putzdehnung im Eckbereich eines WDVS mit organischem Putz in Abhängigkeit von der Dehnsteifigkeit des Putzes (E · d) und der Schubsteifigkeit der Wärmedämmung (G/d)

In Bild 12 ist das Rissverhalten mineralischer Putze im Bereich einspringender Ecken dargestellt. Es ist ersichtlich - wie auch bei den organischen Putzen -, dass bei Zunahme der Dehnsteifigkeit des Putzes (E · d_P) die Rissbreite steigt. Auch ist ersichtlich, dass mit zunehmender Schubsteifigkeit der Wärmedämmung (G/d_{WD}) die Rissbreiten geringer werden.

Bei der Beurteilung von organischen und mineralischen Putzen ohne Rissbildungen im Bereich von einspringenden Ecken - aber fehlender Diagonalbewehrung - kann gefolgert werden, dass eine nachträglich aufzubringende Putzschicht einschließlich einer Diagonalbewehrung in der Regel nicht erforderlich ist.

8   Zusammenfassung

Maßnahmen zur Sanierung von Bauteilen bedürfen einer gründlichen Planung. Die Planung sollte durch wissenschaftlich gewonnene Erkenntnisse abgesichert sein, denn theoretisch gewonnene Erkenntnisse sind die Grundlage jeglicher fundierter Praxis.

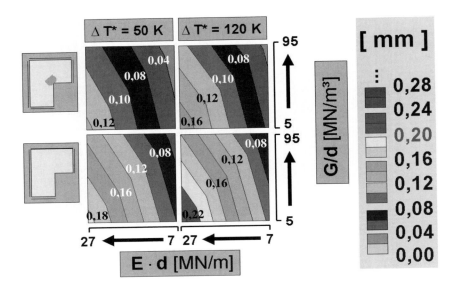

Bild 12: Rissbreiten im Eckbereich eines WDVS mit mineralischem Putz in Abhängigkeit von der Dehnsteifigkeit des Putzes (E · d) und der Schubsteifigkeit der Wärmedämmung (G/d)

Literatur

[1] H. Marquardt, *Korrosionshemmung in Betonsandwichwänden durch nachträgliche Außendämmung.* Dissertation an der TU Berlin, 1991. - D 83

[2] F. Janser, *Windbeanspruchung belüfteter Außenwände.* Dissertation an der TU Berlin, 1995. - D 83

[3] J. Meinz, *Berechnung von Putzrissen in Wärmedämmverbundsystemen im Bereich einspringender Ecken.* Diplomarbeit an der TU Berlin, Fakultät VI, Fachgebiet Allgemeiner Ingenieurbau, 2004

BIOKOM -
Eine mikrobiologisch arbeitende Kompresse
zur Entsalzung von Fassadenoberflächen

P. Marten, A. Bretschneider, N. Lesnych und H. Venzmer
Wismar

Zusammenfassung

Feuchteschäden am Mauerwerk alter Gebäude sind in den meisten Fällen durch Salze im Mauerwerk bedingt. Erhöhte Salzgehalte können außer zur erhöhten Feuchte im Laufe der Zeit zu dauerhaften Materialschädigungen und Ausblühungen an der Bauwerksoberfläche führen. In der vorliegenden Arbeit wird ein neues effizientes und schonendes Entsalzungs -und Trockenlegungsverfahren auf der Basis von textilen BIO-Kompressen in Form von Textil-Kunststoff-Verbunden in Verbindung mit mikrobiologischen Wirkmechanismen vorgestellt. Bei dieser neuartigen „BIO-Kompresse" werden natürliche mikrobielle Stoffwechselvorgänge denitrifizierender Bakterien ausgenutzt, die Nitrate unter anaeroben Bedingungen in der Kompresse zu Stickstoff umwandeln. An drei natürlich nitratbelasteten Probeobjekten in Mecklenburg-Vorpommern wurden Einsätze der BIO-Kompresse mit erfolgreichen Nitratreduzierungen getestet. Die Reduzierung des Nitratgehaltes im Mauerwerk wurde in verschiedenen Versuchsvarianten mit und ohne Applikation denitrifizierender Bakterienstämme untersucht. In einem Zeitraum von nur 6 Wochen konnten die Nitratkonzentrationen in den Probemauerwerken (Mauerwerksoberfläche) um 2 - 3 m.- % reduziert werden, das entsprach einer Verringerung der Nitratkonzentration um bis zu 80 %. Parallel dazu fanden Untersuchungen zur organischen Belastung des Mauerwerkes (Bakterienanzahlen, Pilzbefall, zusätzliche Kohlenstoff- und Stickstoffbelastung) statt. Als Vorteil der Anwendung der BIO-Kompresse ist hervorzuheben, dass es sich um ein schonendes, nicht invasives Verfahren mit guter Umweltverträglichkeit handelt. In Abwägung der Vor- und Nachteile kann die BIO-Kompresse als Ergänzung derzeit auf dem Markt· befindlicher und üblicher Verfahren betrachtet werden.

1   Einführung und Zielstellung

Die Fassade eines Bauwerks und bereits eingetretene Fassadenschäden fallen einem Betrachter immer zuerst ins Auge. Es geht nicht darum, derartige Schädigungen einfach nur zu kaschieren, sondern die Ursachen für vorhandene Schädigungen zu beseitigen. Dieses ist nur möglich, indem vorab geeignete bauwerksdiagnostische Verfahren herangezogen werden. Es wird in dieser Arbeit eine neue Möglichkeit aufgezeigt, wie Nitratbelastungen und Durchfeuchtungen weitgehend zerstörungsarm reduziert werden können. Die Schonung von Umwelt und Rohstoffen sollte hierbei im Vordergrund stehen.

2   Fassade

Das Äußere eines Bauwerkes wird häufig auch als Fassade *(ital. fassia)* bezeichnet, es wird von straßen-, von hofseitiger, von der Garten-, von einer Schmuck- oder auch von der Seitenfassade gesprochen. Es ist oft zu hören, „...Es ist alles nur Fassade...", wenn jemand (manchmal auch etwas verächtlich) zum Ausdruck bringen will, dass Äußerlichkeiten gegenüber dem Inhalt dominieren. Richtig ist offensichtlich, dass der Inhalt und die äußere Form eine Einheit bilden sollten. Die Fassade darf quasi nicht mehr versprechen, als später innen vorhanden ist.

An Fassaden von Bauwerken werden immer besonders hohe Anforderungen gestellt, denn sie sind die Visitenkarte eines Bauwerks. Eine besonders interessante und zugleich gut erhaltene Fassade soll auch dazu beitragen, dass mögliche Betrachter diesen Eindruck auch auf das Innere des Bauwerks übertragen. In der Regel gelingt dieses auch, solange sich die betreffende Fassade in einem Top-Zustand präsentiert. Die nachfolgende Tabelle listet diejenigen Eigenschaften auf, die bei den unterschiedlichsten Fassaden - ob klassisch, nachträglich gedämmt oder vorgehängt/hinterlüftet - immer wieder erwartet werden (Tabelle 1).

Tabelle 1:   Fassadeneigenschaften

abgedichtet	flechtenfrei	rissfrei
algenfrei	gedämmt	sauber
frei von Ausblühungen	graffitifrei	temperiert
diffusionsoffen	hinterlüftet	witterungsgeschützt
feuchtigkeitsfilmfrei	pilzfrei	

Bauwerke - und hier insbesondere Fassaden - unterliegen äußeren Einflüssen, denn sie sind stets und ständig Witterungseinflüssen ausgesetzt. Sie altern, ihr Zustand driftet in Richtung eines schlechten Erhaltungszustandes ab. Diese Prozesse des Niedergangs der Ausgangsqualität hin zu schlechteren Werten lassen sich mathematisch durch Exponentialfunktionen beschreiben. Die Fassaden erreichen einen Zustand, dem zunächst noch mit Mitteln der Instandhaltung begegnet werden kann. Später aber, wenn das Schadensausmaß deutlich größer und komplexer geworden ist, müssen Instandsetzungen in Ansatz gebracht werden.

Bevor Instandhaltungen bzw. -setzungen beginnen, sind Leistungen der Bauwerksdiagnostik einzusetzen, weil dadurch die Möglichkeit besteht, die Ursachen für eingetretene Schädigungen zu finden und richtige Materialien und Verfahren auszuwählen.

3   Beurteilung feuchte- und salzbelasteter Mauerwerke

Wenn historische Mauerwerke zu beurteilen sind, sollten minimal-invasive Strategien bevorzugt werden, d. h. mit einem Minimum an Eingriffen sind die notwendigen Informationen zur Feuchte- und Salzbelastung zu ermitteln.

In unserer Arbeitsgruppe werden seit mehr als fünf Jahren feuchtetomografische Untersuchungsmethoden angewendet, die mit Hilfe niederfrequenter Wechselströme arbeiten und demzufolge Messergebnisse in komplexer Form liefern. Hierbeiwirken die Feuchtigkeit vorzugsweise auf den Realteil und die Salze in erster Linie auf den Imaginärteil ein. Die zuerst gewonnene Messinformation ist ein scheinbarer elektrischer Widerstand, der eine Beziehung zur Feuchtigkeit besitzt. Mit Hilfe einer objektspezifischen Kalibrierfunktion lassen sich alle Messsignale der scheinbaren elektrischen Widerstände in aktuelle Feuchtigkeitswerte bzw. in Durchfeuchtungsgrade umwandeln.

Weil die Messmethode der Feuchtigkeitstomografie tiefen- und höhengestaffelte Messinformationen liefert, können mit Hilfe einer geeigneten Software tomografische Darstellungen über ganze Mauerwerksquerschnitte zur Verfügung gestellt werden. Diese Tomogramme ordnen jedem Querschnittspunkt des Mauerwerks einen konkreten Messwert des aktuellen Feuchtigkeitsgehalts bzw. des Durchfeuchtungsgrades zu, d. h. Isolinien der Feuchtigkeit bzw. des Durchfeuchtungsgrades beschreiben eine Querschnittsfläche des betrachteten Mauerwerksabschnittes.

Die Salzgehalte können aus denjenigen Materialproben bestimmt werden, die zuvor zur Kalibrierung des Feuchtigkeitsmessverfahrens dienten. Diese Vorgehensweise hat sich bewährt, sie konnte an mehr als fünfzig verschiedenen Bauwerken, von denen mehr als zwei Drittel Denkmäler waren, erfolgreich eingesetzt werden.

4   Verschiedene Entsalzungsverfahren

In der Literatur wurden unterschiedliche Versuche unternommen, den Markt der Entsalzungsverfahren zu klassifizieren. [4]

Geeignet sind die Einteilungen nach vier verschiedenen Kategorien: Austausch-, Reduzierungs-, Umwandlungs- und Beibehaltungsverfahren (Tabelle 2)

Tabelle 2: Marktübersicht der Entsalzungsverfahren (alphabetisch)

Austauschverfahren	Reduzierungsverfahren
(01) Abbruch	(03) AET-Entsalzung
(02) Austausch	(04) Delta-P-Entsalzung
	(05) Elektrochem. Kompressenentsalzung
	(06) ETB-Entsalzung
	(07) Kerasan
	(08) Kompressen-Entsalzung
	(09) Opferputz
	(10) Saugdocht-Entsalzung
	(11) Vakuumfluid-Entsalzung
Umwandlungsverfahren	**Beibehaltungsverfahren**
(12) Biologische Umwandlung	(14) Sanierputz
(13) Chemische Umwandlung	

Die chemischen Umwandlungsverfahren standen schon seit längerer Zeit stark in der Kritik, denn die Wirksamkeit wurde bezweifelt. Mittlerweile sind diese Verfahren nicht mehr auf dem Markt. Inzwischen wurden eine ganze Reihe von Überlegungen angestellt, Mikroorganismen einzusetzen, um oberflächennahe Nitrate abzubauen. Hierzu hat es im Rahmen von drei verschiedenen Projekten eine Reihe von interessanten Ergebnissen gegeben. [2], [5]

5   Mikrobielle Entsalzung

5.1   Schadensfall und Ziel

Die überwiegende Mehrheit von Feuchteschäden am Mauerwerk alter Gebäude sind nicht durch aufsteigende Feuchte, sondern durch Salze im Mauerwerk bedingt. [1] In der Regel treten Salz- und Feuchteschäden an Bauwerken miteinander gekoppelt auf. Viele lösliche Salze sind hygroskopisch, das heißt sie nehmen aus der Umgebungsluft Feuchtigkeit auf. Diese führt zu lang anhaltend erhöhten Feuchtegehalten. Sinkt infolge von Sonneneinstrahlung oder niedriger Luftfeuchte vorübergehend der Feuchtegehalt, kristallisiert ein Teil der gelösten Salze aus, wodurch im Steingefüge ein Kristallisationsdruck entsteht. Somit können erhöhte Salzgehalte im Laufe der Zeit außer zur erhöhten Feuchte zu dauerhaften Ausblühungen und Materialschädigungen an der Bauwerksoberfläche führen (Bild 1). [2], [3]

Ziel des Projektes „Anaerobe textile BIO-Kompresse zum ökologischen Nitratabbau in Mauerwerken (BIOKOM)" war die Entwicklung eines neuen, effizienten und schonenden Entsalzungs -und Trockenlegungsverfahrens auf der Basis von textilen BIO-Kompressen in Form von Textil-Kunststoff-Verbunden in Verbindung mit mikrobiologischen Wirkmechanismen. Als Ergebnis wurde ein Sanierungsprodukt - genannt „BIO-Kompresse" - angestrebt, welches eine Produktneuheit und zugleich einen Ersatz bzw. eine sinnvolle Ergänzung derzeit auf dem Markt befindlicher und üblicher Verfahren im Hinblick auf günstigere Wirtschaftlichkeit, Umweltfreundlichkeit, Leistungsfähigkeit darstellen soll.

Salzausblühungen

Bild 1:   Salzausblühungen an Mauerwerken

Bei dieser neuartigen „BIO-Kompresse" werden natürliche mikrobielle Stoffwechselvorgänge spezieller - denitrifizierender - Bakterien ausgenutzt. Diese Mikroorganismen wandeln Nitrate unter anaeroben Bedingungen zu Stickstoff um. Dabei handelt es sich um einen natürlichen Prozess ohne giftige Abbauprodukte und ohne Belastung der Umwelt. Die Funktion der „BIO-Kompresse" beruht auf dem Prinzip der herkömmlichen Kompressenentsalzung allerdings mit Textilvliesen als Trägermaterial für die denitrifizierenden Mikroorganismen. Die Nitrate werden mit der im Mauerwerk befindlichen Feuchtigkeit in die Kompresse transportiert. In der Kompresse erfolgt dann der Nitratabbau zu Stickstoff durch die denitrifizierenden Bakterien. Dadurch wird das Konzentrationsgefälle von Nitrat-Ionen zwischen Mauerwerk und Kompresse aufrechterhalten. Ein Austausch des Kompressenmaterials ist nicht erforderlich. Solch eine neuartige „BIO-Kompresse" könnte somit eine ökologisch verbesserte Variante der klassischen Kompressenentsalzung als Ergänzung zu anderen Entsalzungsverfahren bieten.

Die Vorteile liegen dabei einerseits in der Verringerung des Materialbedarfs. Andererseits entfällt der Austausch der Kompressen, was gerade an historisch wertvollen und sensiblen Mauerwerksbereichen von Bedeutung sein sollte.

5.2   Lösungsansatz

Prinzipiell gibt es zwei Möglichkeiten der Entsalzung mit der BIO-Kompresse. Erstens die Verwendung der BIO-Kompressen als hinterfeuchtete Kompresse und zweitens als trocknende Kompresse mit biologischem Nitratabbau als 2-Stufen-Prozess (Bild 2). Der Vorteil der ersten Möglichkeit (hinterfeuchtete Kompresse) liegt im permanenten passiven Salztransport mit dem Feuchtigkeitsstrom an die Mauerwerksoberfläche. Ein Problem stellt dabei die offene Verdunstungsfläche der Kompresse dar. Was für die ungehinderte Wasserverdunstung von Vorteil ist, könnte sich für die unter anaeroben Bedingungen denitrifizierenden Mikroorganismen als ungünstig erweisen, da über die offene Kompressenoberfläche Sauerstoff auf und in die Kompressen gelangen könnte.

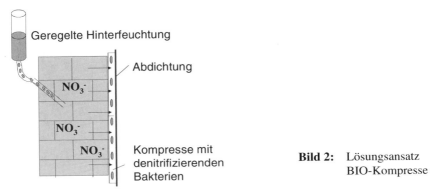

Bild 2: Lösungsansatz BIO-Kompresse

Deshalb scheint ein anderer Lösungsansatz eine Überlegung wert zu sein, nämlich die Verwendung einer trocknende Kompresse mit biologischem Nitratabbau als 2-Stufen-Prozess. Hierbei sollte zunächst der passive Salztransport mit dem Feuchtigkeitsstrom an die Mauerwerksoberfläche bei offener Verdunstungsfläche erfolgen. Nach der Schaffung eines sauerstoffarmen Milieus an der Oberfläche (Abdichtung mit Folie) werden die Mikroorganismen appliziert und können unter anaeroben Bedingungen denitrifizieren. Gegebenenfalls müssen die beiden Schritte bis zu einem akzeptablen Entsalzungsergebnis wiederholt werden. Wegen des Nitratabbaus in der BIO-Kompresse sollte ein Wechsel bzw. Austausch der Kompresse nicht erforderlich sein.

5.3.   Feldversuch zur Entsalzung mit der BIO-Kompresse

5.3.1 Ausgangszustand und Versuchsaufbau

Im Zeitraum von August bis September 2003 wurden erste Freiland-Untersuchungen zur Entsalzung von nitratbelasteten Mauerwerken mit Hilfe der BIO-Kompresse durchgeführt. Innerhalb dieses Feldversuches wurden drei Probeobjekte in Mecklenburg / Vorpommern untersucht (Tabelle 3).

Tabelle 3: Probeobjekte im Feldversuch 2003

Probeobjekte	
Zierow	ehemaliger Schweinestall, Außen- und Innenwand
Steinhausen	ehemaliger Pferdestall, Außen- und Innenwand
Tüzen	Schaustall des Haustierparks, Innenwand

Vor Versuchsbeginn wurden die Mauerwerke eine Woche lang gezielt hinterfeuchtet, um einen kontinuierlichen Salztransport aus den tieferen Schichten des Mauerwerks an die Oberfläche zu gewährleisten. Zur Steuerung des Feuchtigkeits- und Verdunstungsstroms wurden das Mauerwerk neben den Versuchsflächen und z. T. auch die Rückwand mit Folie abgeklebt. An die Versuchsflächen wurden jeweils 30 x 30 cm große mit Bakterien applizierte Kompressen und Kompressen ohne Bakterien als Kontrollvarianten angebracht. Für die Untersuchungen wurden zwei verschiedene Typen von Kompressenmaterial verwendet:

- Dichtes, schweres Polypropylenvlies (PP) mit einseitiger Folienauflage (durch Einstiche mit Widerhakennadel waren im TITK Rudolstadt Faserdochte durch die Folie gezogen worden, wodurch die Folie am Textil haftete und der Salztransport gewährleistet werden sollte)
- Locker strukturiertes, leichtes Polyestervlies (PES) mit zweiseitiger Folienauflage (beide Folienlagen durch Dochte mit Vlies verbunden)

In die Untersuchungen wurden zwei verschiedene Bakterienstämme (*Pseudomonas stutzeri* und *Paracoccus denitrificans*) einbezogen. Die Bakterien wurden in einer Konzentration von ca. 1 x 10^8 Zellen pro cm^2 Kompresse (ca. 100 ml Bakteriensuspension pro Kompresse) appliziert. Die Bakterienkulturen wurden zuvor 72 h in DSM - Medium M1 (5 g Pepton, 3 g Fleischextrakt, 1000 ml dest. Wasser) bei Raumtemperatur (22 °C) und 150 rpm kultiviert, anschließend abzentrifugiert (5 min, 6000 rpm) und die Zellen in frischem M1 - Nährmedium resuspendiert. Während der gesamten Versuchsdauer wurden täglich auf die mit Bakterien behandelten Kompressen je 25 ml M1 - Nährmedium zur Nährstoffversorgung der Bakterien appliziert. Auf die Kontrollkompressen ohne Bakterien wurde je 100 ml Wasser appliziert. Zu festgelegten Zeitpunkten erfolgten Probenahmen aus den Kompressen und aus dem Ziegelmauerwerk (Tabelle 4).

Tabelle 4:   Beprobung der Objekte

Probe	Analyse
Kernbohrung	Feuchteanalyse (Anfangs- und Endzustand)
Bohrmehlproben	Salzanalysen (Nitrat), Bestimmung des organischen Kohlenstoff- und des Stickstoffgehaltes
Oberflächensplitter vom Mauerwerk	Ergosterolnachweis (Pilznachweis), Anzahl von Mikroorganismen
Kompressenproben	Salzanalysen (Nitrat), Anzahl von Mikroorganismen, Feuchteanalyse

5.3.2   Ergebnisse und Interpretation

5.3.2.1   Verringerung der Nitratkonzentration in den Probemauerwerken

Im Ausgangszustand waren alle Objekte relativ stark nitratbelastet (Tabelle 5). Andere Salze, wie Chlorid und Sulfat spielten nur eine untergeordnete Rolle. Die Ausgangsfeuchte in den Probeobjekten lag in den unteren Mauerwerksbereichen bis 50 cm Höhe bei 0,5 - 35 % Durchfeuchtungsgrad, über 50 cm Höhe wurden Durchfeuchtungsgrade bis 10 % gemessen. Am Versuchsende (nach 42 Tagen) war in allen Probemauerwerken der Durchfeuchtungsgrad deutlich erhöht. Dabei stieg der Durchfeuchtungsgrad in den oberen Mauerwerksbereichen über 50 cm Höhe infolge der Hinterfeuchtung, die in den oberen Mauerwerksbereichen angebracht war, stärker an als in den unteren Mauerwerksbereichen unter 50 cm Höhe.

Tabelle 5: Bewertung der Gefährdung (Belastungsstufen) durch bauschädliche Salze in den Probeobjekten [nach WTA - Merkblatt 3-13-01/D)] [5]

	Nitrat	Sulfat	Chlorid	Belastungs- stufe für Nitrat
	m.-%	m.-%	m.-%	
Zierow Innenwand	2,64	0,27	0,46	extrem (IV)
Zierow Außenwand	1,50	0,38	0,44	extrem (IV)
Steinhausen Innenwand	0,57	0,31	0,31	extrem (IV)
Steinhausen Außenwand	3,49	2,34	0,38	extrem (IV)
Tüzen Innenwand	1,07	0,27	0,13	extrem (IV)
Tüzen Torbogen	1,35	0,40	0,30	extrem (IV)

Mit beiden Kompressentypen (PP und PES) ließen sich Reduzierungen der Nitratkonzentrationen im Mauerwerk erzielen.

Mit Hilfe der PES - Kompressen konnten teilweise stärkere Verringerungen des Nitratgehaltes erreicht werden als mit den PP - Kompressen. Bei Bakterienbehandlung führte nur die Applikation des *Paracoccus denitrificans* - Stammes zu Entsalzungserfolgen. Ohne Bakterienbehandlung ließ sich keine Reduzierung der Nitratkonzentrationen im Mauerwerk nachweisen. In den meisten Fällen war ein Abbau der Nitrate in der Kompresse auf die PP - Kompressen beschränkt (insbesondere Objekte in Steinhausen und Tüzen). Im Folgenden soll auf die Entsalzung am Objekt Zierow etwas näher eingegangen werden (Bild 3).

Die Versuchsflächen wiesen sehr starke Nitratausgangsbelastungen auf (Außenwand: 2,5 - 3 m.- %; Innenwand: bis 4 m.- %). Mit beiden Kompressentypen konnten mit *Paracoccus dentrificans* - Behandlung sowohl an der Innenwand als auch an der Außenwand eine sehr deutliche Reduktion der Nitratkonzentrationen nachgewiesen werden. Im Außenwandbereich sank die Nitratkonzentration von ca. 2,5 m.- % auf ca. 1 m.- % mit der PP - Kompresse und von ca. 3 m.- % auf ca. 0,5 m.- % mit der PES - Kompresse.

In beiden Kompressentypen kam es zunächst zu einer Anreicherung und nachfolgend zum Abbau von Nitraten. Dabei wurde der Nitratgehalt in der PP - Kompresse wesentlich stärker reduziert und lag am Versuchsende bei ca. 1 m.- %, während in der PES - Kompresse noch hohe Nitratkonzentrationen zu verzeichnen waren (> 10 m.- %).

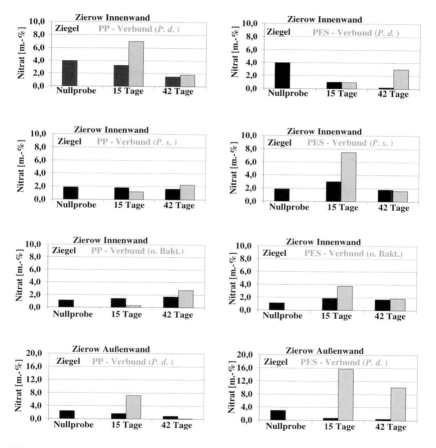

Bild 3: Nitratkonzentrationen im Mauerwerk (Tiefe 0-4 cm) des Probeobjektes Zierow und in den verwendeten Kompressen vor, während und nach der Entsalzung (*P. d. ... Paracoccus denitrificans*; *P. s. ... Pseudomonas stutzeri*; o. Bakt. ... ohne Bakterien; ■ Mauerwerk; ▨ Kompressen)

An den Versuchsflächen der Innenwand wurden parallel nebeneinander drei Versuchs-varianten getestet. Jeweils zwei Versuchsflächen (eine mit PP -Kompresse und eine mit PES - Kompresse) wurden mit einem *Paracoccus denitrificans* - Stamm, einem *Pseu-domonas stutzeri* - Stamm und mit Wasser behandelt. An den mit *Paracoccus denitrifi-cans* behandelten Versuchsflächen wurden mit beiden Kompressentypen deutliche Re-duktionen der Nitratkonzentrationen im Ziegelmauerwerk nachgewiesen. Die Nitratge-halte wurden von 4 m.- % auf ca. 1,5 m.- % (PP - Kompresse) bzw. auf < 0,5 m.- % (PES - Kompresse) gesenkt. An den mit dem Stamm *Pseudomonas stutzeri* behandelten Versuchsflächen konnten nur geringfügige Nitratgehaltsabsenkungen festgestellt wer-den. Mit der PP - Kompresse sank der Nitratgehalt unwesentlich von etwas weniger als 2 m.- % bei der Nullbeprobung auf immer noch > 1,5 m.- % nach 42 Tagen. Mit der PES - Kompresse lagen der Ausgangs- und Endwert bei etwas weniger als 2 m.- %.

Der Anstieg der Nitratkonzentration in den oberflächennahen Mauerwerksbereichen nach 15 Tagen lässt auf Transportprozesse schließen, in deren Folge Nitrate von tie-feren Mauerwerksbereichen an die Oberfläche verlagert wurden. In allen bakterien-behandelten PP - Kompressen wurden nach 42 Tagen geringere Nitratkonzentratio-nen als nach 15 Tagen gemessen, was auf einen Abbau der Nitrate in der Kompresse durch die denitrifizierenden Bakterien hindeutet. Bei Verwendung der PES - Kom-pressen kam es in den meisten Fällen nur zu einer Anreicherung der Nitrate, aber nicht zu einem Abbau durch die Bakterien. Dieses Phänomen lässt sich mit der Struk-tur der PES - Kompressen erklären. Untersuchungen der Textilproben, insbesondere der PES - Vliese, mit Hilfe der Epifluoreszenzmikroskopie zeigten, dass die Bakteri-en sich selten an den Fasern anlagern konnten, sondern in den viel zu großen Zwi-schenräumen zwischen den Fasern „herumschwammen" (siehe 5.3.2.2).

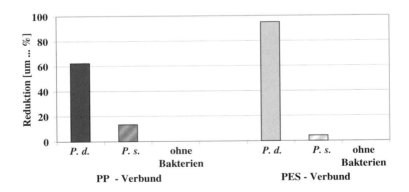

Bild 4: Reduktion der Nitratkonzentration im Probemauerwerk Zierow Innenwand nach 42 Tagen Entsalzung mit der BIO-Kompresse (*P. d. ... Paracoccus denitrificans*; *P. s. ... Pseudomonas stutzeri*)

Insgesamt zeigten die BIO-Kompressen in unseren Untersuchungen eine gute Leistungsfähigkeit. In einem Zeitraum von nur 6 Wochen konnten die Nitratkonzentrationen in den Probemauerwerken teilweise erheblich reduziert werden (Bild 4 und 5).

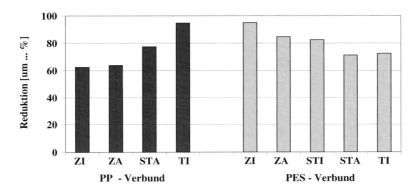

Bild 5: Reduktion der Nitratkonzentration in den Probemauerwerken nach 42 Tagen Entsalzung mit der *Paracoccus denitrificans* behandelten BIO-Kompresse (ZI...Zierow Innenwand; ZA...Zierow Außenwand; ST I...Steinhausen Innenwand; STA...Steinhausen Außenwand; T I...Tüzen Innenwand)

Sowohl die PP - Vlies - Verbunde als auch die PES - Vlies - Verbunde hatten eine Wasseraufnahmekapazität von bis zu 400 % der Eigenmasse der Kompressen. Hohe Feuchtegehalte der Textilkompressen sind einerseits notwendig, um den Konzentrationsgradienten der Nitrate aufrechtzuerhalten, die mit dem Verdunstungsstrom des Wassers passiv mit in die vorderen oberflächennahen Mauerwerksbereiche gelangen und dann in die zunächst nitratfreie Kompresse diffundieren. Zum anderen bewirken hohe Feuchtegehalte im Vlies einen möglichst niedrigen Sauerstoffgehalt in der Kompresse. Dies ist notwendig, da denitrifizierende Bakterien Nitrate nur unter sauerstofffreien bzw. sauerstoffarmen Bedingungen abbauen.

5.3.2.2 Untersuchungen zur organischen Belastung und zur Anzahl der denitrifizierenden Mikroorganismen auf der Mauerwerksoberfläche der Probeobjekte

Durch die Applikation der Bakterienstämme und des Nährmediums auf die Kompressen sowie durch Wachstum und Stoffwechselaktivität der Mikroorganismen wird organisches Material auf die Mauerwerksoberfläche aufgebracht. Diese Biomasse bzw. die Nährstoffe aus dem Nährmedium stehen Pilzen und anderen Bakterien als Nahrungsgrundlage zur Verfügung. Damit besteht die Gefahr einer Besiedlung der Mauerwerke mit potenziell gesundheitsschädlichen Mikroorganismen. Um den vor den Entsalzungsmaßnahmen vorhandenen Kohlenstoff- und Stickstoffgehalt und die möglicherweise durch die Bakterien verursachte zusätzliche Belastung mit organischem Kohlenstoff- und Stickstoff nachzuweisen, wurde auf allen Versuchsflächen aller Probeobjekte der Anteil von organischem Kohlenstoff und Stickstoff zu Versuchsbeginn und am Versuchsende bestimmt. Zusätzlich wurden die Mauerwerksoberflächen auf Ergosterol untersucht. Ergosterol ist ein Biomarker für Pilzbelastungen. Es lässt sich in lebenden Pilzzellwänden nachweisen.

• Besiedlung der Mauerwerksoberflächen durch Mikroorganismen

Die Besiedlung der Mauerwerksoberfläche wurde mit Hilfe der Epifluoreszenzmikroskopie an Mauerwerkssplittern von der Oberfläche untersucht.

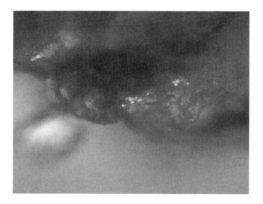

Bild 6: Natürliche Besiedlung der Mauerwerksoberfläche (Probenahmeort: Zierow); ca. 10^6 Bakterien pro cm^2; Epifluoreszenzmikroskopische Aufnahme (Kamera SIS Color View 12, SIS AnalySIS Pro) Färbung: SYBR Green® (5 min) 900-fach, Wasserimmersion, Anregung "WB", OLYMPUS IX 70; Foto: R. Schumann, Universität Rostock)

Die natürliche Besiedlung der Mauerwerksoberflächen lag in den meisten Fällen bei ca. 10^5 Bakterien pro cm^2 (Innenwände und Außenwände). Nach der Applikation von ca. 1×10^8 Zellen pro cm^2 Kompresse stieg die Bakterienanzahl auf den Versuchsflächen z. T. signifikant um ein bis zwei Zehnerpotenzen an (Bild 7 und 8).

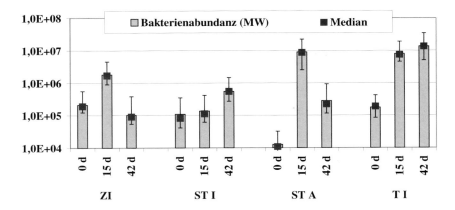

Bild 7: Bakterienanzahl pro cm^2 auf der Mauerwerksoberfläche der Versuchsflächen mit PP - Vlies - Verbunden (ZI ... Zierow Innenwand; ST I ... Steinhausen Innenwand; ST A ... Steinhausen Außenwand; T I ... Tüzen Innenwand; T Tb ... Tüzen Torbogen)

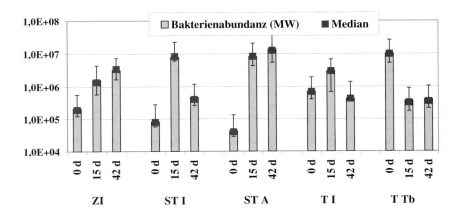

Bild 8: Bakterienanzahl pro cm^2 auf der Mauerwerksoberfläche der Versuchsflächen mit PES - Vlies - Verbunden (ZI ... Zierow Innenwand; ST I ... Steinhausen Innenwand; ST A ... Steinhausen Außenwand; T I ... Tüzen Innenwand; T Tb ... Tüzen Torbogen)

Im weiteren Versuchsverlauf kam es nicht zu einem weiteren Anstieg der Bakterienanzahl auf den Versuchsflächen. Die Bakterienanzahl blieb entweder dann relativ
konstant oder sank zum Versuchsende trotz täglicher Nährstoffversorgung annähernd
auf das Niveau der Nullprobe. Die tägliche Nährstoffzufuhr erfolgte direkt auf die
Kompressen, so dass dort sicherlich mehr Nährstoffe vorhanden waren als auf der
Mauerwerksoberfläche. Da die verwendeten Bakterienstämme eine relativ hohe Salz-
toleranz besitzen (bis zu 4 % NaCl sehr gutes Wachstum in Nährmedium, [7]), ist
davon auszugehen, dass die Salzkonzentration an der Mauerwerksoberfläche in einem Konzentrationsbereich lag, der von den Bakterien toleriert wurde.

Mit der Applikation der beiden Bakterienstämme (*Paracoccus denitrificans* und
Pseudomonas stutzeri) stieg auf den Versuchsflächen am Objekt Zierow die Bakterienanzahl um etwa eine Zehnerpotenz an (teilweise signifikant). Bis zum Versuchsende nach 42 Tagen blieb die Bakterienanzahl auf den Versuchsflächen mit PP - Vlies -
Verbunden relativ konstant, die Unterschiede in der Anzahl der Bakterien waren
nicht signifikant (Bild 9).

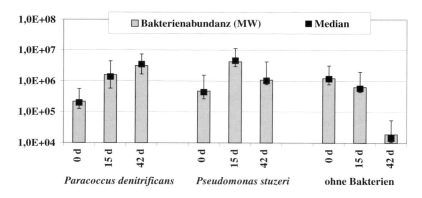

Bild 9: Bakterienanzahl pro cm^2 (Abundanz) auf der Mauerwerksoberfläche
der Versuchsflächen mit PP - Vlies - Verbunden in Zierow (Innenwand)

Auf den Flächen mit PES - Vlies - Verbunden traten bei der Applikation des *Pseudomonas stutzeri* - Stammes kaum Veränderungen in der Bakterienanzahl auf. Der
Anstieg der Bakterienzahl nach der Applikation war nicht signifikant und zum Versuchsende wurde eine Bakterienanzahl erreicht, die ungefähr der der Nullbeprobung
entsprach (Bild 10). Bei Applikation des *Paracoccus denitrificans* - Stammes war
nach einem signifikanten Anstieg der Bakterienzahl zum Versuchsende ebenfalls eine
Bakterienanzahl erreicht, die ungefähr der der Nullbeprobung entsprach. Dabei sei
darauf hingewiesen, dass die Bakterien nicht artspezifisch gezählt werden konnten.
Entscheidend ist jedoch, dass durch Applikation von Bakterien keine signifikante Zu-

nahme der Bakterienanzahl (weit über das Niveau der natürlichen Bakterienbesiedlung) auf den Mauerwerksoberflächen zu verzeichnen war und dadurch keine zusätzliche Belastung des Mauerwerks mit bakterieller Biomasse auftrat.

Auf den mit Wasser behandelten Flächen ging die Bakterienanzahl im Versuchsverlauf zurück. Bei der Nullbeprobung wurde eine natürliche Besiedlung mit etwa 10^6 Bakterien pro cm^2 ermittelt, zum Versuchsende nach 42 Tagen lag die Bakterienanzahl deutlich unterhalb der Größenordnung 10^4 Bakterien pro cm^2.

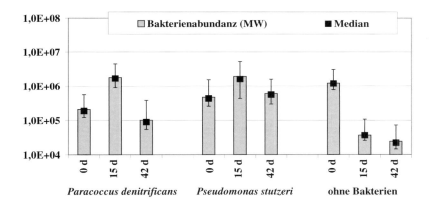

Bild 10: Bakterienanzahl pro cm^2 (Abundanz) auf der Mauerwerksoberfläche der Versuchsflächen mit PES - Vlies - Verbunden in Zierow (Innenwand)

Infolge der Abdichtung der Versuchsfläche mit den Kompressen (Textilvlies + Folie) wurde im Versuchsverlauf die Menge des zur Verfügung stehenden Sauerstoffs immer geringer. Bis zur Beprobung nach 15 Tagen wurden auf Grund weiterer Untersuchungen und Probenahmen (nicht publizierte Daten) die Kompressen in kurzen Zeitabständen (1 - 3 Tage) von den Versuchsflächen entfernt (und nach der Beprobung wieder befestigt), so dass zwischenzeitlich eine Sauerstoffzufuhr erfolgte. Nach 15 Tagen blieben die Kompressen für längere Zeit (bis zu 20 Tagen) unberührt, so dass während dieser Zeit nur Sauerstoffverbrauch aber keine Sauerstoffzufuhr auf die Versuchsflächen erfolgen konnte. Die Zusammensetzung der natürlichen Bakterienflora wurde zwar nicht explizit untersucht, es ist aber davon auszugehen, dass in einem belüfteten Habitat (Mauerwerksoberfläche, Sauerstoff steht normalerweise zur Verfügung) sich vorwiegend aerobe und möglicherweise noch fakultativ anaerobe Bakterien ansiedeln. Durch die Kompressenabdichtung entsteht für diese Bakterien mit der Zeit ein O_2-Defizit, was letztendlich zum Absterben der obligat aeroben Bakterien führt. Dieser Rückgang der Bakterienanzahl war auf den wasserbehandelten Flächen deutlich zu erkennen. Im Vergleich mit den bakterienbehandelten Flächen ist der Rückgang der Bakterienanzahl auf den wasserbehandelten Flächen wesentlich größer. Die Bakterienanzahl auf den wasserbehandelten Flächen lag am Versuchsende bis zu zwei Zehnerpotenzen niedriger als auf den bakterienbehandelten Flächen. Bei den applizierten Bakterienstämmen handelte es sich um denitrifizierende fakultativ anaerobe Bakterien, die also auch ohne Sauerstoff lebensfähig sind bzw. für eine gute Denitrifikationsaktivität möglichst sauerstofffreie Bedingungen benötigen. Die fakultativ anaeroben Denitrifizierer nutzen nur bei Sauerstoffmangel Nitrat als terminalen Elektronenakzeptor in der Atmungskette zur Energiegewinnung. In Gegenwart von Sauerstoff wird dieser genutzt, wobei die Energieausbeute höher ist als bei der Denitrifikation. Das Nitrat wird in diesem Falle nicht abgebaut.

Nach sechswöchiger Versuchsdauer konnte auf keiner der Versuchsflächen Ergosterol nachgewiesen werden. Unter den Kompressen zeigten sich keinerlei Anzeichen eines Befalls durch Pilze, d. h. es trat keine Begünstigung einer Schimmelpilzbildung auf.

- Bakterienbesiedlung auf Kompressen

Epifluoreszenzmikroskopische Aufnahmen der Kompressen zeigten, dass die Bakterien sich kaum an den Fasern anheften konnten, sondern in den viel zu großen Zwischenräumen zwischen den Fasern „herumschwammen". Insbesondere das locker strukturierte, leichte Polyestervlies war für die Besiedlung mit Bakterien nicht geeignet. Stärker vernetzte engmaschige oder dichtere schwere Textilvliese (wie z. B. PP – Vliese) stellen eine besser geeignete Struktur für die Bakterien dar, um das notwendige Festsetzen der Bakterien zu ermöglichen. Voraussetzung für die erfolgreiche Arbeit (Denitrifikation) der Bakterien ist zunächst einmal das Wachstum bzw. die Zellvermehrung. Das geht in größeren Zellkolonien besser und effektiver als bei einzeln umher schwimmenden Bakterien. Stärker vernetzte engmaschigere Kompressen schaffen somit Nischen für das Festsetzen der Bakterien und führen im Endeffekt zu einem erhöhten Wachstum (höhere Zellzahlen werden erreicht) und einer effektiveren Denitrifikation.

- Kohlenstoffgehalt und Stickstoffgehalt auf der Oberfläche der Probemauerwerke

In allen Objekten wurden sowohl zu Versuchsbeginn als auch am -ende Kohlenstoff- und Stickstoffgehalte unter 1 % der Gesamttrockenmasse gemessen. Die Stickstoffgehalte waren in den meisten Fällen nach erfolgter Entsalzung geringer als vor der Maßnahme. Die Abnahme des Stickstoffgehalts infolge der Entsalzungsmaßnahme durch die denitrifizierenden Bakterien war teilweise signifikant, eine Belastung mit Stickstoff konnte an den Probeobjekten nicht beobachtet werden.

Die Applikation von Bakterien und die tägliche Zufuhr kohlenstoff- und stickstoffhaltigen Nährmediums hatten offensichtlich keinen Einfluss auf die Kohlenstoff- und Stickstoffgehalte der Mauerwerke (Bild 11). Der Kohlenstoffgehalt blieb sowohl mit Bakterienapplikation als auch in den Versuchsvarianten ohne Bakterien relativ konstant. Die Wahl der

Kompresse (PP oder PES - Vlies - Verbund) hatte offensichtlich keinen Einfluss auf die Veränderung des Kohlenstoff- und Stickstoffgehaltes der Probeobjekte (Bild 12).

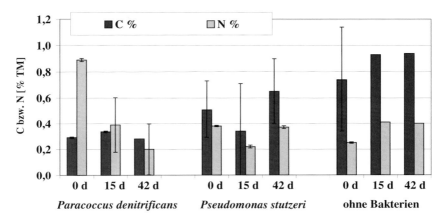

Bild 11: Kohlenstoff- und Stickstoffgehalt [% Trockenmasse] im Mauerwerk (Ziegel, Objekt Zierow Innenwand) mit und ohne Bakterienapplikation

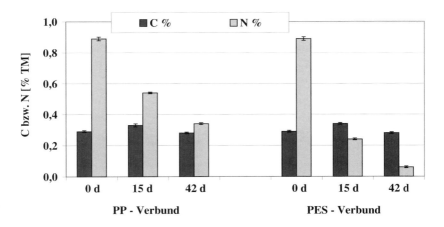

Bild 12: Kohlenstoff- und Stickstoffgehalt [% Trockenmasse] im Probemauerwerk Zierow bei Verwendung verschiedener Kompressentypen

Im Mörtel wurden signifikant höhere Kohlenstoffgehalte (2 -3 % Trockenmasse) als in den Ziegelproben bestimmt. Allerdings konnte keine signifikante Zunahme der organischen Kohlenstoffbelastung im Vergleich zum Versuchsbeginn festgestellt werden (Bild 13). Der Stickstoffgehalt des Mörtels war ähnlich dem der Ziegel (Bild 14).

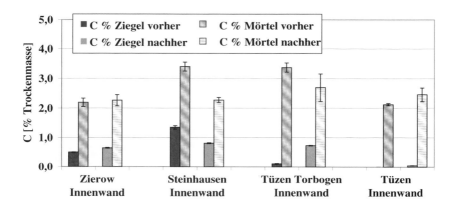

Bild 13: Kohlenstoffgehalt [% Trockenmasse] in den Ziegel- und Mörtelproben der Probeobjekte

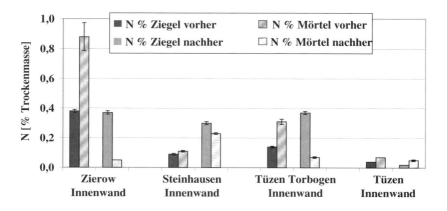

Bild 14: Stickstoffgehalt [% Trockenmasse] in den Ziegel- und Mörtelproben der Probeobjekte

5.4.   Vor- und Nachteile der BIO-Kompresse

Der Einsatz der BIO-Kompresse hat zu einer erfolgreichen Nitratreduzierung in den von uns untersuchten Probeobjekten geführt. Der Nitratgehalt konnte (mit einer Ausnahme) in allen mit dem *Paracoccus denitrificans* - Stamm applizierten Versuchsflächen deutlich verringert werden. Ohne Bakterienbehandlung ließ sich keine Reduzierung der Nitratkonzentrationen im Mauerwerk nachweisen. Damit wurde in unseren Untersuchungen nur mit der bakterienbehandelten BIO-Kompresse eine effektive Entsalzung erzielt. Eine Belastung des Mauerwerks durch einen zusätzlichen Eintrag von Kohlenstoff und Stickstoff wurden nicht beobachtet. Sowohl in Laborversuchen als auch im Freilandversuch konnten keine Vermehrungen der Bakterien an den Ziegel- bzw. Mauerwerksoberflächen nachgewiesen werden. Es wurden zu jedem Zeitpunkt auf den Ziegeloberflächen weniger Bakterien gezählt als ursprünglich in die Kompressen appliziert wurden. Als größter Vorteil der Anwendung der BIO-Kompresse ist die gute Umweltverträglichkeit des schonenden, nicht invasiven Verfahrens hervorzuhebenden. Die textilen Trägermaterialien der Kompresse sind wieder verwendbar. Nicht außer Acht lassen darf man jedoch eine Reihe von Unsicherheitsfaktoren und Nachteilen beim Einsatz der BIO-Kompresse. In Tabelle 6 werden die Vor- und Nachteile der BIO-Kompresse gegenübergestellt.
Die vorliegenden Ergebnisse sind viel versprechend im Hinblick auf eine erfolgreiche Anwendung der BIO-Kompresse. In Abwägung der Vor- und Nachteile und ausgehend von den ersten Feldversuchergebnissen bestehen gute Chancen , aus der BIO-Kompresse ein Verfahren zu entwickeln, dass als Ergänzung derzeit auf dem Markt befindlicher und üblicher Verfahren betrachtet werden kann. Trotzdem sind natürlich weitere Untersuchungen an weiteren Objekten notwendig, um die Leistungsfähigkeit der BIO-Kompresse zu evaluieren.

Danksagung

Den Projektpartnern Fa. Wenk, Schulz & Partner Großlöbichau, Hochschule Wismar, Universität Rostock , Thüringisches Institut für Textil- und Kunststoff-Forschung e. V. Rudolstadt und den Fördermittelgebern der AiF - Arbeitsgemeinschaft industrieller Forschungsvereinigungen „Otto von Guericke" e.V. sei an dieser Stelle Dank gesagt für die Unterstützung des Projektes: „Anaerobe textile BIO-Kompresse zum ökologischen Nitratabbau in Mauerwerken (BIOKOM)".

Tabelle 6: Vor- und Nachteile der BIO-Kompresse

Vorteile	Nachteile
Wiederverwendbarkeit der textilen Trägermaterialien der Kompresse	Verfahren ist abhängig von der Wirksamkeit der Mikroorganismen (Schwankungen im Leistungsvermögen durch Veränderung von Umweltfaktoren nicht auszuschließen)
Funktionsprinzip basiert auf einem etablierten wirksamen Verfahren (Kompressenentsalzung) zur Mauerwerksentsalzung	Denitrifikation = anaerober Prozess, d. h. ohne Sauerstoff (Maßnahmen zur Abdichtung gegenüber Sauerstoff notwendig) Unter aeroben Bedingungen keine oder nur sehr eingeschränkte Denitrifikationsleistung
Schonendes, nicht invasives Verfahren	Geringfügige Geruchsbelästigung (Bakterien und ihre Stoffwechselprodukte)
In einem Zeitraum von nur 6 Wochen konnten mit der *Paracoccus denitrificans* - behandelten Kompresse die Nitratkonzentrationen in den Probemauerwerken (Mauerwerksoberfläche) um 2 - 3 m.- % reduziert werden, das entsprach einer Verringerung der Nitratkonzentration um mindestens 60 %, teilweise sogar bis zu 80 %.	Erhöhter Aufwand (Energie, Laborausstattung, Nährstoffe für Bakterien) für Kultivierung und Entsorgung der Mikroorganismen (fachkundiges Personal)
Kein Befall durch Pilze und keine erhöhte Belastung des Mauerwerks mit Kohlenstoff und Stickstoff durch die Applikation der Mikroorganismen in unseren Untersuchungen nachgewiesen	Gefahr des Pilzbefalls und der erhöhten Belastung des Mauerwerks mit Kohlenstoff und Stickstoff nicht auszuschließen

Literatur

[1] H. Venzmer u. a., *Sanierung feuchter und versalzener Wände,* Verlag Bauwesen Berlin - München, 1991

[2] A. Drobig, und H. Venzmer, *Bio-Kompresse zur Entsalzung von Mauerwerken - Vorzüge gegenüber anderen Entsalzungsverfahren,* FAS - Schriftenreihe Altbauinstandsetzung, Sonderheft 4, Verlag Bauwesen, Berlin 2002

[3] H. Künzel, *Mauersalpeter - Ursache und Abhilfe,* Stuck - Putz - Trockenbau, Heft 7/8, 30-34 ff.

[4] R. Fichtner, F. Wolko und H. Venzmer, *Verfahrensüberblick zur Mauerwerksentsalzung. Bautenschutz & Bausanierung,* H. 2, Rudolf Müller-Verlag, Köln 1994

[5] WTA-Merkblatt 3-13-01/D, *Zerstörungsfreies Entsalzen von Naturstein und anderen porösen Baustoffen mittels Kompressen,* WTA Publications, München

Gesucht und gefunden - Der echte Hausschwamm und die Vollwärmeschutzfassade

K. Panter
Berlin

Zusammenfassung

Der echte Hausschwamm, der Sonderling unter den holzzerstörenden Pilzen, der uns stets seine enorme Anpassungsgabe vor Augen führt, darf in keinster Weise unterschätzt werden. Der echte Hausschwamm hat uns gezeigt, wie er sich verhält, wenn man ihn, den Pilz des Jahres 2004, nicht ernst nimmt und übersieht. Er hat uns auch gezeigt, wie still und unerkannt er schalten und walten kann. Im vorliegenden Schadfall handelt es sich um eine Altbausubstanz, die vor Sanierungsbeginn im Jahre 1996 durch den Verfasser untersucht wurde. Bereits 1996 konnte in den Wohngeschossen echter Hausschwamm nachgewiesen werden. Die Fassade wies Fassadenputzschäden, Feuchtigkeit im Keller- und Erdgeschoss auf. Die Bausubstanz wurde von 1997 bis 1999 komplex modernisiert und instandgesetzt. Im Zuge dieser Maßnahmen erhielt die Fassade im Hofbereich einen Vollwärmeschutz durch ein Wärmedämmverbundsystem. Nach abgeschlossenen Sanierungsmaßnahmen wurde bereits im Jahre 2001 in mehreren Bereichen der Geschosse, insbesondere in Fensterbereichen, Befall durch den echten Hausschwamm diagnostiziert. In diesem Zusammenhang wurde festgestellt, dass sich der echte Hausschwamm zwischen Fassade und Wärmedämmverbundsystem auf das Mauerwerk großflächig entwickelt hat. Mangelhafte Bauausführung des Vollwärmeschutzes und Nichtbeachtung bauphysikalischer Gesetzmäßigkeiten lieferten die erforderliche Anfangsfeuchte von mindestens 30% aufgrund von Taupunkten. In den Jahren 2001 bis 2003 fand eine Sanierung der zuvor durchgeführten Sanierung statt. Das betraf u.a. sämtliche Treppenhäuser, Wohnungen als auch die gesamte Fassade im Hofbereich.

Eine angebotene Bauüberwachung vor Sanierungsbeginn 1997 hielt der Bauherr für nicht erforderlich. Aufgrund dieser Entscheidung wurde eine Sanierung der Sanierung notwendig, die ein vielfaches der Sanierungskosten der Erstsanierung überschritten hat.

1   Bauzustand 1996

Der Fassadenputz im Hofbereich war teilweise abgeschärbelt, insbesondere in den Bereichen der Regenfallrohre sowie auch am Spitzwassersockel (Bild 1). Hier waren starke Kapillarsäume sichtbar. Straßenseitig waren die Stahlträger der ehemaligen Balkone zu erkennen und die Auflager der Stahlträger innerhalb der Fassade waren nicht vermauert.

Bild 1: Hofseite mit
abgeschärbelten
Fassadenputz
am Regenfallror (1996)

In den Geschossen aller Gebäudeteile wurden Schädigungen des echten Hausschwamms sowie weiterer holzzerstörender Pilze an den Holzbalkendecken festgestellt. Vielfach traten diese Schädigungen in Balkonzimmern auf. Teilweise hat sich der echte Hausschwamm aus den Wohnungseinheiten auf die Treppenhäuser ausgebreitet.

2   Sachstand nach der Sanierung

Die komplexe Modernisierung und Instandsetzung einschließlich Schwammsanierung ist in den Jahren 1997 bis 1999 durchgeführt worden. Schon im Jahre 2001 trat erneuter Schwammbefall in den Wohnungen auf, der dem ausführenden Betrieb angezeigt wurde. Aufgrund dieser Tatsache konnte der Bauherr dem ausführenden Betrieb kein Vertrauen mehr entgegenbringen und setze einen Betrieb seines Vertrauens zur Beseitigung dieser Baumängel einschließlich echter Hausschwamm ein. Die Sanierungen sind dann sofort in Angriff genommen worden. Der aufgetretene Schwammbefall in den Wohnungen wurde nach den anerkannten und geltenden Regeln der Technik saniert. In diese Sanierung sind auch die Treppenhäuser mit einbezogen worden. Nach etwa 4 Monaten konnte u.a. in den jetzt sanierten Treppenhäusern, insbesondere in Fensterwandbereichen, ein erneuter Schwammbefall festgestellt werden. Dieses erneute Auftreten des echten Hausschwamms ist zunächst einer nicht fachgerechten Sanierung durch den Baubetrieb zugeordnet worden. Zur Abwendung dieser Behauptung ist mit dem Baubetrieb und dem Verfasser eine Ursachenermittlung für diesen Schwammbefall betrieben worden. Der Verfasser und auch der Baubetrieb stellte sich die Frage des Entstehungsherdes und der damit verbundenen Ursachen. Nach gewisser detektivischer Arbeit kam man auf die Idee die Fenstereinblechungen zu entfernen. Entgegen der sonstigen Ausbreitung des echten Hausschwamms stand man vor der Tatsache, dass sich der echte Hausschwamm diesmal aus dem Außenbereich in den Innenbereich ausgebreitet hat.

Nach dieser Erkenntnis waren folgende Fragen zu beantworten:

* Der echte Hausschwamm benötigt für seine Entstehung Zellulose bzw. Zellulosebestandteile. Woher bezieht er diese?
* Der echte Hausschwamm benötigt weiterhin eine Anfangsfeuchte von ca. 30%. Woher bezieht er diese?

Zur Klärung dieser Fragen mussten Teilbereiche der Hoffassade, insbesondere an den Treppenhausfenstern, aufgenommen werden. Nach Entfernung des Vollwärmeschutzes in diesen Teilbereichen zeigte sich, dass die Stränge und Myzele des echten Hausschwamms ihren Ausgangspunkt in den Klebebatzen des Vollwärmeschutzes hatten. Von hier aus verbreiteten sich die Stränge in verschiedenen Wachstumsrichtungen (Bild 2).
Da die Stränge ihren Ausgangspunkt im Bereich der Klebebatzen hatten, war zu vermuten, dass die Zellulose ggf. Bestandteil der Klebebatzen war. Eine Überprüfung ergab die Richtigkeit der Angaben. Damit stand fest, dass der echte Hausschwamm die für seine Entstehung notwendigen Zellulosebestandteile aus den Klebebatzen bezog. Entstandenes Tauwasser aufgrund von Wärmebrücken, insbesondere im Bereich der Fensterverblechungen, lieferte dem echten Hausschwamm die benötigte Feuchtigkeit. Die Fensterverblechungen wurden ohne jegliche Wärmedämmung eingebaut. Des weiteren sind die Treppenhausfensterrahmen nicht umlaufend ausgeschäumt worden und es befanden sich dahinter Hohlräume, ebenfalls eine Wärmebrücke (Bild 3). Zwischen dem Vollwärmeschutz und dem Fassadenmauerwerk ist durch die Klebebatzen ein Luftraum von ca. 2 cm entstanden. In diesem Luftraum befand sich stehende Luft, eine weitere optimale Wachstumsbedingung des echten Hausschwamms.

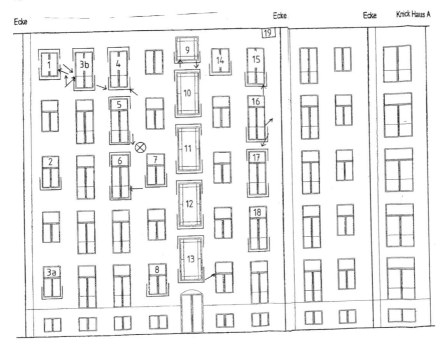

Bild 2:   Hofseite mit diversen Aufnahmebereichen und gekennzeichneter
Wachstumsrichtung des echten Hausschwamms (←)

Bild 3:   Fenstereinbau mit Hohlräumen ohne Winddichtigkeit

In den Aufnahmebereichen wurden starke Durchwachsungen von Strängen des echten Hausschwamms festgestellt (Bild 4).

Bild 4:   Sichtbare Stränge des echten Hausschwamms in einem Aufnahmebereich

Aufgrund der vorliegenden Feststellungen war ein Rückbau des gesamten Vollwärmeschutzes unumgänglich. Nach Entfernung des Vollwärmeschutzes wurde eine starke Verästelung der gesamten Fassade mit Strängen des echten Hausschwamms sichtbar. Weiterhin zeigten sich gravierende Baumängel, wie nicht geschlossene Durchörterungen von Terrassenentwässerungen, fehlende Ausmauerung von Stahlträgern, notdürftig geschlossene ehemalige Fenster von Außentoiletten, nicht geschlossene Siebe ehemaliger Küchenentlüftungen, eingebaute Kragträger von Balkonen ohne jeglichen Wärmeschutz usw. (Bild 5).

3   Sanierung der Erstsanierung

Der gesamte Vollwärmeschutz wurde entfernt. Danach wurden die Stoß- und Lagerfugen des Fassadenmauerwerks ausgekratzt. Des weiteren wurde das gesamte Fassadenmauerwerk abgeflammt. Da der echte Hausschwamm teilweise sehr stark in das

Bild 5:   sichtbare nicht geschlossene Ausmauerung der Terrassenentwässerung und
fehlende Ausmauerung des Stahlträgers

Fassadenmauerwerk eingewachsen war, musste auch an einigen Fenstern eine Bohr-
lochtränkung nach DIN 68 800/ 4 zur Bekämpfung des echten Hausschwamm im
Mauerwerk durchgeführt werden (Bild 6). Des weiteren musste die gesamte Fassadenfläche einen Oberflächenschutz gegen den echten Hausschwamm erhalten. Um
eine höhere Eindringtiefe des Holzschutzmittels in das Mauerwerk zu erreichen, ist
dieser Oberflächenschutz auf der Basis des Schaumverfahrens durchgeführt worden
(Bild 7). Da diese Holzschutzmittel nicht fixieren, bestand die Gefahr des Auswa-
schens. Der Schutz gegen Auswaschen des Holzschutzmittels musste durch eine völlige Abplanung der Fassade gesichert werden (Bild 8).
Zur Vermeidung von Hohlräumen, die eine optimale Wachstumsbedingung des echten Hausschwamm darstellen, wurde abschließend eine Wärmedämmputz auf das
Fassadenmauerwerk direkt aufgebracht. Dieser Wärmedämmputz erfüllt die gleichen
Anforderungen an den bautechnischen Vollwärmeschutz wie das ehemalige Wärme-
dammverbundsystem. Diese Aussagen sind durch den eingeschalteten Bauphysiker
bestätigt worden.

Bild 6: Fassade mit Kennzeichnung der Bereiche der
Bohrlochinjektion

Bild 7: Fassade wahrend der Durchführung des Schaumverfah-
rens mit sichtbar stehenden
Injektionsschaum auf der
Fassadenoberfläche

Bild 8:   Schutz der Fassade vor Auswaschung des Holzschutzmittels durch völlige Abplanung

Fassaden aus Holz -
Bautechnische und baurechtliche Aspekte

K. Kempe
Leipzig

Zusammenfassung

Holz ist nicht nur ökologisch und ökonomisch, sondern bietet auch eine endlose Vielzahl an Gestaltungsmöglichkeiten (siehe u. a. die Expo 2000 Hannover). Holz lässt
sich - im Gegensatz zu allen anderen Baustoffen - leicht bearbeiten. Und so ist es
nicht verwunderlich, dass viele Holz-Arbeiten in Eigenleistungen Ungelernter oder
durch Branchenfremde "gleich mit" ausgeführt werden. - Ob nur Nachbarschaftshilfe
oder offizielle Beauftragung: die bestellten und erbrachten Leistungen folgen dem
Werkvertragsrecht nach § 631 BGB mit allen Konsequenzen.[*]
Der Beitrag befasst sich nicht mit allen Möglichkeiten der Fassaden aus Holz. Dazu
wird auf den Abschnitt "Bauliche Schwerpunkte", die Literatur und die kleine Auswahl typischer Abbildungen verwiesen. Das Anliegen besteht vielmehr darin, auf die
dazugehörigen baurechtlichen Probleme hinzuweisen, weil man hier sehr viel Werklohn einbüßen kann. Diese Beachtungen bzw. Missachtungen betreffen gleichermaßen Architekten, Ingenieure, Bauleiter und ausführende Unternehmer der Gewerke
Zimmerer und Maler.

---

[*] Wer eine Bauüberwachung als Freundschaftsdienst kostenlos durchführt, haftet
genau so, als hätte er einen HOAI-Vertrag abgeschlossen. Das hat das Oberlan-
desgericht Celle rechtskräftig entschieden - hart, aber rechtssystematisch wohl
unumgänglich (Az.: 16 U 260/01).
Deutsches IngenieurBlatt Oktober 2002

1   Einleitung

Am Anfang war das Holz: Die Blockhaus-Fassade aus Rundstämmen oder die Voll-
blockwand oder die Fassade von Holz-Fachwerk. Und später war dann Holz nur noch
die Verkleidung einer andersweitigen Tragkonstruktion als vertikale oder horizontale
Brettverkleidung oder Verschindelung. [1] Beim modernen Holzhausbau (Skelett-,
Holzrahmen-, Holztafelbauweise) [2] werden häufig Holzwerkstoffplatten (Drei-
schichtplatten aus Nadelholz, Fassadensperrholz, Furnierschichtholz, zementgebundene Holzspanplatten) [3] verwendet.
Was früher die unstrittige Eigenschaft des gewachsenen Holzes war (strukturelle und
farbliche Vielfalt und Lebendigkeit, Äste, Risse und Krümmungen ...) wird heute
gern dem Holz als MANGEL angelastet.
BAUEN - das ist (heute) 50 % Bautechnik und 50 % Baurecht. Ungläubige können
dies bei Bauprozessen sehr einprägsam erleben.
Auch manche mit Architektur-Preisen bedachten, aufsehenerregenden Projekte sind
gar kein Beweis für Mangelfreiheit und Mustergültigkeit und man möge sich vor
Nachahmung hüten! - Narrenfreiheit genießt nur der Einstein-Turm in Potsdam von
Architekt Mendelsohn [4], dessen ästhetische Gaukelei bzw. baulicher Pfusch seit
1927 aller 10 Jahre zur Generalreparatur zwingt (erst wieder 1999: für 2,8 Mio DM!).

2   Bauen - zwischen BGB und VOB

Seit dem 01.01.02 (Schuldrechtsreform) gilt BGB n. F. (d. h. neue Fassung); - gilt für
alle nach diesem Termin abgeschlossenen Verträge.
Alle vor diesem Termin abgeschlossenen Verträge folgen BGB a. F. (d. h. alte Fassung - seit 1896!); - unabhängige davon, wie lange die Realisierung / Abwicklung
dieses Vertrages noch dauert.
Das BGB ist für das komplizierte Baugeschehen zu allgemein formuliert, enthält zu
viele Auslegungsspielräume - und damit "offene Flanken" für Streit.
Deshalb: seit 1926 gibt es die VOB (seit 2003 in der Übersetzung: Vergabe- und Ver-
trags-Ordnung). Sie berücksichtigt die Interessen von Auftraggeber und Auftragnehmer (Unternehmer) ausgeglichen.
VOB Teil B (Allgemeine Vertragsbedingungen) und VOB Teil C (Allgemeine Technische Vertragsbedingungen ATV) passen das Werkvertragsrecht des § 631 BGB auf
die besonderen Bedingungen des Bauwesens an.
Während das BGB "automatisch" und immer gilt, muss die Gültigkeit der VOB im
Vertrag zwischen den Parteien ausdrücklich vereinbart werden. Ist der Auftraggeber
ein im Bauwesen Unkundiger, muss ihn der Auftragnehmer bei Vertragsabschluss die
VOB A / B körperlich aushändigen ("Waffengleichheit").

Bild 1: Blockhaus mit umlaufendem weitem Dachüberstand: alle Hölzer sind vor Niederschlägen optimal geschützt (AEG = aus Erfahrung gut!).Alle Pfetten sind durch beschnitzte Pfettenkopf-Brettchen abgedeckt und geschützt und halten ewig. Das Holz ist natürlich vergraut - und wartungsfrei

Bild 2: Giebelverschalung aus gehobelten Brettern und farbig-deckendem Anstrich. - Hier sind die Pfettenköpfe nicht vor Schlagregen geschützt und das Wasser wird sogar zur Fassade abgeleitet, weil es nicht konstruktiv zum Abtropfen gezwungen wird. Eine Lösung von nur begrenzter Dauerhaftigkeit!

Werkvertrag § 631 BGB

- Gilt für das "geistige Werk": Ingenieur- und Architektenleistungen, Gutachten ... (aber auch für Handwerker, der eine Lösung plant und vorgibt); - hier: Planung der Fassade nach HOAI.
- Gilt für das "körperliche Werk": Herstellung oder Veränderung eines Bauwerkes (alle handwerklichen Leistungen); - hier: Herstellung der Fassade.
- Hauptpflicht des Auftragnehmers: Das "Werk" ist "rechtzeitig (Termin) und vertragsgemäß" herzustellen (vorgenannte Kriterien müssen sich aus dem Vertrag ergeben).
- Nebenpflichten des AN: Er muss seinen AG beraten, informieren, aufklären (wirtschaftliche Nachteile fernhalten). Dazu können z. B. gehören:
  - Bausumme (Kostenschätzung ± 40 %; Kostenberechnung ± 20 - 25 %, Kostenanschlag 10 - 15 %; vgl.: Locher u. a. HOAI-Kommentar).
  - Verkleidung mit zusätzlicher Wärmedämmung (EnEV)
  - Holz-Oberfläche gehobelt / sägerau (VOB/C Pkt. 3.11.1)
  - Vergleich Leistung zu Preis (Varianten zu Holz-Arten Fichte, Nordische Fichte, Kiefer, Lärche, Sibirische Lärche, Douglasie, Eiche, Robinie, Western Red Cedar)
  - Risiko zu Nutzen (Behandlung mit Holzschutzmitteln ...)
  - Oberflächenbehandlung / Pflege-Intervalle / Gerüststellung (Kosten!)
  - Gebrauchsanleitung für Wartung
- Erfolgsbezogenheit: Der AN schuldet das mangelfreie Werk - zum Zeitpunkt der Abnahme (Endabnahme § 640 BGB/§ 12 VOB/B).- Die technisch-funktionelle und optisch-gestalterische Mangelfreiheit wird durch das SOLL nach BGB bzw. VOB bestimmt.

SOLL - nach § 633 BGB

- Das Werk muss frei sein von Sachmängeln: es muss die vereinbarte Beschaffenheit aufweisen (Deshalb im Vertrag / LV in jeder Hinsicht erschöpfende Beschreibung wie z. B. Holzart, Oberfläche, Befestigungsmittel usw.).
- Ist die "Beschaffenheit" nicht vereinbart, dann ist das Werk frei von Sachmängeln, wenn es sich

  - für die nach Vertrag (!) vorausgesetzte bzw. gewöhnliche Verwendung eignet
    u n d
  - eine Beschaffenheit aufweist, die bei Werken gleicher Art üblich ist
    u n d
  - die der Besteller des Werkes erwarten kann.

Bild 3: Neubau eines Wohnhauses: Fassaden aus Holzwerkstoffplatten, orangefarben holzsichtig behandelt.

Bild 4: Detail zu Bild oben: Fußpunkt der Fassaden: die Fassadenplatten werden durch Spritzwasser belastet, der Bewuchs behindert die Abtrocknung und führt zu Schimmel-, Moos- und Algenbildung. Die Grundsätze des baulichen Holzschutzes wurden missachtet!

Beispiel:
Die Bretter der Fassadenverkleidung dürfen nach VOB/C Pkt. 3.11.1 "sägerau" sein. Ob dies allerdings "üblich" ist, muss bezweifelt werden - und der "Erwartung" des Auftraggebers dürfte dies schon gar nicht entsprechen. Für Auslegungen gilt der "objektive Empfängerhorizont". Dazu ist der Auftrag als "sinnvolles Ganzes" zu betrachten: die konkreten Verhältnisse, die Umstände des Einzelfalles, das Anliegen des Auftraggebers, das LV, die Zeichnungen. - Ziel ist: das dem Zweck entsprechende funktionstaugliche Werk. Im Streitfall entscheidet dies das Gericht - und dieses Urteil muss nun wiederum den Parteien gar nicht gefallen.

Deshalb:

- Auf einer "... eindeutigen und erschöpfenden ..." Beschreibung der Leistungen bestehen (VOB/A § 9 1) und
- nur Verträge ohne "Auslegungsspielräume" abschließen!

SOLL - nach § 13 VOB/B

- Wie § 636 BGB.
- und: das Werk den allgemein anerkannten Regeln der Technik (RdT) entspricht.

Regeln der Technik (RdT)

Die RdT sind definiert wie folgt:

- theoretisch-wissenschaftlich begründet
- in einschlägigen Fachkreisen bekannt
- in der Praxis bewährt und überwiegend angewendet.

Zu derartigen RdT können gehören z. B.:

- DIN-Vorschriften (aber nicht grundsätzlich: sie können überholt und nicht mehr aktuell sein)
- Informationsdienst Holz
- DGfH-Merkblätter
- WTA-Merkblätter
- Technische Merkblätter / Verarbeitungsrichtlinien ...
- Unfallverhütungsvorschriften (UVV)

Bild 5: Blockhaus aus Skandinavien - nach Tradition und Erfahrung gefertigt - und an einem Standort in der BRD aufgestellt.

Bild 6: Die Fundamentplatte wurde von einer einheimischen "Firma" gegoseen - und sie passt nicht maßlich: das Niederschlagswasser tropft nicht ab, sondern läuft unter das Holzhaus - und hier muss sich Schwamm entwickeln! Ein schwerwiegender Verstoß gegen die RdT!

Bedenken anmelden

Neben dem Planer und Bauleiter hat der Unternehmer die eigenständige Pflicht, von seinem Auftraggeber wirtschaftliche Nachteile abzuwenden. Dazu ist seine spezielle Fachkompetenz und Berufserfahrung gefordert.

Nach VOB hat er Bedenken geltend zu machen, wenn er Anordnungen des Auftraggebers (auch Architekt, Bauleiter) für unberechtigt bzw. unzweckmäßig hält (VOB/B § 4 1. (4) bzw. gelieferte Bauteile oder Leistungen anderer Unternehmer bewirken, dass er selbst kein mangelfreies Werk erstellen kann (VOB/B § 4 3.).

Beispiel 1: Giebelverschalung streichen

Ein Maler erhält vom Bauleiter den Auftrag, die neue Außenwandverschalung nach Architektenplan (RAL ...) satt dunkelgrün zu streichen. Die Verschalung ist nicht hinterlüftet und die mittlere Holzfeuchte liegt bei 18 %.
Der Maler muss Bedenken anmelden, weil

- das Holz ca. 8 % heruntertrocknet und schwindet und dadurch seitlich an den Brettern farbfreie Streifen sichtbar werden und
- die nur einseitige / außenseitige Beschichtung (Dampfbremse) behindert die Trocknung des zu nassen Holzes und es ist zu befürchten, dass sich der Anstrich blasig ablöst

Beispiel 2: Holz-Fassade bis OF Gelände

Die Detailplanung des Architekten sieht vor, dass die Holzwerkstoffplatten der Fassaden bis herab zum Gelände geführt werden sollen (eine horizontale Gliederung durch einen Spritzwassersockel ist unerwünscht).
Der Zimmerer muss Bedenken anmelden, weil

- diese "Lösung" gegen die RdT des baulichen Holzschutzes verstößt [3], [5], [6]
- diese Lösung unzureichend dauerhaft und mangelfrei ist

Die Bedenken sind anzumelden:

- "Unverzüglich" (d. h.: ohne schuldhafte Verzögerung)
- vor Beginn der Ausführung der Arbeiten: Entscheidung des AG abwarten
- schriftlich (per Rückschein: Beweisführung!)
- nachvollziehbar: Probleme und Folgen
- Empfänger: nur Bauherr

Der AN kann sich nur dadurch von Mängelansprüchen des AG befreien, wenn er wie vor beschrieben gehandelt hat (VOB/B § 13 Mängelansprüche).

Bild 7:   Ein Info-Pavillon aus Holz und mit großflächiger Verglasung (von nur kurzer Lebensdauer!)

Bild 8:   Die Holzkonstruktionen (tragenden Stiele und auch die Fenster) beginnen regelwidrig im Spritzwasserbereich. Aus Erfahrung ist nach ca. 5 Jahren Tannen-/ Zaunblättling ein neuer Pavillon fällig.

"Mangel" und "Schaden"

- MANGEL - ist eine negative Abweichung gegenüber dem SOLL; - unabhängig wie groß die Abweichung ist (99 % ist nicht 100 %).
  Ein Mangel muss nicht zwangsläufig zu einem Schaden führen. Trotzdem muss der AN für diesen Mangel einstehen.

Beispiel:

Das Nadelholz der Fassadenverkleidung war laut Vertrag / LV zu imprägnieren mit einem fixierenden wasserlöslichen Holzschutzsalz der Gefährdungsklasse 1-2-3-4 im Kesseldruckverfahren. Tatsächlich aber wurde das Holz imprägniert nur für die Gefährdungsklasse 1-2-3 im Trogtränkverfahren.
Das ist eine Negativ-Abweichung gegenüber dem geschuldeten SOLL - und führt aber auch zu keinem Folgeschaden. Das Holz hätte sogar gar nicht vorbeugend chemisch schutzbehandelt werden brauchen: es ist keine tragende und aussteifende Konstruktion. [7]
Unter Würdigung des Einzelfalls zieht dies aber dennoch Mängelansprüche des Auftraggebers nach sich.

- SCHADEN - ist eine negative Veränderung, die sich als Folge eines Mangels einstellt (auch wenn dieser Schaden erst nach Jahren sichtbar wird).

Beispiel:

Die Befestigung der Holzwerkstoffplatten an den Fassaden erfolgte nach den Regelwerken (u. a. ATV, DIN 18 334, VOB/C). Allerdings wurden abweichend keine Verbindungsmittel aus nichtrostendem Stahl verwendet. Der Schaden (Abrostung und Ablaufspuren von Rostwasser) tritt erst erheblich zeitversetzt später nach der mangelhaften Ausführung ein.
Behebung des Mangels - der zum schwerwiegenden Schaden führt - durch Neuherstellung der Fassade zu Lasten des Auftragnehmers.

Mängelansprüche (früher: Gewährleistung)

Der AG hat Anspruch auf ein mangelfreies Werk (§ 633 und &§§ BGB). Und er kann nach § 635 kostenlose Nacherfüllung verlangen.
Wegen "unwesentlicher Mängel" kann nach § 640 BGB und VOB/B § 12 3. die Abnahme nicht verweigert werden. Was "unwesentlich" ist hängt immer vom Einzelfall ab. Da Auftraggeber und Auftragnehmer die "Unwesentlichkeit" meist subjektiv und parteilich auslegen, sollte damit ein unabhängiger Dritter (ö. b. u. v. Sachverständiger) durch beide Seiten beauftragt werden, der ein Schiedsgutachten erstellt.

Bild 9: Wer sich für Holz im Außenbereich entscheidet, muss auch an die Oberflächenbehandlung, die Intervalle der Wartung/Pflege/Renovation, die Gerüststellung und Kosten denken

Bild 10: Fachwerk-Schwelle und Stiel-Fußpunkt wurden außen mit einem dichten
Anstrich auf noch zu nassem Holz behandelt - das zahlt sich auf Dauer
nicht aus!

- Nacherfüllung (früher: Nachbesserung)
  ... Nach dem geschuldeten SOLL / dem Vertrag / LV
  Die Beurteilung muss "vernünftig" und objektiv vorgenommen werden. Gebäude werden bei jedem Wetter überwiegend handwerklich errichtet und der Bauherr kann deshalb nicht jene Makellosigkeit erwarten wie er sie von industriell hergestellten Gebrauchsgütern kennt. - So hat z. B. die Beurteilung des "Bildes" der Fassade unter gebrauchsüblichen Bedingungen zu erfolgen: in aufrechter Körperhaltung, üblichem Abstand und bei allgemein üblicher Beleuchtung. [8], [9]
- Minderwert (Verkürzung Werklohn)
  Ist eine Nacherfüllung technisch nicht möglich oder völlig unverhältnismäßig bzw. nicht zumutbar, dann ist das gestörte Leistungsverhältnis finanziell auszugleichen (z. B.: eine partielle Nachbesserung des Anstriches an der Rückfront im Obergeschoss würde bedeuten, die Fassade einzurüsten und vollflächig neu zu streichen).
- Eine Bagatelle ist "fast" mangelfrei - und damit "hinzunehmen" oder durch einen Minderwert abzugelten. Es kommt immer auf den Einzelfall an!

Die Mangelfreiheit bezieht sich dabei sowohl auf die technisch-funktionelle Qualität u n d auch auf die Optik / Gestaltung.

Der Vertrag

Das geschuldete Soll ist genau zu beschreiben und ggf. zu bemustern (auch Grenz-Muster). Leistungsausschlüsse sind zu benennen. Die erfolgte Aufklärung / Beratung (positive Vertragsverletzung - pVV) muss erkennbar sein (z. B. Aufhellung durch UV-Strahlung, Pflegemaßnahmen...).

Beispiel: Dresden, Wohnheim

Fassade Erdgeschoss, 1. und 2. OG aus Spanplatten je 1,40 x 2,60 m, Buche Furnier, gedämpft, mit Coelanbeschichtung nach Bemusterung (ca. 0,5 m²).
Es wurde eingebaut A-Ware ohne Stammwechsel im Furnier der Frontplatten nach DIN 68 705 GK 1. - Der Auftraggeber bemängelt, dass die Furnierblattzahl von Platte zu Platte nicht gleich ist und dass ihm die Unheitlichkeit und Lebhaftigkeit kein akzeptables Gesamtbild ergäbe (Originaltext) und er deshalb den Austausch der Platten verlange.
Der in seiner Branche erfahrene Unternehmer sollte die möglichen Spitzfindigkeiten und Hinterhältigkeiten seiner Auftraggeber kennen und dies bei Bemusterung   (0,5 m² ist hier viel zu klein) und Vertragsformulierung berücksichtigen.
Es ist eine hinreichend bekannte Tatsache, dass Bauherren mit Hilfe käuflicher Schwachverständiger und engagierte Anwälte versuchen, den Handwerkern den Werklohn zu verkürzen.

Bild 11: Fassade aus Deckelschalung (Foto: Lukowsky) Die Bretter sitzen auf der Rollschicht auf: sie werden dadurch von Spritzwasser (auch Schnee) ständig befeuchtet und über die "Messerfugen" zieht das Wasser in das Hirnholz. Die Folge sind Verblauung, Zerstörung der Lasur und Herausbildung von Schwamm (aus Erfahrung: Tannen-/Zaunblättling). - Fazit: Ausführung erfolgte entgegen den anerkannten Regeln der Baukunst

Bild 12: Fassadenverkleidung mit Deckelschalung (Foto Lukowsky) Die Bretter haben gegenüber der Blechabdeckung Luft und Schlagregen spritzt von der Fassade weg (bessere Lösung als oben). Die Lasur hat keine Pigmente (Schutz gegenüber UV-Licht) und das Holz wird vergrauen.

3 Bauliche Schwerpunkte

Planer und Unternehmer müssen - von Fall zu Fall - beachten:

- Hinterlüftung
- Himmelsrichtung
- Wetterschutz
- Brandschutz
- Wärmeschutz
- Schallschutz
- Schnittholz / Holzart
- sägerau / gehobelt
- Holzfeuchte
- Holzqualität
- chemischer Holzschutz, Bläueschutz
- Holzwerkstoffe
- Oberflächenbehandlung
- Farbton / Standzeit
- Wartung und Pflege
- bauliche Details:

  - Wasserableitung
  - Kanten runden
  - Hirnholz versiegeln
  - Schutz vor Spritzwasser
  - Vermeidung Rückprallflächen
  - Dachüberstände
  - Tür- / Fensteranschlüsse
  - Befestigung ...

Literatur

[1] K. Erler, *Holz im Außenbereich*, Birkhäuser-Verlag 2002
[2] Arbeitsgemeinschaft Holz e. V.: Informationsdienst Holz: *Wohnhäuser aus Holz* (5/97)
[3] Arbeitsgemeinschaft Holz e. V.: *Außenbekleidung mit Holzwerkstoffplatten* (12/01)
[4] Bauzeitung 3/1999
[5] DIN 68 800/2 (5/96): Holzschutz, vorbeugende bauliche Maßnahmen im Hochbau
[6] Beuth-Kommentare (1998*) Holzschutz,* DIN 68 800 Teile 2 / 3 / 4
[7] DIN 68 800/3 (4/90) *Holzschutz, vorbeugender chemischer Holzschutz*

[8]   R. Oswald, *Mängel an Bauwerken oder hinzunehmende Unregelmäßigkeiten* Fachtagung 06.05.04 in Leipzig

[9]   R. Oswald, *Leitfaden über hinzunehmende Unregelmäßigkeiten bei Neubauten*, IRB-Verlag 1995

[10]   DIN 18334 VOB/C, *Zimmererarbeiten*

[11]   DIN 18 516/1 *Außenwandbekleidungen, hinterlüftet*

[12]   DIN 4074/1 - *Sortierung des Holzes nach der Tragfähigkeit (NH)*

[13]   DIN 1052 *Holzbauwerke, Berechnung und Ausführung*

[14]   DIN EN 350-2 *Natürliche Dauerhaftigkeit von Vollholz*

[15]   W. Ruske, *Fassaden aus Holz und Holzwerkstoffen*, in Holz-Zentralblatt vom 01.02.2002

[16]   J. Sell,. *Qualitätsaspekte bei Außenbauteilen von Holzhäusern*, in: Holz-Zentralblatt vom 09.10.1998

[17]   M. Hoeft, *"Verbretterte" Außenwände*, in: bba 6/2001

[18]   Informationsdienst Holz: *"Bauen mit Holzwerkstoffen"* (5/1997)

[19]   Informationsdienst Holz: *"Konstruktive Holzwerkstoffe"* (10/1997)

[20]   Meer, von der: *Fassaden müssen nach HOAI durchgeplant werden*, in: Deutsches Ingenieurblatt 10/1997

[21]   Informationsdienst Holz: *Außenbekleidungen aus Holz* (8/1989)

[22]   Harre, W.-G.: *Sperrholzplatten als Fassadenelemente*, 2. Holzbauforum 2002 in Leipzig

[23]   Damm, H.: *Einsatz von Furnierschichtholz im Außenbau*, 3. Holzbauforum 2003 in Leipzig

[24]   Herlyn, J.-W.: *Fassaden aus Holzwerkstoffen*, 2. Holzbauforum 2002 in Leipzig

[25]   Ruske, W.: *Fassadenkonstruktionen aus Furnierschichtholz*, Bauzeitung 4/2000

Holzfassaden - Beschichtung und Sanierung

D. Lukowsky

Braunschweig

Zusammenfassung

Der Unterhaltungsaufwand von durchdacht konstruierten und sauber ausgeführten Fassaden aus Holz oder Holzwerkstoffen kann gering sein. Je nach Witterungsbelastung sind Überholungsanstriche von Mittelschichtlasuren, Dickschichtlasuren und deckenden Beschichtungen erst nach 3 bis 15 Jahren notwendig. Für Holzfassaden sind insbesondere Beschichtungen mit relativ geringem Diffusionswiderstand geeignet. Beschichtungen, mit einem Prüfzeichen nach DIN EN 927 bieten die Sicherheit von überprüfter Leistungsfähigkeit. Auch ein völliger Verzicht auf Beschichtungen ist möglich, wenn die vor allem während der ersten Jahre teilweise uneinheitliche Grau- bis Schwarzfärbung akzeptiert wird.

Häufige Mängel, die zu einer verkürzten Lebensdauer der Beschichtung von Holzfassaden führen, sind:

- Unbeschichtete Fassadenunterkanten
- Mangelnde Prüfung des Untergrundes bei Sanierungsanstrichen
- Zu geringer UV-Schutz der Beschichtungen
- Fehlen von Bläueschutzimprägnierungen
- Vernachlässigte Wartung

Einleitung

Holzfassaden können starken Witterungsbeanspruchungen durch Regen, und Sonneneinstrahlung ausgesetzt sein. Gleichzeitig werden an Fassaden besondere optische Anforderungen gestellt. Beschichtungen von Holz weisen üblicherweise Dicken von 0,005 mm (5µm) bis 0,1 mm (100 µm) auf. An diese dünnen Schichten werden hohe Anforderungen gestellt. Auf einem Untergrund, der auf Feuchtigkeitsänderungen mit Quellen und Schwinden reagiert und teilweise zu Rissen neigt, sollen diese Schichten den Untergrund über mehrere Jahre vor Feuchtigkeit und UV-Strahlung schützen, dabei möglichst elastisch sein, auch auf feuchten Untergründen und Ästen gut haften und eine unproblematische Überarbeitung ermöglichen. Um die notwendigen, teuren Renovierungsintervalle möglichst gering zu halten, ist eine sorgfältige Planung, Materialauswahl und Ausführung wichtig. Dies gilt insbesondere, wenn z.B. Giebeldreiecke mit Holz verkleidet werden, zu deren Renovierung ein Gerüst notwendig ist. In zahlreichen Merkblättern sind wichtige Aspekte zur Konstruktion und der Beschichtung von Holzfassaden zusammengestellt. [1], [2], [3], [4], [5], [6]

Unbeschichtete Fassaden

Durch Sonnenlicht wird eine entscheidende Holzkomponente - das braune Lignin - zerstört und kann dann durch Regen ausgewaschen werden. Zurück bleiben die hellen Zellulosefasern. Dass bewittertes Holz nicht weiß erscheint, liegt an der sofortigen Besiedelung durch Kleinstpilze. Diese Mikroorganismen sind schwarz gefärbt, um sich selber vor der schädlichen UV-Strahlung zu schützen. Die Verfärbungen sind weitgehend unabhängig von der verwendeten Holzart. Ob weißliche Fichte, braunes Eichenholz oder rötliches Lärchenholz – nach einjähriger Bewitterung stellt sich eine weitgehend einheitliche Graufärbung ein. Auf trockenem Holz können diese Pilze nicht wachsen. Bereits regelmäßiger nächtlicher Tauwasseranfall kann aber als Feuchtigkeitsquelle ausreichen. Mit zunehmendem Feuchteangebot verstärkt sich das Wachstum dieser Mikroorganismen. Die aus weißen Zellulosefasern und schwarzen Mikroorganismen resultierende Färbung von unbehandelten Holzfassaden ist daher entscheidend von dem jeweiligen Mikroklima abhängig. An einem Standort kann sich tatsächlich die gewünschte silbergraue Patina einstellen – an anderen Standorten (insbesondere Nord- und Ostseiten) können jedoch die Mikroorganismen dominieren und zu einer dunkelgrauen bis schwarzen Färbung führen. Nach Regenfällen sind unbeschichtete Fassaden deutlich dunkler – bis zur Schwarzfärbung.
Fassaden ohne eine schützende Beschichtung sind preiswert und durchaus langlebig. Die Veränderungen der Oberfläche können als bewusstes gestalterisches Element eingesetzt werden. Probleme können jedoch auftreten, wenn in den Bauherren falsche Erwartungen geweckt werden - mit dekorativen Bildern von nicht bewitterten Fassaden oder aber mit Bildern von uralten Scheunen mit einer ansprechenden Patina. Tatsächlich ergibt sich jedoch ein anderes Erscheinungsbild: Direkt unter dem Dach-

überstand bleibt die ursprüngliche Holzfarbe sehr lange erhalten. Das konstruktiv un-
geschützte Holz wird dagegen grau und verfärbt sich nach Regenfällen schwarz.
(Bild 1). Ein einheitlicheres Erscheinungsbild kann durch den Verzicht auf Dachüberstände erreicht werden. Es gibt auch Berichte über die positiven Effekte von
grauen Dünnschichtlasuren. Unabhängig vom Grad der Bewitterung ist die Fassade
dann mehr oder weniger einheitlich grau – entweder durch den Farbton der Lasur o-
der durch die Vergrauung des Holzes. Ausgesprochen schädlich ist dagegen der gut-
gemeinte Versuch, das Holz für eine gewisse Zeit durch farblose Lasuren zu schützen. Je nach Beschichtungsdicke und Holzstruktur wittert eine solche Lasur sehr unregelmäßig ab. Auf den Flächen bilden daher helle und vergraute Zonen ein unregel-
mäßiges, wenig ästhetisches, Fleckenmuster.

Bild 1:   Die Vergrauung von unbeschichteten Fassaden aus Holz erfolgt insbesondere in den ersten Jahren häufig unregelmäßig. Selbst kleinste Fassadenvor-
sprünge einer Stülpschalung führen zu Zonen mit unterschiedlicher Färbung

Um den Prozess der Vergrauung von unbehandeltem Holz etwas zu verzögern und
insbesondere den Farbumschlag zum Schwarzen nach kurzen Regenfällen zu verhindern, haben sich farblose Hydrophobierungsmittel auf der Basis von Fettsäuren mit
Zirkoniumadditiven bewährt.
Fassaden aus unbehandelten Hölzern brauchen üblicherweise keine Pflege. In Einzelfällen können z.B. Hölzer im Spritzwasserbereich ausgetauscht werden, um ein einheitlicheres Erscheinungsbild der Fassade zu erreichen. Während die Lebensdauer
von unbehandelten Bretterfassaden durchaus 100 Jahre und mehr betragen kann, sind
die Erfahrungen mit unbehandelten Holzwerkstoffen noch nicht ausreichend um eine
Lebensdauer abschätzen zu können.

Bild 2: Unbehandelte Fassade aus Kerto q 27 mm nach 5 jähriger Bewitterung in Hannover-Kronsberg (Südseite). Auf der Nordseite wurden Platten aus dem Sockelbereich ausgetauscht

Beschichtungen

Ob deckende Beschichtungen, Dickschichtlasuren, Dünnschichtlasuren, Hydrophobierungsmittel oder Holzöle – es gibt für Holzbeschichtung bisher keine verbindlichen Anforderungsnormen und damit auch keine Möglichkeit die Qualität der Beschichtungen von verschiedenen Herstellern zu vergleichen. Den Empfehlungen der Beschichtungshersteller, der Beobachtung von Referenzobjekten und eigenen Erfahrung mit bestimmten Produkten kommt daher eine besondere Bedeutung zu. Die Wahl der Beschichtung ist nach wie vor oft Vertrauenssache. Einige Hersteller lassen ihre Beschichtungen jedoch nach der DIN EN 927 prüfen. Beschichtungen mit einem solchen Prädikat geben dem Verbraucher die Sicherheit eines geprüften Produkts. Von Fassadenbrettern, die industriell beschichtet werden, ist in der Regel eine gute Beschichtungsqualität zu erwarten. Grundsätzlich sollten stets alle Beschichtungskomponenten von einem Herstellers stammen – allein schon um bei Streitigkeiten eine klare Zuordnung der Verantwortlichkeiten zu sichern.

Aufgrund von Umweltschutzvorschriften und zum Schutz der Verbraucher werden inzwischen überwiegend wasserbasierende Produkte eingesetzt. Probleme aus der Frühzeit von wasserverdünnbaren Acrylat-Dispersionen wie Abblättern, Verlaufsstörungen und Neigung zur Verschmutzung sind bei modernen Produkten weitgehend gelöst. Vorteile von wässrigen Acrylaten gegenüber den früher üblichen lösemittelhaltigen Alkydsystemen sind die gute Elastizität, der geringere Diffusionswiderstand und die geringe Abwitterung. Nachteilig können die höheren Anforderungen an den

Untergrund und an die Umgebungstemperatur sowie der höhere Aufwand bei Überholungsanstrichen sein. Alkydsysteme gibt es inzwischen auch ohne organische Lösemittel – auch als Acrylat-Alkyd Hybridsysteme. Sehr witterungsbeständig, bei besonders geringem Diffusionswiderstand sind Beschichtungen auf der Basis von PVAc. (Nachweis von wässrigen Acrylatbeschichtungen durch Abreiben mit Universalverdünnung. Acrylate lösen sich sehr schnell an. Nachweis von Beschichtungen auf der Basis von PVAc mittels Jodlösung. PVAc wird durch Jod intensiv braun gefärbt).

Ein chemischer Schutz vor holzzerstörenden Pilzen ist für Fassaden üblicherweise nicht notwendig und auch nicht vorgeschrieben. Fassaden sind nicht tragende und nicht maßhaltige Bauteile, für welche die DIN 68 800-3 den vorbeugenden chemischen Holzschutz der Entscheidung des Planers überlässt. Auch in gut konstruierten Fassaden können zwar kurzfristig erhöhte Feuchten auftreten, doch trocknen die Hölzer auch ebenso schnell wieder. In Einzelfällen, z.B. bei fehlender Hinterlüfung, lange vernachlässigter Wartung und diffusionsdichter Beschichtung kann an extrem exponierten Fassaden auch Fäulnis auftreten. Hier sind natürlich dauerhafte Kernhölzer z.B. von Lärche oder Douglasie empfehlenswert, während üblicherweise Fichtenholz völlig ausreichend ist. Aufgrund der besonderen Empfindlichkeit gegen Pilzbefall sollte splinthaltiges Kiefernholz ohne Druckimprägnierung nicht verwendet werden. Für alle Nadelhölzer ist eine Bläueschutzimprägnierung des Holzes als erste Schicht des Beschichtungsaufbaus empfehlenswert, um die Haftung der nachfolgenden Anstrichschichten zu verbessern.

Beschichtungen mit Blauem Engel weisen keine Wirkstoffe gegen Pilze oder Algen auf. Es ist im Einzelfall zu entscheiden, ob eine besondere Gefährdung durch verfärbende Mikroorganismen vorliegt und wirkstoffhaltige Produkte eingesetzt werden sollten. [8] Insbesondere bei Dachuntersichten aus Kiefern- oder Birkensperrholz sind schimmelwidrige Beschichtungen dringend anzuraten (Bilder 3,4).

Bild 3: Schimmelpilze auf einer beschichteten Dachuntersicht aus Birkensperrholz

Bild 4: Algenbildung auf der Nordseite einer beschichteten Fassade

Grundsätzlich müssen alle Beschichtungen einen Schutz des Holzes vor UV-Strahlung gewährleisten. Farblose Beschichtungssysteme sind bis auf einige Spezialfälle nach derzeitiger Kenntnis nicht als dauerhafter UV-Schutz geeignet. Sehr helle Lasuren, mit unzureichender Pigmentierung führen häufig zu Schäden.

Beschichtungen sollen das Holz vor Feuchtigkeit schützen. Je besser der Feuchteschutz, desto geringer sind die Quell- und Schwindbewegungen und die Rissbildung des darunter liegenden Holzes. Andererseits verhindert ein zu dichter Anstrich die Austrocknung des Holzes nach Durchfeuchtung. Wenn ein geschlossener Beschichtungsfilm über lange Zeit sichergestellt werden kann, sind diffusionsdichte Beschichtungen mit $s_d > 1$ m vorteilhaft. Dies trifft häufig für Fenster und Türen zu und wird auch für Fassadensperrholz empfohlen. [2] Falls jedoch zu erwarten ist, dass Feuchtigkeit aufgrund der Konstruktion oder aufgrund von Holzrissen in die Konstruktion eindringen kann, so sind diffusionsoffene Beschichtungssysteme mit s_d von ca. 0,5 m vorteilhaft. Dies trifft für die meisten Holzfassaden zu.

Dünnschichtlasuren, mit Schichtdicken unter 10 µm sind einfach applizierbar und mit geringem Aufwand überstreichbar. Sie bieten jedoch nur einen geringen Feuchteschutz. Üblicherweise bilden sich bereits im ersten Jahr feine Risse in der Beschichtung. Unter einem feuchten Lappen verfärben sich solche geschädigten Beschichtungen schnell dunkel. Um die langfristige Wirksamkeit von Dünnschichtlasuren zu gewährleisten ist daher bereits nach einem Jahr ein Überstreichen notwendig. Anschließend können die Renovierungsintervalle in vielen Fällen auf 2 Jahre ausgeweitet werden. Dünnschichtlasuren werden häufig für bestimmte Holzwerkstoffe empfohlen, bei denen Risse zumindest auf Südseiten in der Oberfläche unvermeidbar sind. Da der erste Überholungsanstrich bereits nach einem Jahr erfolgt, erhalten die durch Risse freigelegten Oberflächen rasch eine Beschichtung. Für Fassaden, bei denen zur Renovierung ein Gerüst notwendig ist, sind Dünnschichtlasuren aufgrund der kurzen Renovierungsintervalle in der Regel nicht geeignet.

Ausreichend pigmentierte Mittelschicht- oder Dickschichtlasuren mit Schichtdicken von 30 µm bis 80 µm bieten einen guten Feuchte- und UV-Schutz. Meist sind Renovierungen erst nach 3 bis 8 Jahren notwendig; auf wenig bewitterten Fassaden auch erst nach deutlich längeren Zeiträumen. Für alle Lasuren gilt, dass der ursprüngliche Farbton nach der Neubeschichtung nicht mehr erzielt werden kann.

Den optimalen Witterungsschutz von hölzernen Fassaden stellen deckende Beschichtungen dar. Wenn sägeraue oder gebürstete Hölzer verwendet werden, zeichnet sich die dekorative Holzstruktur auch unter der Beschichtung sehr deutlich ab. Je dunkler die Farbtöne desto stärker ist die Erwärmung des Holzes. Harzreiche oder rissanfällige Holzarten sollten daher nicht mit sehr dunklen Farbtönen beschichtet werden.

Auf hellen Beschichtungen können Holzinhaltstoffe zu Verfärbungen führen. Mit Sperrgrundierungen können Farbdurchschläge verhindert werden. Verfärbungen über Ästen sind selbst jedoch auch mit Sperrgrundierungen nach derzeitiger Kenntnis nicht sicher vermeidbar. Harzaustritte bei harzhaltigen Holzarten wie Fichte und Lärche sind unvermeidbar und gelten nicht als Mangel. [3]

Mindestens die Grundbeschichtung muss auf jeden Fall vor der Montage der Hölzer ausgeführt sein. Häufig wird empfohlen, auch die Rückseiten der Hölzer mit der Grundbeschichtung zu behandeln. Die Schlussbeschichtung sollte unmittelbar nach der Montage erfolgen.

Ausgewählte Aspekte der Sanierung von Fassadenbeschichtungen

Eine Neubeschichtung von bewitterten Holzbauteilen sollte erfolgen, wenn die Beschichtung noch weitgehend intakt ist. Wird mit der Renovierung zu lange gewartet, ist der Holzuntergrund bereits so stark vorgeschädigt, dass der Aufwand erheblich größer wird (Bilder 5,6).

Auf Fassaden, die längere Zeit ohne Beschichtung bewittert wurden, ist die Haftung nachfolgender Anstriche problematisch. Zudem sind die Oberflächen von zahlreichen kleinen oder größeren Rissen durchzogen, deren Flanken nicht geschliffen werden können. Falls solche Flächen beschichtet werden sollen, sind lösemittelhaltige Imprägnierungen und Grundierungen nach gründlichem Schleifen der Flächen am geeignetsten.

Vor jedem Renovierungsanstrich muss die Tragfähigkeit des Untergrundes sorgfältig geprüft werden. Dazu wird die Beschichtung mit einem scharfen Messer kreuz- oder gitterförmig eingeschnitten. Auf die eingeschnittene Fläche wird ein Klebeband aufgerieben und anschließend abgezogen. An dem Klebeband darf die Beschichtung nicht großflächig anhaften. Es ist unbedingt zu empfehlen, die Prüfung nach einer 5minütigen Befeuchtung zu wiederholen, um auch die Nasshaftung der Beschichtung zu erfassen. Im trockenen Zustand ist die Haftung der Beschichtungen nämlich häufig recht gut, während die Haftung nach vorheriger Auffeuchtung in Einzelfällen deutlich schlechter sein kann. Auf die eingeschnittenen Flächen wird ein nasses Tuch aufgelegt. Nach 5 min wird die Fläche trockengerieben, es folgt 1 Minute der Trocknung und danach wird die Klebebandprüfung durchgeführt. Auch nach dieser Prüfung dürfen keine größeren Stücke der Beschichtung am Klebeband haften. Am Klebeband anhaftende Beschichtungen sollten mit einer Lupe oder gegebenenfalls mikroskopisch untersucht werden. Wenn Holzfasern an der abgelösten Beschichtung haften, ist dies ein Zeichen für einen zu geringen UV-Schutz der vorhandenen Beschichtung und eine bis zu ca. 0,5 mm tiefe Zerstörung der Holzoberfläche. In diesem Fall muss die vorhandene Beschichtung bis auf das gesunde Holz heruntergeschliffen werden. Mangelhafte Untergrundprüfung und Untergrundvorbereitung ist die Hauptursache von unzureichenden Sanierungsarbeiten.

Die Unterkanten von Holzfassaden sind immer wieder Ausgangspunkt von Schäden. Erstaunlicherweise werden die Unterkanten von Fassaden oft sehr nachlässig beschichtet, obwohl dies eine der kritischsten Stellen einer Fassade ist. Zu den wichtigen Hilfsmitteln bei der Beurteilung von Fassaden gehört daher ein kleiner Spiegel, mit dem die Beschichtung der Unterkanten bequem erkannt werden kann. Der häufig ausgeführte schräge Schnitt an der Unterkante von Fassadenbekleidungen bietet keine klaren Vorteile gegenüber dem geraden Schnitt, erschwert jedoch die Nachbeschichtung (Bild 7). [9]

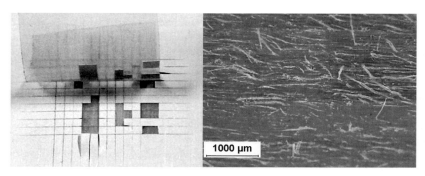

Bild 5: Gitterschnittprüfung einer   **Bild 6**: An der abgelösten Beschichtung
Beschichtung mit mangel-   anhaftende Holzfasern weisen
hafter Haftung   auf einen mangelhaften UV-
                                            Schutz hin

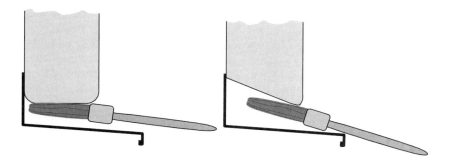

Bild 7: Abgeschrägte Unterkanten können nur bei großen Abständen zu angrenzenden Bauteilen mit dem Pinsel sicher nachbeschichtet werden. Bei geraden
Unterkanten kann dieser Abstand geringer sein

Flüssigkeiten haben das Bestreben, die Grenzfläche zur Luft möglichst gering zu halten. In der Schwerelosigkeit bilden Flüssigkeiten daher perfekte Kugeln aus. Der
gleiche Effekt führt dazu, dass nicht abgerundete Kanten von Holz stets eine geringere Schichtdicke aufweisen als die Fläche. Dieses Phänomen wird als Kantenflucht
bezeichnet und führt regelmäßig zu frühen Rissen an den Kanten der Verbretterung.
Werden Kanten in einem Radius von 2 mm gerundet, bildet sich dagegen eine
gleichmäßige Schichtdicke ohne Kantenflucht aus. Um die Renovierungszyklen von
beschichteten Holzbauteilen möglichst lang zu halten, sollten daher alle Kanten abge-

rundet sein. Dies betrifft auch die bauseits nachgeschnittenen Unterkanten. Mit einer Oberfräse lassen sich die Rundungen auch auf der Baustelle schnell und genau herstellen (Bild 8).

Bild 8: Abgerundete Kanten (rechts) gewährleisen eine gleichmäßige Schichtdicke

Die Kanten von Hölzern, bei denen die Beschichtung an der nicht gerundeten Kante abgeplatzt ist, sollten bei jeder Sanierung zumindest mit grobem Schleifpapier leicht gerundet werden – allein schon um die nicht mehr tragfähige Holzsubstanz im Kantenbereich zu entfernen.

Literatur

[1] Holzforschung Austria (Hrsg.), *Holzfassaden*, Holzforschung Austria Wien

[2] Arge Holz (Hrsg.), *Außenbekleidungen mit Holzwerkstoffplatten*, Informationsdienst Holz 2001

[3] Arge Holz (Hrsg.), *Außenbekleidungen aus Vollholz*, Informationsdienst Holz 2001

[4] Bundesausschuss für Farbe und Sachwertschutz (BFS), *Beschichtung auf nicht maßhaltigen Außenbauteilen aus Holz*, BFS Merkblatt 3, Frankfurt/Main 1996

[5] T. Hein, Holzschutz, *Holz und Holzwerkstoffe erhalten und Veredeln*, Wegra Verlag, Tamm, 1998

[6] J. Sell, J. Fischer, U. Wigger, *Oberflächenschutz von Holzfassaden*, Lignatec Lignum, Zürich 13/2001,

[7] DIN EN 927 1-5, *Lacke und Anstrichstoffe - Beschichtungsstoffe und Beschichtungssysteme für Holz im Außenbereich*, Beuth Verlag, Berlin

[8] Deutsche Gesellschaft für Holzforschung, *Merkblatt Vermeidung von Schimmel* http://www.dgfh.de 2003

[9] D. Lukowsky, J. Herlyn, *Unterkanten von Holzfassaden*, Die Neue Quadriga Eingereicht.

Sanierung der Fassade am Stadttor in Minsk

R. Schäfer
Bad Hindelang

Zusammenfassung

In den Jahren 2001 bis 2004 wurde das Stadttor in Minsk, Weißrussland renoviert und saniert. Das Stadttor Minsk bildet den optischen Eingangsbereich zur Hauptstadt der weißrussischen Republik direkt gegenüber dem Hauptbahnhof. Die Gebäude wurden in den Jahren 1947 – 1953 im so genannten „Zuckerbäckerstil" der damaligen Zeit erbaut.

Der Zahn der Zeit hatte sehr stark an dem Gebäude genagt. Dies vor allem auch in den Bereichen der Zierornamente. Grund dafür waren zum einen die normale Verwitterung in einer stark belasteten Klimazone und zum anderen schlecht konstruierte und gewartete Wasserführungen. Es handelt sich insgesamt um ca. 24.000 m² Fassadenfläche, bei der eine Reihe von modernen Mörtelsystemen wie z. B.

- Fassadenhaftputze
- schnellabbindende Stuckmörtel für den Außenbereich (wasserbeständig)
- Putzfestiger
- Dichtungsschlämmen
- Sanierputz WTA
- Decorputze

zum Einsatz kamen.

Besitzer des Gebäudes sind die weißrussischen Eisenbahnen. Das Gebäude wird vielfältig genutzt z. B. für Läden, Lokale, Büros, Wohnungen u.s.w.

Die verschiedenen Arbeitsschritte und Vorgehensweise werden an Hand von Bildmaterial erläutert und dargestellt.

Geschichte des Gebäudes

Das Stadttor in Minsk (Bild 1) wurde in den Jahren 1947 bis 1953 erbaut. Architekten waren die Herren B. Rubanenko, A. Golubovskij und A. Korabelnikov. Bauherren waren die weisrussischen Eisenbahnen unter Fjeodor N. Kireev.

Das Stadttor wurde direkt gegenüber des Hauptbahnhofes in Richtung Stadtmitte der Hauptstadt Minsk errichtet. Es sollte dadurch ein repräsentativer Eingang zur Stadt geschaffen werden. Dass solche „Stadttore" damals und heute modern waren zeigt, dass gerade in Frankfurt am Main in 2002/2003 ein solches Stadttor (Bild 2) errichtet wurde. Die VDI-Nachrichten berichten unter der Überschrift „Turm zur Rechten und Turm zur Linken – Stadttore sind groß in Mode und nun bekommt Frankfurt auch eines...."

Bild 1: Historische Aufnahme Stadttor Minsk

Bild 2: Stadttor Frankfurt

Das Stadttor Minsk ist noch heute im Besitz der weißrussischen Eisenbahnen und als zum Ende des 20. Jahrhunderts der Bahnhof völlig neu gestaltet wurde begann man auch mit der Planung zur Sanierung des Stadttores. An dem Gebäude wurde seit seiner Erbauung nichts wesentliches erneuert oder renoviert, so dass speziell die Gebäudefassade in einem sehr schlechten Zustand war und zum Teil auch Gefahr für die Passanten durch herab fallende Fassadenteile bestand. Aus diesem Grunde mussten zum Teil Zierornamente und die Turmzinnen (Bild 3) entfernt werden und über den Fußgängerbereichen wurden Fangnetze aufgebaut.

Bild 3: Entfernte Zinnenaufbauten

Balkonbalustraden (Bild 4) wurden mit Drähten vor dem Absturz gesichert.

Bild 4: Drahtsicherung von
Balustraden

Sanierungsplanung und Diagnose

Die Planung und wissenschaftliche Leitung der Sanierung lag in den Händen des Architekten W. D. Bakaev. Dabei wurde auch von deutscher Seite über den Materialhersteller der Stand der Technik und die Erfahrungen mit z. B. den WTA-Merkblättern

- Mauerwerksdiagnostik [1]
- Beurteilung und Instandsetzung gerissener Putze an Fassaden [3]
- Sanierputzsysteme [2]

eingebracht.
In vielen Bereichen wurden genauere Befunde erstellt (Bild 5) und z. B. dabei auch der Gehalt an löslichen, bauschädlichen Salzen analysiert.

Bild 5: Beispiel für Material-Probeentnahme

Natürlich wurde über diese spektakuläre Sanierungsbaustelle auch in der weisrussischen Presse berichtet (Bild 6).

Bild 6: Pressebericht mit dem Titel „Tor zur Stadt"

Ausführung der Fassadensanierungsarbeiten

Der Auftrag für die Sanierungsarbeiten (ca. 25.000 m²) ging komplett an die erfahrene einheimische Baufirma „Elvira" unter ihrem Direktor Valery A. Potkin. diese Firma hat auch alle begleitenden Aufgaben wie Blechverwahrungen und z. B. die Sanierung der großen Turmuhr übernommen.
Die Bauleitung lag in den Händen von Viadeslav A. Rusakov.
Zu den einzelnen Sanierungsarbeiten sind folgende Anmerkungen zu machen:

- Normale Putzflächen

Diese wurden mit einem weißen Haftmörtel (MultiContact) - üblicherweise in einer Putzdicke von 3 – 5 mm - in den Bereichen durchgeführt, in welchen der Altputz tragfähig und nicht versalzen war. Dies hatte den Vorteil, dass erhebliche Teile des Altputzes erhalten blieben.
In den Bereichen, in denen Risse vorhanden waren, wurde zusätzlich ein alkalibeständiges Gewebe eingelegt.

- Turmzinnen

Einen erheblichen Aufwand haben die Erneuerung der verzierten Turmzinnen bedeutet. Zum großen Teil waren diese obeliskartigen Zinnen bereits aus Sicherheitsgründen entfernt worden, so dass man sie neu aufbauen musste. Dazu wurde ein Metallkasten (Bild 7) angefertigt und mit einem Eisengitter ausgefacht und dann in mehreren Lagen verputzt. Anschließend wurden die gegossenen Spitzen aufgesetzt (Bild 8) und dann die Zierornamente aus Fassadenstuck aufgebracht. (Bild 9)

Bild 7: Metallkasten für die Turmzinnen

Bild 8: Aufsetzen der Spitzen und
            vorbereitete neue Turmzinnen

Bild 9: Fertige Turmspitze mit den erneuerten Zinnen und Ornamenten

Als Deckputz für die gesamten Flächen der Zinnen wurde der gleiche Haftputz wie
an der Fassade eingesetzt und anschließend mit einem Silikonharzanstrich versehen.

- Feuchtes und versalztes Mauerwerk

In den Bereichen an denen Salze und Feuchteschäden festgestellt wurden, kam ein
Sanierputzsystem WTA zum Einsatz (Bild 10). Sanierputze besitzen bekanntlich auf
der einen Seite eine sehr gute Wasserdampfdurchlässigkeit (ähnlich reiner Kalkputz)
und auf der anderen Seite einen sehr großen Porenraum, um die gezielte Ablagerung
von bauschädlichen Salzen zu ermöglichen.
In Deutschland besteht mit diesen Putzen seit etwa 30 Jahren eine sehr gute Erfahrung. Seit einigen Jahren werden solche Putze auch in Belarus mit Erfolg an verschiedenen Gebäuden eingesetzt.

 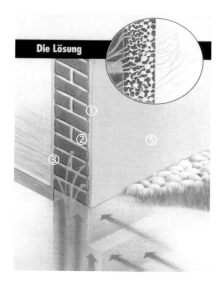

Normalputz	Sanierputz - WTA
1. Wasser hat Zutritt zu den Fundamenten	1. Sanierputz wird aufgetragen
2. Horizontalisolierung fehlt oder ist schadhaft	2. Leichte und schnelle Verdunstung durch die Porenstruktur
3. Wasser und Bodensalze gelangen in das Mauerwerk	3. Die Feuchtezone wandert nicht weiter
4. Putz und Anstrich werden zerstört	4. Ohne Schaden anzurichten kristallisieren die Salze
5. Mauerwerk wird geschädigt	5. Putz und Anstrich bleiben trocken und schön

Bild 10: Normalputz (links)/Sanierputz (rechts)

- Zierornamente

Die Zierornamente wurden mit modernen, mineralischen Stuckmörteln entweder gegossen oder in der Werkstatt „am Tisch gezogen" oder vor Ort an der Wand gezogen bzw. ausgebessert (Bilder 11, 12).
Dieser Mörtel lässt sich wie ein Gipsmörtel verarbeiten, enthält als Bindemittel jedoch einen Schnellzement und ist damit wasserbeständig.

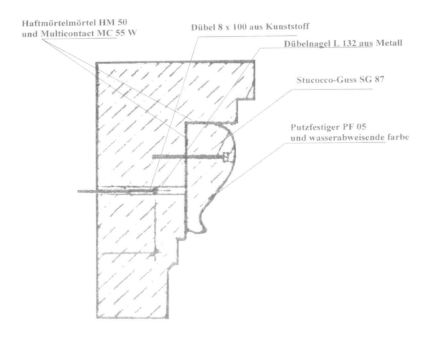

Haftmörtelmörtel HM 50
und Multicontact MC 55 W

Dübel 8 x 100 aus Kunststoff

Dübelnagel L 132 aus Metall

Stucocco-Guss SG 87

Putzfestiger PF 05
und wasserabweisende farbe

Bild 11: Schematischer Aufbau einer Gesims- und Konsolenerneuerung

Bild 12: Fertiger Außenstuck mit Gesims, Konsolen und Zierornamenten

- Abdichtungen, Wasserführungen, Blechverwahrungen

Wichtig waren natürlich die Erneuerung der ganzen Abdeckungen (Bild 13) und Abdichtungen sowie einer fachlich richtigen Wasserführung. Nur so lässt sich ein solch aufwendig saniertes Gebäude auch über einen längeren Zeitraum schadensfrei halten.

Bild 13: Erneuerte Blechabdeckung

Natürlich ist bei einer solch filigranen und komplexen Fassade eine Wartung in vernünftigen und regelmäßigen Abständen unbedingt notwendig, um die Schönheit wieder über Jahrzehnte zu erhalten (Bild 14).

Bild 14: Die Türme sind abgerüstet und strahlen in neuem Glanz

Literatur

[1] Wissenschaftlich-Technische Arbeitsgemeinschaft für Bauwerkserhaltung und Denkmalpflege e. V., Referat Mauerwerk, WTA-Merkblatt 4-5-99/D, *Beurteilung von Mauerwerk - Mauerwerksdiagnostik*

[2] Wissenschaftlich-Technische Arbeitsgemeinschaft für Bauwerkserhaltung und Denkmalpflege e. V, Referat Oberflächentechnologie, WTA-Merkblatt 12-2-91, *Sanierputzsysteme*

[3] Wissenschaftlich-Technische Arbeitsgemeinschaft für Bauwerkserhaltung und Denkmalpflege e. V, Referat 2 Oberflächentechnologie Arbeitsgruppe 2.9, WTA-Merkblatt 2-4-94, *Beurteilung und Instandsetzung gerissener Putze an Fassaden*

[4] VDI-Nachrichten vom 22.3.02

[5] Technische Merkblätter zu den Produkten *multiContact MC 55 W, SanierVorspritz SV 61, SanierPutz SP 64 P, TiefenGrund, ArmierungsGewebe AG 01, Stuccoco Mono SM 86, Stuccoco Guss SG 87, Stuccoco Grobzug FG 88, Stuccoco Feinzug FF 89, DichtungsSchlämme DS 25, SilikonFarbe* der BaumitBayosan GmbH & Co. KG, Reckenberg 12, 87541 Bad Hindelang

Witterungsbedingte Beanspruchung von Natursteinfassaden

H. Garrecht
Karlsruhe

Zusammenfassung

Sind oberflächennahe Mauerwerksbereiche der freien Bewitterung ausgesetzt, können sich abhängig der verwendeten Stein- und Mörtelmaterialien Schäden in Form von Rissbildungen, Absandungen, Schalenbildungen, Salzausblühungen etc. einstellen. Ursache hierfür sind die mit einer Veränderung der Witterungsverhältnisse einhergehenden Wärme- und Feuchtetransportvorgänge an den bewitterten Bauteiloberflächen. Entsprechend der zeitveränderlichen Temperatur- und Feuchteverhältnisse sind die Mauerwerksmaterialien bestrebt, thermisch und hygrisch bedingte Formänderungen durchzuführen. Bei einer Behinderung des Verformungsbestrebens kommt es dabei zu Spannungen im Werkstoffgefüge, die rasch die Materialfestigkeiten überschreiten können. Die Widerstandsfähigkeit der verbauten Materialien ist dabei mitbestimmend über die Geschwindigkeit des Schadensfortschrittes.
Ziel dieses Beitrags ist es, die sich in den oberflächennahen Bauteilschichten durch sich ändernde Wärme- und Feuchteverhältnisse einstellenden Beanspruchungen anhand theoretischer, experimenteller und rechnerische Untersuchungsergebnisse zu erläutern und Anforderungen an die Auswahl von geeigneten Fugenmörteln bei der Instandsetzung von Natursteinmauerwerk zu benennen.

1   Einleitung

Die mit der freien Bewitterung von Mauerwerksoberflächen einhergehende Temperatur- und Feuchtebeanspruchung ist häufige Ursache von Mauerwerksschäden. Der Schadensbildung liegen dabei physikalische und chemische Prozesse zugrunde, die durch bauschädliche Salze und durch die Schadstoffbelastung der Umwelt beschleunigt werden können.

Werden die höher gelegenen Bereiche des aufgehenden Mauerwerks maßgeblich von den Umwelteinflüssen wie Regen, Frost etc. beansprucht, wirken im Sockelmauerwerk historischer Bauwerke zudem hohe Feuchtelasten durch aufsteigende Feuchte. Abhängig der Feuchtelasten an den erdberührten Umfassungsflächen des Gründungsmauerwerks finden sich im Sockelmauerwerk oftmals Feuchtegehalte bis nahe der Sättigungsfeuchte. Abwitterungen von Putzen, Fugenmörtel und Mauersteine sind dann zumeist die Folge.

Um bei der Instandsetzung von Natursteinmauerwerksoberflächen nach dem Ausräumen der geschädigten Fugenmörtel einen geeigneten Instandsetzungsmörtel auswählen zu können, der einerseits einen dauerhaften Fugenschluss sicherstellt und andererseits eine ausreichende Verträglichkeit mit den im Mauerwerk verarbeiteten Stein- und Mörtelmaterialien aufweist, müssen materialkundliche Untersuchungen Aufschluss über die mechanischen, physikalischen, chemisch-mineralogischen sowie wärme- und feuchtetechnischen Eigenschaften geben. Diese Kenntnisse und Informationen sind dann zu nutzen, um die Größenordnung der aus den Wärme- und Feuchteverhältnissen resultierenden Beanspruchungen des Mauerwerks im Verbundbereich von Stein und Mörtel abzuschätzen.

2   Witterungsbedingte Beanspruchung von Mauerwerksoberflächen

2.1   Frost-Taubeanspruchung

Im Hinblick auf die Dauerhaftigkeit der Mauerwerksmaterialien ist die witterungsbedingte Temperaturbeanspruchung ungeschützter Mauerwerksoberflächen als besonders kritisch zu bewerten. Experimentelle und rechnerische Untersuchungen an einem Ruinenmauerwerk zeigten (vgl. [1]), dass selbst an sehr kalten aber sonnigen Wintertagen die Wandoberflächentemperaturen tagsüber um mehr als 20 Kelvin ansteigen können. Rechnerische Untersuchungen belegen, dass sich die Erwärmung bis in eine Steintiefe von mehr als 20 cm auswirkt und hier die Temperatur noch über den Gefrierpunkt anhebt. Ggf. in den Poren und in den Mauerwerksfugen gefrorenes Wasser schmilzt. Nach der Besonnung kühlt die Wand aber rasch wieder und das Wasser gefriert wieder. Folglich ist an südorientierten Mauerwerksoberflächen an kalten sonnigen Wintertagen mit mehr Frost-Tau-Wechselbeanspruchungen zu rechnen als auf den nicht besonnten Wandabschnitten. Hier verharren die Baumaterialen ganztägig im gefrorenen Zustand.

Bild 1 zeigt die gemessenen Temperaturverhältnisse der Außenluft sowie der nord- und südorientierten Wandoberfläche für einen sehr kalten und sonnigen Wintertag.

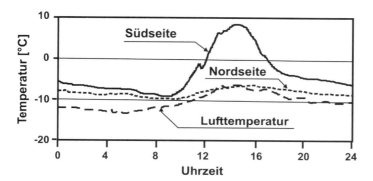

Bild 1:   Tagesgang der gemessenen Außenlufttemperatur und der süd- und nordorientierten Wandoberflächen an einem kalten sonnigen Wintertag

Für diesen Tag wurde die Temperaturverteilung im Mauerwerksinnern rechnerisch unter Ansatz der experimentell erfassten Witterungsverhältnisse mit Hilfe der Methode der Finiten Elemente bestimmt.

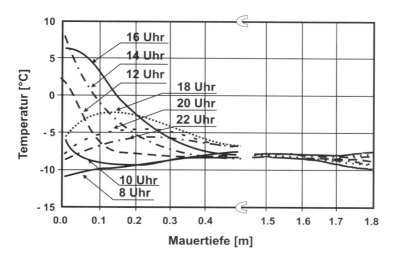

Bild 2:   Temperaturverhalten des Mauerwerks an einem kalten aber sonnigen Wintertag

Hierzu wurden die Außentemperatur wie auch die abhängig der Wandorientierung auf die Bauteiloberflächen auftreffenden Strahlungswärmen berücksichtigt.
Bild 2 gibt die berechnete Temperaturverteilung im Wandquerschnitt als Folge der äußeren Witterungsverhältnisse wieder. So zeigt sich, dass trotz der sehr kalten Witterungsperiode, an denen die Außentemperatur ganztägig weit unterhalb des Gefrierpunkts lag (vgl. Bild 1), die von der Sonne beschienene Wandoberfläche sich von Werten unter -10 °C in den Nachtstunden am Tage auf über 8 °C erwärmt. Auch belegen die Berechnungsergebnisse, dass sich durch die Solarwärme die Mauer bis in eine Tiefe von ca. 20 Zentimetern von -8 °C in den Nachtstunden am Tage auf Temperaturen über den Gefrierpunkt erwärmt.
Die Folge ist eine große Zahl an Temperaturwechsel um den Gefrierpunkt, die eine erhebliche Gefährdung der Substanz durch eine hohe Anzahl an Frost-Tau-Wechsel gerade in den tiefer gelegenen Mauerwerksabschnitten darstellen dürfte.

2.2　　　Beanspruchung durch Feuchteänderung

Werden Außenwandflächen beregnet, wird die an der Mauerwerksoberfläche anstehende Regenmenge von den Mauerwerksmaterialien aufgesogen und ins Innere weitergeleitet. Die Menge der von den Mauersteinen und den Fugenmörteln aufgenommenen Feuchte hängt vom Schlagregenangebot und von der Saugfähigkeit der Mauerwerksmaterialien ab. Dichte Natursteine und Klinker nehmen dabei meist weniger Wasser auf als die Fugenmörtel. Hingegen kann bei normalen Mauerziegeln und einigen Sandsteinen ein dem Mauermörtel ähnliches Wasseraufnahmeverhalten beobachtet werden. Das Schlagregenangebot wird von der Niederschlagsintensität und den Windverhältnissen bestimmt. Je höher die Windgeschwindigkeit, desto größer ist die auf die vertikale Außenwand treffende Niederschlagsmenge. Da die meisten Winde während regenreicher Witterungsperioden aus südwestlicher Richtung einfallen, sind die südwestlich orientierten Außenwandflächen bei fehlendem Regenschutz besonders beansprucht. [1]
Während regenreicher Herbst-, Winter- und Frühlingsmonate kann das Mauerwerk nur schlecht trocknen. Entsprechend kann die in das Mauerwerk eingedrungene Feuchte bis in große Mauertiefen weitergeleitet werden. Eine sich an die Beregnung anschließende Schönwetterperiode führt zur Abtrocknung der oberflächennahen Mauerwerksbereiche. Zudem fördert die Besonnung der Bauteiloberfläche den Abtrocknungsprozess.

3　　　　Untersuchungen zur Feuchtebeanspruchung des Mauerwerks

Rechnerisch können die komplexen Zusammenhänge des Wärme- und Feuchteverhalten von Baustoffen und Bauteile mit numerischen Simulationsverfahren gelöst werden. [2] Als Eingabeparameter werden neben den örtlich gemessenen Witterungsverhältnissen auch die für die Simulation notwendigen feuchte- und wärmetechnischen Kenngrößen benötigt, die experimentell zu bestimmen sind.

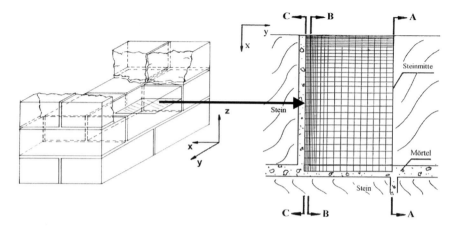

Bild 3: FE-Analyse zur witterungsbedingten Beanspruchung von Mauerwerk (links: betrachteter Mauerwerkskörper, rechts: diskretisiertes System)

Zur Analyse der witterungsbedingten Beanspruchung wurde der in Bild 3 dargestellte Mauerwerkskörper herangezogen. Hier konnte der Verbundbereich von Fugenmörtel und Mauerstein (vgl. schraffierter Mauerwerksbereich) durch ein zweidimensionales Gitternetz abgebildet werden.

3.1 Feuchteverhalten

Ein Beispiel solcher Berechnungen zeigen die Ergebnisse in Bild 4. Hier ist links die Feuchteverteilung im Mauerwerk für den Fall einer 3-stündigen Beregnung dargestellt. Die Feuchte eilt beim Eintreten ins Mauerwerk im Fugenmörtel der Feuchteaufnahme des Steines voraus und erreicht eine Eindringtiefe von ca. 75 mm. Der weniger saugfähige Sandstein wird in diesem Zeitraum nur 50 mm penetriert. Am Steinrand wird der Sandstein dabei nicht nur von der Oberfläche her, sondern auch von der im Mörtel vorauseilenden Feuchtefront benetzt, so dass die Feuchte etwas weiter eindringt.
Bei der sich an die Beregnung anschließenden Trocknung (vgl. rechte Bildhälfte) wird die Feuchte von der Oberfläche her wieder abgegeben. Zudem kommt es im Bereich der Feuchtefront zu einer Feuchtumlagerung in die noch trockenen Steinbereiche. Als Folge des fehlenden Feuchtenachschubs dringt diese aber immer langsamer

in tiefer gelegene Bauteilbereiche vor und der Feuchtegehalt der zuvor durchfeuchte-
ten Bauteilbereiche nimmt allmählich ab.

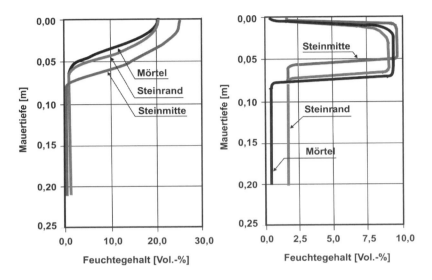

Bild 4:   Feuchteverteilung im Mauerwerkskörper mit ($w_{Mörtel} > w_{Stein}$)
(links: 6-stündige Beregnung, rechts: 18-stündige Trocknung)

3.2   Hygrisches Formänderungsverhalten

Eine Feuchteänderung im Baustoff führt zu Formänderungen. Mit der Feuchteaufnahme ist eine Volumenzunahme (Quellen) und mit der Feuchteabgabe eine Volu-
menabnahme (Schwinden) verbunden. Die hygrischen Formänderungen gehen auf
physikalische Grenzflächenphänomene zurück, da abhängig des Poren- und Mineral-
gefüges der Baustoffe je nach Feuchtebelastung mehr oder weniger viele Wassermoleküle einlagern können.
Um die mit der Feuchteauf- bzw. -abnahme verbundene Formänderung rechnerisch
nachvollziehen zu können, muss der Zusammenhang zwischen Materialfeuchtegehalt
und zugehöriger hygrischer Dehnung experimentell bestimmt werden. Bild 5 gibt den
Zusammenhang für einen tonhaltigen Sandstein und einen Kalkmörtel wieder. Beide
Materialien verdeutlichen, dass sich im Bereich geringer Materialfeuchten die größten Verformungen einstellen.

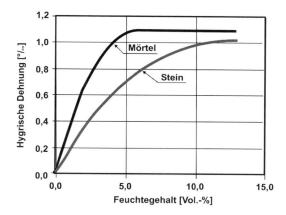

Bild 5:   Hygrische Dehnfunktion für Mörtel und Sandstein

3.3   Berechnung der durch Formänderungen ausgelösten Spannungen

Die mit der Aufnahme und Abgabe von Feuchte im Mauerstein und Mörtel verbundene Formänderung kann zu extremen Beanspruchungen der Mauerwerksmaterialien führen, da beim Überschreiten der Materialzugfestigkeit mit einer Schädigung des Gefüges durch Mikrorissbildung zu rechnen ist. Durch den steten Wechsel der Witterungsverhältnisse vollziehen die Mauerwerksmaterialien ständige Formänderungen, die abhängig der Widerstandsfähigkeit der Mauerwerksmaterialien zu einer mehr oder weniger raschen Ermüdung und einer damit verbundenen Schädigung in den oberflächennahen Mörtel- und Steinbereichen führen.

Die Beanspruchung, die sich beispielsweise im Fugenbereich von Stein und Mörtel nach einer Befeuchtung und Trocknung in dem Verbundbereich Mauerstein und Mörtel einstellt, gibt Bild 6 wieder. Zur Spannungsanalyse wurden in einem ersten Schritt linear-elastische Spannungs-Dehnungsbeziehungen für den Mauerstein und den Mörtel angenommen, wobei nachfolgende E-Moduln und Querdehnzahlen für den tonhaltigen Sandstein und den Mörtel angesetzt wurden:

Sandstein $E_0 = 5.000$ N/mm^2 Kalkmörtel $E_0 = 3.500$ N/mm^2
$\quad\quad\quad\mu = 0,2$ $\quad\quad\quad\quad\quad\quad\quad\mu = 0,2$

Zwängung

Dem mit der Feuchteaufnahme verbundenen Formänderungsbestreben wirken die benachbarten Mauersteine und Mörtel entgegen, die sich ihrerseits als Folge der Feuchteaufnahme auszudehnen versuchen. Werden folglich an den Rändern des im Rechenmodell betrachteten Systems (vgl. Bild 3) keine Verschiebungen zugelassen, stellt sich im Innern von Mauerstein und Fugenmörtel ein Druckspannungszustand ein, wie er in der linken Darstellung von Bild 6 dargestellt ist. Hier sind die senkrecht zur Befeuchtungsrichtung auftretenden Beanspruchungen als Folge der seitlichen Behinderung der angestrebten Quellverformungen angeführt. Die maximale Druckbeanspruchung findet sich unmittelbar an der Steinoberfläche und erreicht hier einen Wert von $\sigma = -5$ N/mm^2. Die Darstellung zeigt auch die sich als Folge der Beregnung in der Mörtelfuge und im Stein einstellende Spannungsverteilung auf. Aufgrund der im Vergleich zum Stein geringeren Steifigkeit des Mörtels stellen sich im Mörtel größere Verformungen als im Stein ein, die im Bereich der Fuge zu einem Abbau der Spannungen gegenüber den Verhältnissen im Stein führen.

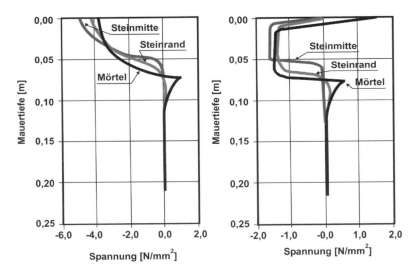

Bild 6:   Spannungsverteilung über die Mauertiefe – System mit Zwängung (links: 6-stündige Beregnung, rechts: 18-stündige Trocknung)

Schließt sich an die Befeuchtung eine Trocknungsperiode an, nimmt zunächst der Feuchtegehalt unmittelbar an der Oberfläche von Mauerstein und Mörtel ab. Da sich der Mauerstein während der Befeuchtung aufgrund der Dehnungsbehinderung nicht verformen konnte, führt die Trocknung der Oberfläche zu einem Rückgang der Druckbeanspruchung wie in der linken Darstellung von Bild 6 gezeigt. Allerdings verharren die tiefer gelegenen Mauerwerksbereiche infolge des langsamen Austrocknungsvorgangs bei höheren Feuchtegehalten, so dass die Druckbeanspruchung im Sandstein durch die Schwindvorgänge leicht abgebaut wird.

Ausgewitterte Fuge

Infolge der ständigen Feuchte- und damit verbundenen Belastungswechsel stellen sich an bewitterten Mauerwerksoberflächen werden die alten Mörtel (hierbei handelt es sich meist um Kalkmörtel mit einem mehr oder weniger hohen Anteil an hydraulischen Bindemittelanteilen) entsprechend ihrer geringen Festigkeiten zumeist bis in große Mauertiefen hinein geschädigt und wittern allmählich heraus. Bei einer Beregnung kann die Feuchte daher nahezu ungehindert in die Fuge eintreten. Folglich wird die Feuchte nicht nur von der Mauerwerksoberfläche her, sondern auch über die frei liegenden Fugen an die Steinflanken herangeführt und von den Sandsteinen aufgesogen. Dies bewirkt ein deutlich tieferes Eindringen der Feuchte ins Mauerwerk über die ausgewitterte Fuge, wie dies Bild 7 belegt.

Da in der ausgewitterten Fuge die freiliegende Steinkante in ihrem Formänderungsbestreben seitlich nicht behindert wird, baut sich im Mauerstein ein Spannungszustand auf, der nicht alleine von einer Zwängung der noch intakten Fugenbereiche bestimmt wird, sondern auch vom Eigenspannungszustand im ausgewitterten Fugenbereich geprägt ist. Entsprechend der mit der Feuchteaufnahme der Oberfläche verbundenen Quellverformungen werden Druckbeanspruchungen wirksam, die sich von der Steinmitte her von der Steinoberfläche zur Fuge hin in Richtung des intakten Fugenmörtels umlagern. An der freiliegenden Steinkante herrscht eine dem Eigenspannungszustand ähnliche Beanspruchung mit leichten Zugspannungen vor. Entsprechend herrschen im Bereich der Steinkante als auch im Bereich der Feuchtefront außergewöhnliche witterungsbedingte Belastungen in den oberflächennahen Mauerwerksbereichen vor.

Gleichermaßen führt auch die sich an die Feuchteaufnahme anschließende Trocknung im ausgewitterten Fugenbereich zu einer hohen Beanspruchung. Die fehlende seitliche Behinderung führt bei Trocknung zu Zugbeanspruchungen, die im berechneten Beispiel Werte von über +4 N/mm^2 annehmen und die Festigkeit des Steines weit überschreiten. Eine Rissbildung und die Schwächung des Materialgefüges ist die Folge, die häufig zur Ausrundung der Kanten führen.

4 Schlussfolgerungen für die Instandsetzung von Fugen

Wurden in der Vergangenheit im Zuge von Instandsetzungsmaßnahmen die Fugen vorzugsweise mit zementreichen Mörteln dicht geschlossen, so belegen zahlreiche Arbeiten aus Forschung und Entwicklung, dass dichte und feste Zementmörtel den hohen witterungsbedingten Beanspruchungen von steinsichtigen Mauerwerksoberflächen meist nicht gerecht werden. Die meist porösen und stark saugenden Steinvarietäten nehmen die mit der Beregnung anstehenden Feuchtemengen rasch ins Innere auf. Ähnlich verhalten sich zumeist die historischen Mörtel. Zementmörtel weisen hingegen ein vergleichsweise dichtes Gefüge auf und haben demgemäß ein völlig anderes Feuchteverhalten. Zwar nehmen sie die Feuchte nur langsam auf, sie behindern aber die Abtrocknung über die Fuge. In Verbindung mit dem gänzlich anderen Formänderungsbestreben der Zementmörtel bei thermo-hygrischer Beanspruchung kommt es im Verbundbereich von dichten Fugenmörteln und saugfähigen Sandsteinen daher meist zu unvermeidbaren Schäden.

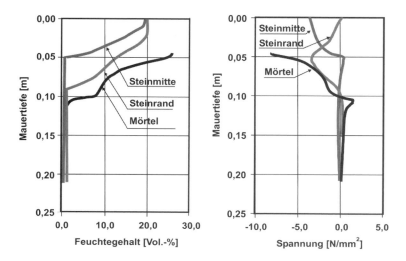

Bild 7: Gegenüberstellung von Feuchte- und Spannungsverteilung nach
3-stündiger Beregnung

Entsprechend sollte bei einer Ausbesserung geschädigter Fugen der Instandsetzungsmörtel eine ausreichend hohe Festigkeit besitzen, um den Druckbeanspruchungen infolge Zwängung widerstehen zu können. Sein Verformungsverhalten sollte
ähnlich wie das des Steines sein. Darüber hinaus sind Forderungen bzgl. Dauerhaftigkeit, Frostwiderstand, Auslaugverhalten, Materialverträglichkeit etc. zu erfüllen.
Im Hinblick auf die Frostbeständigkeit ist das Wasseraufnahmevermögen der Mörtel
zu minimieren und das Porengefüge mit Hilfe von Luftporenbildern zu optimieren.
Zu prüfen ist dann aber, ob als Folge eines dichteren und damit weniger saugenden
Mörtels die bei einer Befeuchtung aufgenommene Feuchte auch wieder abgegeben
werden kann. Entsprechend des Stands der wissenschaftlichen Erkenntnisse sind daher folgende Anforderungen an den Mörtel zu stellen:

- hohe Frost-Tauwechselbeständigkeit
- Schwind-/Quellverhalten ähnlich wie Stein
- Haftzugfestigkeit möglichst groß
- Zugfestigkeit möglichst groß
- E-Modul möglichst klein
- Temperaturdehnung wie Stein
- keine ausblühfähigen Bestandteile

Alle diese Anforderungen kann ein Fugenmörtel im Allgemeinen kaum erfüllen, so dass seine Wahl meist nur einen akzeptablen Kompromiss darstellen kann.

Literatur

[1] H. Garrecht, *Untersuchung der witterungsbedingten Mauerwerksschäden der Burgruine Hohenrechberg,* in: JB 1992, SFB 315, Erhalten historisch bedeutsamer Bauwerke (1994), S. 231-264

[2] H. Garrecht, W. Hörenbaum, H.S. Müller, *Untersuchungen zur Schädigung von witterungsbedingtem Mauerwerk und Folgerungen für die Bausanierung,* Werkstoffwissenschaften und Bauinstandsetzen, Band II (1996), S. 847-860

[3] J. Heiß, H. Garrecht, *Steinabdeckungen im Jahreszeitlichen Wechsel von Beregnung und Trocknung, Besonnung und Frost,* 5. Internationales Kolloquium Werkstoffwissenschaften und Bauinstandsetzen, Vol. I (1999), S. 437-450

Opferputze - ein Buch mit sieben Siegeln?

G. Hilbert
Löningen

Zusammenfassung

Folgende wesentlichen Inhalte können festgehalten werden:

1. „Den" Opferputz gibt es nicht. Auf Grund einer großen Vielzahl unterschiedlicher Aufgaben sind die Anforderungsprofile an den Opferputz ebenso unterschiedlich und beinhalten eine große Bandbreite physikomechanischer Eigenschaften.

2. Speziell für die Anwendung auf stark feuchte- und salzbelasteten Untergründen ist weder der klassische Kalkputz noch der WTA-Sanierputz das ideale Material. Vielmehr wird durch die momentan tätige WTA-Arbeitsgruppe ein neuer Putztypus, der WTA-Kompressenputz, definiert. Dieser weist ein spezifiziertes Leistungsprofil auf, welches hohe Salzresistenz und Salzeinlagerungsraten bei gleichzeitig hohem effektivem Feuchtigkeitsdurchgang gewährleistet.

1   Einleitung

Opferputze - ein Begriff mit vielen Facetten. Drei Fachleute in der Diskussion ergeben zur Definition mit Sicherheit mehr als vier Meinungen.

Die in diesem Begriff steckende Unsicherheit wird auch deutlich, wenn man das Lexikon von Frössel [1] zur Putz- und Stucktechnik befragt. Hier heißt es: "Der Begriff
Opferputz ist bis heute nicht eindeutig definiert und wird je nach Einsatz und Anforderung unterschiedlich ausgelegt".

Dieser Sachverhalt war Anlass, eine WTA-Arbeitsgruppe zu gründen, die sich mit
Definition(en), Eigenschaftsprofil(en) und weiteren merkblattspezifischen Inhalten
seit dem Jahr 2003 auseinandersetzt.

Die nachfolgenden Inhalte stellen somit einen Extrakt des Wissensstandes der unter
der Leitung der Herren Dr. AURAS (IFS Mainz) und Dr. ZIER (MPA Weimar) ar-
beitenden Arbeitsgruppe, angereichert durch Messungen des Autors, dar.

2   Opferputztypen

Wie schon zum Ausdruck gebracht, birgt der Begriff Opferputz verschiedene Facetten in sich. Der kleinste gemeinsame Nenner dieser unterschiedlichen Gedankenan-
sätze ist das Namensgebende „opfern".

*Ein Opferputz stellt somit einen Putz dar, dessen Zerstörung als Verschleißschicht
durch die auf die Baustoffoberfläche einwirkenden Verwitterungsmechanismen bewusst in Kauf genommen wird.*

Die Grundvorraussetzung zum Erfüllen dieser Aufgabe ist, dass dieser Putztypus in
Relation zum Untergrund in Bezug auf die objektspezifisch wirksamen Verwitterungsmechanismen immer die höhere Verwitterungsanfälligkeit aufweist. Die erfolgreiche Anwendung eines Opferputzes ist somit kein Zufallsprodukt.

Erfasst man die Vielzahl unterschiedlicher Anwendungsfälle, so resultiert daraus die
nachfolgend dokumentierte Matrix von Opferputztypen und deren Anwendungscha-
rakteristika. Es wird deutlich, dass sich der Putz grundsätzlich für sowohl von innen
(d.h. aus dem Mauerwerk heraus) wie auch von außen auf das Mauerwerk einwirken-
de Verwitterungsmechanismen opfern kann. Die weiteren Details sind der nachfolgenden Matrix zu entnehmen (Tabelle 1).

3   Ein leistungsstarker Opferputz - der Kompressenputz

Diskutiert man über Opferputz, so wird dieser Putztypus dominierend in salzmin-
dernder bzw. salzpuffernder Funktion zur Anwendung gebracht. Vor diesem Hintergrund soll sich das nachfolgende Kapitel intensiver mit der Thematik eines Putzes auf
stark salzhaltigem und/oder feuchtem Untergrund auseinandersetzen.

Tabelle 1: Opferputz - Charakterisierung nach der Anwendung

Typ	Charakterisierung nach der Anwendung
OP - I	Opferputz zur Verhinderung von Schäden an Oberflächen vor Einwirkungen aus dem Inneren (Feuchte, Salze) des Mauerwerks (Bauteils); Schadhorizonte werden aus dem Oberflächenbereich des Untergrundes in den Opferputz oder an dessen Oberfläche verlagert; der Putz opfert sich anstelle des Untergrunds. Grundsätzlich kann diese Aufgabe durch mineralische Putze erfüllt werden.
OP - IS	Der Kompressenputz ist eine besondere Form des Opferputzes; er ist auf einer hohe Salzeinlagerung eingerichtet und kann auch auf stärker durchfeuchteten Untergründen eingesetzt werden; der Putz opfert sich an Stelle des Untergrunds und kann eine Salzreduktion im Untergrund hervorrufen. Durch die Auswahl geeigneter Bindemittelsysteme und der zielgerichteten Einstellung des Porengefüges weist der Kompressenputz eine hohe *Salzeinlagerungsrate*, eine hohe *Salzresistenz* bei gleichzeitig hohem *Effektiven Feuchtedurchgang* auf.
OP - IF	Opferputz zum temporären Verputzen von stark mit Feuchte belasteten Untergründen (nach Hochwasser, durchfeuchtetes erdberührtes Mauerwerk) zum Erreichen einer schnelleren Nutzung von Innenräumen; der Putz kann keine beschleunigte Austrocknung bewirken und darf kein „Sperrputz" sein.
OP - A	Opferputz zum Schutz von vorgeschädigten, empfindlichen und schutzbedürftigen Oberflächen vor Einwirkungen von außen (Witterung, Schadgase, mechanische Belastung; der Putz opfert sich an Stelle des Untergrundes). Dieser Typus von Putz kann als thermischer, mechanischer Puffer wie auch als Schmutzpuffer wirksam werden.

Im Rahmen der die Opferputze typisierenden Matrix werden für den Kompressenputz folgende besonderen Eigenschaftsmerkmale definiert:

Salzresistentes Bindemittel
Ein Putzmörtel, der bewußt hoher Salzbelastung und damit verbundenen Kristallisationsdrücken ausgesetzt ist, **muss** über eine Bindemittelmatrix mit einer hohen inneren Zugfestigkeit verfügen. Diese Eigenschaft kann nur über ein nadelig ausgeprägtes Gefüge gewährleistet werden (vergl. Bild 1), wie es sich durch Verwendung eines

Zementes ausbildet. Eine weitere Eingrenzung des Bindemitteltypus erfolgt durch die Anforderung „sulfatbeständig" und „niedriger Anteil freier Alkalien" (Stichwort: zusätzliche Salze). Durch diese Zusatzanforderung ist es mehr als sinnvoll, dass ein leistungsfähiger Kompressenputz auf der Bindemittelbasis eines sulfatbeständigen Spezialzementes aufbaut.

Bild 1: Nadelig, faseriges Gefüge eines Portlandzementes.
Weitere inhaltliche Zusammenhänge vergl. Schlütter et al. [2]

Zielgerichtete Einstellung des Porenraumes
Das Gefüge des Porenraumes bestimmt neben dem schon erwähnten Bindemittel im wesentlichen die Eigenschaften des Putzes. Folgende Aspekte spielen hier eine Rolle:

1. Gesamtporenvolumen: Über diese Größe werden **a.** die Festigkeit und **b.** der Dampfdiffusionswiderstand gesteuert. Je höher das Porenvolumen, desto niedriger die Festigkeit und desto niedriger der Dampfdiffusionswiderstand. Für die Auswirkung von Salzeinlagerung in Porengefüge „normaler" Putzmörtel sei auf die Arbeit von KÜNZEL [3] verwiesen.

2. Porenradienverteilung: Damit Wasser in seiner flüssigen Form „einen Anlass" hat, aus dem Mauerwerksbildner in den Putz einzuwandern, muß ein Kapillarsog vom Putz ausgehend, vorherrschen. Diese Bedingung ist nur erfüllt, wenn der

Putz über ein hinreichend kleines Porenradienmaximum im kapillaraktiven Bereich verfügt. Die gezielte Kombination beider Kenngrößen bzw. der Grad der Hydrophobie bestimmt darüber hinaus die

- Salzaufnahmerate (wieviel Salz wird in einer bestimmten Zeit in den Putz aufgenommen?), die
- Salzspeicherkapazität (wieviel Salz kann in das Putzgefüge aufgenommen werden, bevor es zu einer Zerstörung der Putzmatrix kommt?) die,
- Ausblühresistenz (wie verhält sich der Putz im qualitativen Vergleich zu anderen Systemen in Bezug auf den Zeitraum einer schadensfreien Putzoberfläche?) und den
- Effektiven Feuchtedurchgang (Menge an Feuchtigkeit die pro Zeit- und Flächeneinheit sowohl in der Gas- wie auch in der Flüssigphase durch den Putz transportiert wird)

Die vier Kenngrößen sollten, das negativ korreliert sich gegenseitig beeinflussend, in einem möglichst ausgewogenen Verhältnis zueinander stehen.

Literatur

[1] F. Frössel, *Lexikon der Putz- und Stucktechnik*, 351 S., IRB Verlag 1999, Stuttgart

[2] F. Schlütter, H. Juling, G. Hilbert, *Mikroskopische Untersuchungsmethoden in der Analytik historischer Putze und Mörtel*, IfB-workshop: Historische Fassdenputze, Nimschen im Juni 2000

[3] H. Künzel, *Trocknungsblockade durch Mauerversalzung*, Bautenschutz + Bausanierung, Müller-Verlag-Köln 4/91

Neuverfugung gipshaltiger Mauerwerke Schadensanalyse - Planungsgrundsätze - Praxiserfahrungen

M. Ullrich
Münster

Zusammenfassung

Die Neuverfugung von Mauerwerk, das mit Findlingen oder Bruchstein errichtet wurde, bedarf - wie jede andere Instandsetzungsmaßnahme - besonderer fachlicher Planung und fachkundiger Umsetzung. Das gilt in besonderem Maße, wenn stark oder rein gipshaltiger Altmörtel vorhanden ist. Die häufigsten Probleme liegen darin, dass unzureichend auf das jeweilige Objekt abgestimmte Fertigmörtel verwendet werden, dass die Flankenhaftung der (Spezial-)Mörtel zu den Steinen unzureichend ist, dass Fugen bereits wenige Wochen nach dem Einbau Risse zeigen oder dass nicht ausreichend erfahrene Arbeiter die Verfugung ausführen.

Dieser Beitrag stellt Erfahrungen aus der Praxis zur Diskussion. Dazu werden zunächst allgemeine Grundlagen und technische Grundsätze dargelegt, die bei der Instandsetzung der Verfugung von bestehendem Findlings- und Bruchsteinmauerwerk zu beachten sind, bevor über Erfahrungen bei der Neuverfugung von zwei gleichartigen Bauwerken mit unterschiedlichen Mörteln berichtet wird. Abschließend sind Anforderungen an die Qualitätssicherung aufgelistet.

1 Einleitung

Findlinge wurden in der Vergangenheit gerne als Baustoff gewählt, wenn etwas "für die Ewigkeit" gebaut werden sollte. Heute wissen wir, dass zwar das Steinmaterial - insbesondere Granit - von Bestand ist, aber der Fugenmörtel durch Auswaschungen und unter der Belastung durch die Umwelt Schaden nimmt. Aber nicht nur Witterungseinflüsse beeinträchtigen den Bestand von Mörteln in den Fugen, sondern vielfach sind die Konstruktion selber bzw. baukonstruktive Mängel - beispielsweise unzureichende Ableitung des Regenwassers von der Wandoberfläche - die Ursache der Schäden.

Ebenso kommen mangelnde oder unsachgemäße Bauunterhaltung als Schadensursache und auch gesteinsspezifische Materialeigenschaften in Frage. In der Regel überlagern sich am Bauwerk verschiedene Schadenseinflüsse und -bilder.

Es ist daher auch nicht verwunderlich, wenn sich zur Instandsetzung von Mauerwerksfugen, unterschiedlichste Fachleute zu Wort melden.

2 Schäden und Schwachstellen

Eine qualifizierte Instandsetzung von Bauwerken muss auf das 'Fundament' einer gründlichen Schadensanamnese und -diagnose gestellt werden. Die Praxis zeigt, dass die Vielfalt der aufgetretenen Schäden und die Überlagerung unterschiedlicher Schadensursachen die Erfüllung dieser Forderung erschweren. Grundsätzlich sollte die von Bauingenieuren und/oder Architekten zu verantwortende Schadensbeurteilung das Gesamtbauwerk ebenso erfassen, wie die einzelnen Bau- und Konstruktionselemente und Gesteine. Dazu sind baugeschichtliche und gestalterische Kenntnisse ebenso erforderlich wie Kenntnisse zu konstruktiven Aspekten und baustoffkundlichen bzw. gesteinskundlichen Einflussfaktoren.

Konstruktive Mängel, unzureichender/ruinierter Schutz gegen Feuchte und mangelnde Bauunterhaltung können Schadensauslöser sein und sind vielfach gefährlicher für die Substanz als Witterungseinflüsse. Die Folge dauerhafter Durchfeuchtungen ist der Abbau der Mörtelfestigkeit, vielfach verbunden mit Salzauslösungen.

Typische Mängel sind: Mehrschaliges Mauerwerk, ungeeignete Baustoffe für Steine und Fugenmörtel, ruinierte Verfugungen, baukonstruktive Unzulänglichkeiten in der Wegführung des Regenwassers von der Wandoberfläche (kein oder zu geringer Dachüberstand), fehlende/ruinierte/undichte Regenrinnen/-fallrohre, defekte Abdeckungen von Gesimsen/Mauervorsprüngen, fehlende vertikale und/oder horizontale Feuchtesperren, Steinsprengungen durch rostende Eisenanker, Versalzungen der Steine etc..

Erst wenn sichergestellt ist, dass die Ursachen für die aufgetretenen Schadensbilder nicht im Tragwerk oder der Baukonstruktion zu finden sind, sollten gezielt Gutachter mit Kompetenz für baustoff- und/oder gesteinskundliche Untersuchungen hinzugezogen werden.

Beim Mauerwerk aus Findlingen und Bruchsteinen kommt der Verfugung und Vermörtelung der Steine besondere Bedeutung bezüglich der Standsicherheit und des
Regenschutzes zu. Hier ist auf das Zusammenwirken von "Stein und Fuge" besonders
zu achten. - Besondere Schwachstellen sind:

- Hohlstellen, Risse, Ausbeulungen und Ausbauchungen von Blend-Schalen
- fehlende Abgleichschichten, schräge, gerundete Lagerflächen
- fehlende Durchbinder
- geöffnete Fugen und Absprengungen durch unterschiedliches Steinmaterial
- verhärteter/vergipster/salzbelasteter/feuchter Fugenmörtel
- bindemittelarmer Fugenmörtel
- ungeeignete Reparaturmörtel
- ungenügender/ruinierter Oberflächenschutz gegen Witterungseinflüsse

3   Planungsgrundsätze

Eine Neuverfugung von Mauerwerk - gleichgültig ob sie aus baukonstruktiven/bau-
stoffbedingten oder aus statisch-konstruktiven Gründen angeordnet wird - ist immer
ein mehr oder weniger gewichtiger Eingriff in den Bestand. *Baukonstruktiv* heißt:
Instandsetzung des Schutzes gegen eindringende Feuchtigkeit, häufig in Verbindung
mit dem Ersatz von durch Salze belastetem Fugenmörtel und einer generellen Ober-
flächenreinigung. *Statisch-konstruktiv* bedeutet: Verbesserung der Tragfähigkeit von
Mauerwerk anstelle von Mauerwerksaustausch. Weitere notwendige statisch-
konstruktive Eingriffe - wie Vernadelung und Injektion von Mauerwerk - sind nicht
auszuschließen, werden hier jedoch nicht diskutiert.
Eine Ausräumung ruinierter Fugen und eine anschließende Neuverfugung ist oft eine
bessere Lösung, als der Austausch von Mauerwerk. Denn so lässt sich - bei Erhaltung
des Verbundes zwischen Außenschale und Kern einer Wand - nicht nur das Tragver-
mögen ruinierter Verbände stabilisieren und verbessern, sondern auch der für das
Mauerwerk so wichtige Regenschutz erneuern.
Da der Zustand der Fugen von grundlegender Bedeutung für das Verwitterungsver-
halten der Steine und für den Feuchtehaushalt im Wandquerschnitt ist sowie Folgeschäden im Mauerwerk durch ungeeignete Fugenmörtel (und unsachgemäße Bauausführung) zu erwarten sind, muss der neue Fugenmörtel auf die örtlichen Erfordernisse
abgestimmt werden. Dieses setzt zwingend eine chemisch-mineralogische Analyse
des vorhandenen (Gips-)Mörtels hinsichtlich gelöster Calcium- und Sulfat-Ionen voraus, um zu verhindern, dass es in Verbindung mit dem neuen Mörtel zur Bildung der
Treibminerale Ettringit/Thaumasit kommt. Letztere bilden sich, wenn im Frischmör-
tel Aluminium-Ionen und Kieselsäure enthalten sind und ein ausreichendes Feuchteangebot im Mauerwerk vorhanden ist. Ein neuer Mörtel muss aber nicht nur C_3A-
frei und dampfdiffusionsoffen sein, sondern auch weicher und elastischer als der
Stein und die Mörtellagen müssen mit einem Festigkeitsgefälle nach außen eingebaut

werden. Für dieses Anforderungsprofil sind die meisten Norm-Mörtel ungeeignet; ihre Eignung für die gegebene Situation viel zu oft nicht überprüft oder aus falscher Sparsamkeit wird sie nicht durchgeführt.

Eine Instandsetzungsmaßnahme wird dann von Erfolg sein, wenn es gelingt, die Ursachen der aufgedeckten Schäden zu beseitigen - seien sie baukonstruktiver, bauphysikalischer und/oder konstruktiver Natur - sowie von der Auswahl der Baustoffe, der Anwendungstechnik und der Ausführungsweise.

Mit der Planung und Durchführung einer solchen Aufgabe sollte ein erfahrener Architekt oder Bauingenieur beauftragt werden. Der Planer trägt aber nicht nur die Verantwortung für eine sachgerechte Ausschreibung der erforderlichen Leistungen, für die Auswahl baufachlich geeigneter Handwerker und für deren Überwachung, für die fachgerechte Bauausführung, für die Bauabnahme, für die Abrechnung und Mängelbeseitigung, sondern auch für die rechtzeitige Hinzuziehung von Sonderfachleuten wie Bauphysikern, Mineralogen, Bauchemikern und Baustoffkundlern. D.h., der Planer übernimmt die Koordinierung der einzubringenden Vorgaben für eine Instandsetzungsmaßnahme und der zu beteiligenden Fachleute, sowie für die Bewertung und Zusammenführung der Ergebnisse aus den einzelnen Untersuchungen und Stellungnahmen.

4   Anwendungstechnologie

Voraussetzung für ein gutes Ergebnis ist die einwandfreie Räumung der ruinierten Fugen. Wurden schädliche Salze oder Treibminerale im alten Fugenmörtel festgestellt, dann gilt der allgemein übliche Ansatz: Fuge auf etwa doppelte Tiefe der Fugenbreite auszuräumen nicht mehr und die Fugen müssen u.U. bis zu einer Tiefe von 2-3 Dezimetern ausgeräumt werden; in einem solchen Fall wird dann aus Sicherheitsgründen die Außenschale bis zur Wiederverfugung abzustützen sein.

Die Räumung der Fugen sollte i.d.R. von Hand geschehen – trotz der etwas höheren Kosten, da diese Methode (insbesondere unter denkmalpflegerischen Gesichtspunkten) für die Bausubstanz schonender ist. Nach Abschluss der Räumung, sind die Fugen vor dem Einbringen des neuen Mörtels gründlich mit Druckluft, d.h. trocken - mit oder ohne Zugabe eines weichen Strahlmittels (z.B. gemahlene Hochofenschlacke) - zu reinigen. Bei Zugabe eines Strahlmittels werden die Steinlaibungen zur Verbesserung der Mörtelhaftung an den Steinen aufgeraut, insbesondere ist dies bei Granitsteinen zu empfehlen.

Bei einer Fugenräumung mit Hochdruckwasserstrahl wird durch das Strahlen nicht nur die Steinoberfläche in Mitleidenschaft gezogen, sondern es gelangt auch eine erhebliche Menge Wasser in das Mauerwerk. Sie ist zwingend zu untersagen, wenn mit Folgeschäden infolge der Wanddurchfeuchtung zu rechnen ist – bei stark gipshaltigen Mörteln besteht die Gefahr von Festigkeitsverlust durch Aufweichung des Mörtels, bei durch Salze/Ettringit belastetem Mauerwerk kann es zu einer verstärken Bildung von Treibmineralen kommen oder Fresken auf der Innenseite erleiden irreparable Schäden.

Für die Neuverfugung breiter Fugen, wie sie bei Mauerwerk aus Findlingen und Bruchsteinen meist anzutreffen sind, eignet sich in besonderer Weise das Trockenspritzverfahren. Im Vergleich zur Handverfugung hat dieses Verfahren den Vorteil, dass die Verdichtung des Mörtels gleichbleibend und nicht vom Andruck des Arbeiters abhängig ist; die Haftung des Mörtels am Stein ist durch das Aufstrahlen besser als beim Anwerfen von Hand und - besonders bei tiefen Fugen – gelangt der Mörtel bis in den Fugengrund. Zudem ist die Gefahr ausgeschaltet, dass die Fuge 'glattgebügelt' wird und dann nicht mehr 'atmen' kann.

Bei einer Neuverfugung soll der Mörtel in mindestens zwei Lagen eingebracht und die zweite Lage erst nach dem Abbinden des Mörtels vorgelegt werden; bei tiefen Fugen können auch bis zu vier Lagen erforderlich werden. Die Fugen sind so zu schließen, dass kein Wasserstau entsteht, d.h., das Wasser muss von der Fuge weggeführt werden und muss ungehindert ablaufen können. Dieses Ziel ist am besten zu erreichen, wenn die Fugen bündig zur Steinkante ausgeführt werden, noch besser ist es, die obere Steinkante - sofern vorhanden - leicht zu unterschneiden.

Die Fugenbreite ist im Hinblick auf die Ausschaltung von Schwinderscheinungen gering zu halten. Da sich jedoch vorhandene Fugenbreiten nicht verändern lassen, sollten Fugen über 3cm Breite möglichst mit Steinkeilen "ausgeschwickt" werden.

Um beim Neumörtel die Gefahr des Verbrennens und Schwindens gering zu halten, sind die Steine je nach Saugvermögen vorzunässen; Vorsicht ist geboten, wenn die Steine dazu neigen, zu quellen bzw. zu schwinden (z.B. Tuffsteine); hier ist nach Alternativen zu suchen. Des weiteren ist eine intensive Nachbehandlung (Feuchthaltung) des Frisch-Mörtels während der ersten Phase des Abbindeprozesses erforderlich; d.h. der Mörtel ist durch geeignete Maßnahmen - Abdeckung mit feuchten Jutebahnen oder Befeuchtung mit Nebeldüsen - für mehrere Tage feucht zu halten. Die Dauer solcher Maßnahmen ist abhängig vom Saugvermögen der Steine, der Außentemperatur, den örtlichen Einflüssen und dem verwendeten Mörtel – und beträgt ggf. auch bis zu 14 Tagen.

Beim Tockenspritzverfahren können als Bindemittel für den Fugenmörtel sowohl hydraulischer Kalk oder Traßkalk als auch Zement verwendet werden - letzteres ist insbesondere bei gipshaltigem Mauerwerk zu unterlassen.

Überspritzte Steinflächen sind vor dem völligen Erhärten des Spritzmörtels mit einem Quast oder Stahlbesen abzufegen. Nach ausreichender Erhärtung des Fugenschlusses ist die Wandfläche insgesamt zu strahlen, damit die unvermeidlichen Mörtelreste von den Steinoberflächen entfernt werden. Dieses Reinigungsstrahlen muss aber sehr behutsam erfolgen, da der junge Mörtel in den Fugen sonst Schaden nimmt. Ein geringer, verbleibender Mörtelschleier auf den Steinen wird in kurzer Zeit durch die Bewitterung verschwinden.

Zur Auswahl des Fugenmörtels sind Musterflächen anzulegen, die gleichzeitig als Referenz- und Gewährleistungsflächen dienen können. Lage und Größe sind so zu wählen, dass die technische und gestalterische Beurteilung ungehindert möglich ist; notwendige flankierende Maßnahmen sind einzubeziehen. Allerdings sollten die Muster wenigstens 6-8 Monate der Witterung ausgesetzt sein und sie sollten eine Frost-Tau-Periode mitgemacht haben, bevor ein Urteil über Eignung bzw. Nichteignung gefällt wird.

5   Vergleich von Musterflächen

Bei zwei zeitnahen Instandsetzungsmaßnahmen ergab sich die Gelegenheit, unter nahezu gleichen Bedingungen, Musterflächen verschiedener Fugenmörtel und die anschließende Durchführung der Neuverfugung miteinander zu vergleichen. Bauwerk 1 hat Mauerwerk aus Granitfindlingen und behauenen Granitsteinen, Bauwerk 2 eines aus Granitfindlingen und die Standorte liegen nur wenige Kilometer auseinander. In beiden Fällen war das mit Gipsmörtel errichtete Mauerwerk sehr stark durch Salze und Ettringit belastet. - Die Musterflächen am Bauwerk 1 wurden in Handverfugung, die am Bauwerk 2 im Trockenspritzverfahren ausgeführt. Hier die Ergebnisse des Vergleiches:

Der Fugenmörtel A (ein trasshaltiger Mörtel) am Bauwerk 1 - mit Körnung 0/4 verarbeitet - ließ sich noch 12 Monate nach Einbau ohne Mühe mit dem Finger abreiben und mit einem Fugeisen problemlos auskratzen, am Bauwerk 2 - mit Körnung 0/8 verarbeitet - war er hingegen befriedigend fest und nicht sandend. Fugenmörtel B (ein ebenfalls trasshaltiger Mörtel eines anderen Lieferanten) mit Körnung 0/4 überzeugte in beiden Fällen, hatte aber beim Bauwerk 1 eine geringere Haftung an den Steinen und wenige feine Schwindrisse. Drei weitere Musterflächen am Bauwerk 1 mit Fugenmörteln C-E (auf Trass- bzw. Muschelkalkbasis sowie mit Tylosezusatz) und Körnungen 0/4 hatten alle ausreichende Festigkeit, jedoch in zwei Fällen (Mörtel D+E) war die Haftung an den Steinen unzureichend und viele Schwindrisse durchzogen das Fugenbild.

Salzausblühungen auf allen Musterflächen am Bauwerk 1, die sich infolge der Vorbelastung des Mauerwerkes schnell wieder gebildet hatten, unterschieden sich im Umfang kaum. Hier waren die Fugen nach der Regel 'Fugentiefe gleich Fugenbreite' ausgeräumt worden. Beim Bauwerk 2, mit tieferer Fugenräumung, wurden hingegen keine Salzausblühungen nach einjähriger Standzeit beobachtet.

Die endgültige Produktauswahl (aufgrund mineralogischer Gutachten) war schließlich für beide Bauwerke verschieden. Für das Bauwerk 1 wurde Mörtel C (ein Muschelkalk-Mörtel) mit gröberer Körnung 0/8 gewählt und der Lieferant dieses Mörtels übernahm zusammen mit dem ausführenden Unternehmen die Gewährleistung für die Verfugung. - Entgegen der Musterfläche (Handverfugung) kam der Mörtel jedoch bei der Verarbeitung (Spritzverfugung) schlecht zum Stehen und somit bildeten sich im frischen Zustand bei normaler Lagendicke kaum zu beherrschende Setzrisse. Die Folge: zur Vermeidung dieser Setzrisse musste der Mörtel dünner aufgespritzt werden, d.h. es waren ein bis zwei Arbeitsgänge mehr erforderlich als geplant - mit allen Konsequenzen für Kosten und Bauzeit.

Beim Bauwerk 2 war der gleiche Mörtel-Lieferant (unverständlicher Weise) jedoch nicht bereit, mit in die Gewährleistung zu gehen, obgleich die Neuverfugung in beiden Fällen vom selben Unternehmer und den selben Arbeitern ausgeführt wurde. So wählte man für das Bauwerk 2 den Mörtel A - mit Einbindung des Mörtel-Lieferanten in die Gewährleistung.

Ein anderes Problem trat bei der Feuchthaltung auf. Die Verfugung A (Bauwerk 2) wurde nur mit Nebeldüsen regelmäßig befeuchtet, die Verfugung C (Bauwerk 1) hingegen anfangs mit angefeuchteten Jutebahnen abgedeckt und erst danach mit Nebeldüsen; nach Abnahme der Jutebahnen war die Oberfläche stellenweise bläulich verfärbt und die Verfärbung war auch noch nach Monaten nicht ganz verschwunden. - Fugenmörtel A verfestigte sich in zwei bis drei Wochen soweit, dass die Oberfläche abgestrahlt werden konnte, während Fugenmörtel C noch nach acht Wochen so weich war, dass beim Strahlen unverhältnismäßig viel Mörtel mitgerissen wurde.

Beim Bauwerk 1 wurden - nicht zuletzt wegen der ungewollten Fehlstellen in den Fugen und der Mörtelverfärbung - die Oberflächen der Wände mit einem Schlemmanstrich aus dem gleichen Mörtelmaterial überzogen, während beim Bauwerk 2 die Oberflächen steinsichtig belassen wurden.

6   Hinweise zur Qualitätssicherung

Die Neuverfugung von Mauerwerk mit Findlingen und Bruchsteinen setzt sehr sorgfältige Voruntersuchungen und Vorplanungen voraus. Bei einer objektbezogenen Auswahl der Baustoffe und einer geeigneten Anwendungstechnik, kann ein dauerhafter Erfolg erzielt werden. Mit Rücksicht auf die unterschiedlichen Randbedingungen eines jeden Bauwerkes können jedoch nur Empfehlungen gegeben werden, die den örtlichen Umständen anzupassen sind:

- Planung, Überwachung und Abnahme der Arbeiten nur durch erfahrene Architekten/Bauingenieure
- Verbindliches "Drehbuch" für den Bauablauf schreiben sowie regelmäßige, ggf. tägliche Bauüberwachung
- Baufirmen mit erfahrenem Fachpersonal beauftragen, insbesondere im Hinblick auf die Anwendungstechnologie
- Beachtung und Umsetzung der Instandsetzungsplanung
- Sicherung der Konstruktion in tragwerkplanerischer Hinsicht
- Untersuchung des Altmörtels bis in die Wandmitte hinein auf Gipsanteile/ bauschädliche Salze/Reaktionspotentiale
- Neuen Fugenmörtel entsprechend der chemisch-mineralogischen Analyse auswählen
- Musterflächen vor Festlegung des Produktes für den Fugenmörtel anlegen und beurteilen - und als Referenz- und Gewährleistungsflächen nutzen

- Fugenflanken vor Verfugung gründlich reinigen, ggf. aufrauen und vornässen
- Vollfugige Vermörtelung mit Fugenmörtel, der nicht härter als der Stein ist
- Intensive Nachbehandlung des Frischmörtels (Feuchthaltung) während der ersten Phase des Abbindeprozesses - zur Minimierung von Schwindrissen
- Fugendicke klein halten, ggf. Fugen "ausschwicken"
- Tiefe Fugen in mehreren Lagen vorlegen
- Fugenmörtel mit Festigkeitsgefälle nach außen aufbauen
- für dauerhafte Trocknung des Mauerwerkes sorgen, wasserabführenden Bautenschutz/Abdeckungen instandsetzen/ergänzen ggf. einbauen lassen

Betonfassadensanierung - Planung, Ausführung und Überwachung
Was ist zu beachten?

A. C. Rahn, M. Friedrich
Berlin

Zusammenfassung

Befasst man sich mit der Instandsetzung denkmalgeschützter Fassaden, so darf man auch nicht die Betonsanierung außeracht lassen. Betonfassaden sind nicht erst in den 70er und 80er Jahren des 20. Jahrhunderts zur Ausführung gekommen, sondern schon weitaus früher. Hier öffnet sich auch das Spannungsfeld zwischen den historischen Betonkonstruktionen und den heutigen Anforderungen an Betonbauteile. Der vorliegende Beitrag befasst sich daher mit der Umsetzung der Richtlinie zum Schutz und zur Instandsetzung von Betonbauteilen.

Die Richtlinie zum Schutz und zur Instandsetzung von Betonbauteilen (Instandsetzungs-Richtlinie) in der Ausgabe von Oktober 2001 ist seit 2004 in allen Bundesländern bauaufsichtlich eingeführt. Die Richtlinie beschreibt umfassend die Maßnahmen, die bei der Planung, Ausführung und Überwachung von Betoninstandsetzungsmaßnahmen zu berücksichtigen sind. Durch Neufassung der Betoninstandsetzungs-Richtlinie kommt dem sog. sachkundigen Planer eine besondere Bedeutung zu. Die Dokumentation des IST-Zustandes sowie dessen Beurteilung und die Festlegung des zu erreichenden SOLL-Zustands ist hierbei eine wesentliche planerische Grundlage, um die notwendigen Betoninstandsetzungsmaßnahmen, festzulegen.

1   Einleitung

Durch den 1988 erschienenen 2. Bauschadensbericht des Bundesministeriums für Raumordnung, Bauwesen und Städtebau wurde aufgezeigt, dass ca. 1/5 des Bauvolumens auf die Instandhaltung der bestehenden Bausubstanz entfallen. Betonbauten haben hierbei einen erheblichen Anteil daran.

Bereits im Jahr 1985 wurde der Arbeitsausschuss "Schutz und Instandsetzung von Betonbauteilen" gegründet. Im August 1990 gab der Deutsche Ausschuss für Stahlbetonbau erstmalig die "Richtlinie für Schutz und Instandsetzung von Bauteilen" heraus. Die Richtlinie in der Ausgabe von August 1990 befasste sich hierbei im Teil 1 mit "allgemeinen Regelungen und Planungsgrundsätzen". Der Teil 2 widmete sich der "Bauplanung und Bauausführung". Im Februar 1991 wurde der Teil 3 "Qualitätssicherung der Bauausführung" sowie im November 1992 der Teil 4 "Qualitätssicherung der Bauprodukte" veröffentlicht. Die bauaufsichtliche Einführung aller Teile erfolgte 1995/1996. Im Oktober 2001 erfolgte eine vollständige Überarbeitung der Instandhaltungsrichtlinie, die seit 2004 wiederum in allen Bundesländern bauaufsichtlich eingeführt ist.

2   Historischer Rückblick

Der Werkstoff Beton war als "Opus Caementitium" bereits den Römern bekannt. Beton wird aus Zuschlagstoffen (Sand und Kies), einem Bindemittel (Zement) und Wasser gemischt. Stahlbeton setzt sich aus dem Baustoff Beton und dem Baustoff Stahl als Bewehrung zusammen. Vor dem Hintergrund, dass Beton zwar eine hohe Druckfestigkeit, jedoch nur eine sehr geringe Zugfestigkeit aufweist, wird in dem Verbundbaustoff Stahlbeton die Stahl-Bewehrung zur Aufnahme der Zugspannungen vorgesehen.

Mitte des 19ten Jahrhunderts wurden erstmals in Frankreich Stahleinlagen in Beton eingebaut. Erste Aufzeichnungen stammen hierbei aus dem Jahr 1855, in dem J. L. Lambot ein Schiff aus eisenverstärktem Zementmörtel baute. 1861 wurden durch J. Monier (hiernach benannt auch das Monier-Eisen) Blumenkübel aus Beton mit Drahteinlagen hergestellt. Bereits 1861 wurden durch F. Coigent die Grundsätze für das Bauen mit bewehrtem Beton veröffentlicht. Das erste Haus aus Stahlbeton wurde durch den Amerikaner W. I. Ward 1873 bei New York errichtet, das heute noch zu besichtigen ist.

1902 wurden im Auftrag der Fa. Wayss u. Freytag Versuche durchgeführt und hieraus eine erste der Wirklichkeit sich annähernde Theorie zur Bemessung von Eisenbeton von Bauteilen entwickelt. Seit 1920 wird statt der Bezeichnung Eisenbeton Stahlbeton verwendet.

Der Durchbruch des Eisenbetons / Stahlbetons erfolgt ab 1895, als Hennebique Fabriken mit Mauern aus eisenverstärktem Beton baute.

Unverkleideter Beton (d. h. Sichtbeton) oder vielmehr verstärkter Zement und mit Stahlstäben durchbohrte Ziegel wurden erstmals in der Kirche St.-Jean-de-Montmartre in Paris (1894-1897) verwendet. 1910-1913 wurde die Kuppel der Jahrhunderthalle in Breslau ebenfalls aus verstärktem Beton erbaut. Eine "Hochkultur" der Stahlbetonbauwerke sowie insbesondere auch der Sichtbetonbauten erfolgte in den Jahren ab 1950. In der Regel kamen hier Stahlbeton-Skelettbauten mit einem Stützen-Riegelsystem aus Sichtbeton zur Ausführung.

Der Baustoff Beton sowie insbesondere der Baustoff "Eisenbeton" bzw. Stahlbeton blickt nunmehr auf eine über 100 jährige Geschichte zurück. Gebäude wie z. B. der Industriepalast in Leipzig (vgl. Bild 1) oder aus jüngerer Zeit, wie die Amerika Gedenkbibliothek oder die Deutsche Oper in Berlin, überzeugen hiervon.

Bild 1:   Fassadenausschnitt des Industriepalasts Leipzig vor der Sanierung

Die Anforderungen an Stahlbetonbauteile, insbesondere im Außenbereich, die als Sichtbetonflächen hergestellt werden, haben sich in den vergangenen Jahrzehnten aufgrund einer Vielzahl eingetretener Schäden und den hieraus gewonnenen Erkenntnissen zum Teil nachhaltig erhöht.

Betrachtet man hierbei die Stahlbeton-Norm DIN 1045 in der Ausgabe von 1959, so war als Betonüberdeckung bei Platten und Rippendecken im Freien eine Betonüberdeckung von 1,5 cm und bei allen anderen Bauteilen im Freien eine Betonüberdeckung von 2 cm vorgesehen. Bei Brücken über Eisenbahnen mit Dampfbetrieb war demgegenüber schon eine Betonüberdeckung von 4 cm erforderlich. Auch auf Sicht-

flächen ging die DIN 1045 in der Ausgabe von 1959 ein. Hiernach sollte bei Sichtflä-
chen, die steinmäßig bearbeitet werden sollten, die Betonüberdeckungsmaße mindestens um 1 cm vergrößert werden.

In der Ausgabe der DIN 1045 von 1972 wurde bereits die Betonüberdeckung in Abhängigkeit von dem Stabdurchmesser der Bewehrung bzw. der Betonfestigkeit angegeben. Hiernach war für Bauteile im Freien bei einem Beton Bn250 eine Betonüberdeckung von 2 cm und bei Bauteilen, die wechselnder Durchfeuchtung ausgesetzt
sind, eine Betonüberdeckung von 2,5 cm vorzusehen. Bei werksmäßig hergestellten
Fertigteilen konnte die Betonüberdeckung um 5 mm reduziert werden.

Die Ausgabe der DIN 1045 vom Jahr 1988 sah für Bauteile im Freien eine nominale
Betonüberdeckung bei Bewehrungen mit einem Stabdurchmesser $d_s \leq 25$ mm von
nom. c = 3,5 cm und bei größeren Stabdurchmessern von nom. c = 4 cm vor.

Mit Einführung der DIN 1045 in der Ausgabe von 2001 hat sich das "Bemessungs-
verfahren" nachhaltig verändert. Außenbauteile mit direkter Beregnung müssen hierbei der Expositionsklasse XC4 zugeordnet werden. Die Mindestbetonüberdeckung
beträgt hierbei c_{min} = 25 mm, wobei ein Vorhaltemaß von Δc = 15 mm zu berücksichtigen ist. Somit ergibt sich nunmehr ein Nennmaß der Betonüberdeckung von c_{nom} =
40 mm für Sichtbetonbauteile im Freien.

Vergleicht man nunmehr die Entwicklung alleine der Betonüberdeckungen in den
letzten vierzig Jahren, so kann festgestellt werden, dass sich die Anforderungen an
die Betonüberdeckung annähernd verdoppelt haben.

Hieraus allein lässt sich erkennen, dass dem Schutz (und der Instandsetzung) von
Stahlbetonbauteilen eine besondere Bedeutung zukommt.

3   Allgemeine Prinzipien der Betonkorrosion

Um die Prinzipien der Betonkorrosion zu verstehen, muss man sich das Prinzip des
Korrosionsschutzes der im Regelfall unlegierten Stahlbewehrung bei Stahlbetonbauteilen verdeutlichen. Der Korrosionsschutz der unlegierten Bewehrungsstähle erfolgt
dadurch, dass sich um den Bewehrungsstahl beim Betonieren ein Zementleimfilm
bildet und der Stahl vollständig im Beton eingebettet ist. Dieses hoch alkalische Mi-
lieu verhindert auf chemischem Weg eine Korrosion des Stahls im Beton.

Stahlbetonbauteile, insbesondere im Außenbereich, sind einer Vielzahl von Beanspruchungen ausgesetzt. Hierzu gehören:

- Temperatur
- Witterung (Feuchtigkeit)
- Umwelteinflüsse
- Bauphysik (Tauwasserbildung etc.)

Hieraus resultieren Veränderungen bzw. Korrosionserscheinungen am Beton bzw. am
Stahl. Nachfolgend werden die wesentlichen Korrosionsarten und deren Reak-
tionsmechanismen stichpunktartig zusammengefasst:

Tabelle 1:   Korrosionsart und Reaktionsmechanismus

Korrosionsart	Reaktionsmechanismus
Infolge der **Carbonatisierung** sinkt der pH-Wert der Porenlösung des Betons und hebt somit die Passivierung des Bewehrungsstahls im carbonatisierten Bereich auf. Hierdurch kann der Bewehrungsstahl korrodieren und der Beton über der Bewehrung aufgrund der korrosionsbedingten Volumenvergrößerung des Stahls abplatzen.	Die Carbonatisierung läuft im wesentlichen in 3 Stufen ab:
	1. CO_2 diffundiert durch die Kapillarporen des Betons (Größe der CO_2-Moleküle = 0,23 nm)
Die Ursachen für die zunehmend auftretenden Probleme infolge der Carbonatisierung sind:	2. CO_2 löst sich im Porenwasser des Betons zu H_2CO_3
	3. Das für die Alkalität und den Schutz der Bewehrung maßgebende Calciumhydroxid in der Porenlösung wird durch H_2CO_3 neutralisiert. In dieser Reaktion entsteht das nahezu unlösliche Calciumcarbonat und Wasser verbunden mit einer Volumenzunahme
- zu geringe Betonüberdeckung - Anstieg des CO_2-Gehalts der Luft und weiterer Luftschadstoffe - Fehler bei der Betonherstellung und Verarbeitung, die zu einer erhöhten Porosität des Betons führen	
	$Ca(OH)_2 + H_2CO_3 \Rightarrow CaCO_3 + 2H_2O$
	(pH $\approx$ 12,6) (pH $\leq$ 9,0)
	Carbonatisierung ist begünstigt bei relativen Luftfeuchten von
	- 50 % $\leq$ φ $\leq$ 70 %
	Carbonatisierung findet nahezu nicht statt, wenn geringe relative Luftfeuchten vorherrschen oder Poren des Betons wassergesättigt sind
	- $\varphi \leq$ 30 % und H_2O

Tabelle 1:   Korrosionsart und Reaktionsmechanismus (Fortsetzung)

Korrosionsart	Reaktionsmechanismus
Stahlkorrosion findet statt, wenn - Die Wirkung der Passivschicht infolge Carbonatisierung aufgehoben ist und ein Elektrolyt (in der Regel Wasser $\Rightarrow$ feuchter Beton) vorhanden ist - Sauerstoff bis zum Stahl vorgedrungen ist - Potentialunterschiede zwischen Bereichen der Metalloberfläche vorhanden sind, die eine Bildung von Lokalelementen begünstigen - Chloride im Beton vorhanden sind - in der Witterungsschutzschicht (bei Sichtbetonbauteilen Betonüberdeckung) Risse vorhanden sind, die bis zur Bewehrung reichen und / oder eine zu geringe Dichtheit des Betons vorliegt	$2\ Fe + 1{,}5\ O_2 + H_2O \Rightarrow 2\ FeOOH$
Chloridinduzierte Korrosion von Stahlbewehrung tritt auf, wenn frei bewegliche, d. h. in der Porenlösung gelöste Chloridionen in Verbindung mit der Stahlbewehrung treten können. Bei einer Überschreitung des kritischen Chloridgehalts im Beton kann die sog. Lochfraßkorrosion stattfinden, ohne dass ein Abbau der Chloridionen stattfindet. Bei dem Lochfraß handelt es sich somit um eine örtlich eng - begrenzte Korrosion, in deren Folge der Stahl in diesem örtlich sehr begrenzten Bereich zerstört wird.	
Lösender Angriff des Betons durch **Salzsäure** (HCl) findet bei Beanspruchung von Tausalzen z. B. im Bereich von Betonfahrbahnen, Rampen, Bordsteinen, Brücken o. ä. statt. Bei Frost-Tau-Wechseln und Anwesenheit von Chloriden (Tausalze) kann es zudem zu Gefügestörungen im Beton kommen, da die auftretenden Kristallisationsdrücke nicht vom Beton schadensfrei aufgenommen werden können.	$3\ CaO \cdot\ 2\ SiO_2 \cdot\ 3H_2O + 6HCl$ Calciumsilicathydrat + Salzsäure $\Rightarrow 3\ CaCl_2 + 2\ SiO_2 + 6H_2O$ Calciumchlorid + Kieselgel leicht löslich

Tabelle 1: Korrosionsart und Reaktionsmechanismus (Fortsetzung)

Korrosionsart	Reaktionsmechanismus
Alkalitreiben, auch Alkali-Kieselsäure-Reaktion (AKR) genannt, kann durch die Wechselwirkung von Zement und bestimmten Zuschlagsstoffen entstehen.	kieselsäurehaltiger +Alkali-$\Rightarrow$(Feuchte) Zuschlag hydroxid Alkalisilicatgel
Alle Zuschlagstoffe des Betons reagieren mehr oder weniger mit dem Zementstein. Grob kristalliner Quarz wird im Beton nur schwach angegriffen. Die Oberfläche des Quarzes wird lediglich angeätzt bzw. angerauht und bietet somit einen guten Verbund mit dem Zementstein. Opale und Flinte hingegen, die reaktive Kieselsäure (SiO_2) aufweisen, können bei Anwesenheit von Feuchtigkeit mit den in der Porenlösung des Betons vorhandenen Alkalihydroxiden aus dem Zement reagieren, wobei die Reaktion unter einer erheblichen Volumenzunahme stattfindet und das Gefüge des Betons schädigt.	(amorphes oder KOH, (voluminös, schlecht kristalli- NaOH treibend siertes SiO_2 Frühzeitige z. B.: Opal, Flint) Bildung)
Kalktreiben tritt auf, wenn freies Calziumoxid (tot gebrannter Kalk bei der Herstellung von Portlandzementklinkern) in zu großem Umfang vorliegt. Hierdurch können Gefügeschäden im Beton aufgrund einer Volumenzunahme auftreten.	$CaO + H_2O \Rightarrow Ca(OH)_2$
Magnesiatreiben kann auftreten, wenn der Magnesiumoxidanteil bezogen auf die Klinkerphasen des Zements zu hoch ist. Durch Reaktion mit Wasser kann es zu Gefügeschäden im Beton kommen.	$MgO + H_2O \Rightarrow Mg(OH)_2$
Mikrobiologische Betonkorrosion kann z. B. durch Angriffe des Betons durch Schwefelsäure (H_2SO_4), wie sie im Kontakt mit Abwässern auftreten, zu einem Lösen des Zementsteins führen.	$S\ +\ O_2\ \Rightarrow\ SO_2$ $SO_2 + 1/2\ O_2 + H_2O \Rightarrow H_2SO_4$ Gas+Sauerstoff+Feuchte $\Rightarrow$ schweflige Säure / Schwefelsäure

Tabelle 1: Korrosionsart und Reaktionsmechanismus (Fortsetzung)

Korrosionsart	Reaktionsmechanismus
Sulfattreiben ist die Folge von zu hohen Sulfatgehalten, in der Regel durch äußere Einflüsse. Verschiedenartige Sulfatlösungen haben hierbei einen korrosiven Einfluss auf den Zementstein im Beton. Schäden am Beton werden durch eine wesentliche Volumenzunahme der Reaktionsprodukte verursacht. Ursachen einer Sulfatkorrosion können sowohl in einem inneren als auch in einem äußeren Angriff des Betons begründet sein. Äußere Angriffe liegen hierbei bedingt durch betonangreifende Wässer und Böden vor (vgl. DIN 4030). Ein innerer Angriff kann über die Reaktionsvorgänge zwischen dem Zement und den Zuschlägen erfolgen.	z. B. $3\,CaO \cdot Al_2O_3 + 3\,(CaSO_4 \cdot 2H_2O) + 26\,H_2O$ $\Rightarrow 3\,Cao \cdot Al_2O_3 \cdot 3\,CaSO_4 \cdot 32\,H_2O$ Ettringit

Die vorangehende Aufstellung zeigt, dass alte und neue Betonbauwerke aus der Umwelt eine Vielzahl von Einflüssen erfahren, die, insbesondere bei Nichtberücksichtigung betontechnologischer Zusammenhänge und Anforderungen, nicht nur das optische Erscheinungsbild, sondern insbesondere die Dauerhaftigkeit bis hin zur Standsicherheit einschränken können. Das Auftreten von Schäden erfordert somit eine sorgfältigste Analyse der Ursachen und deren Wirkungen.

4   Anwendungsbereich der Instandsetzungs-Richtlinie

Unter Berücksichtigung der sehr vielfältigen Ursachen für Betonkorrosion und der zu berücksichtigenden komplexen Zusammenhänge im Hinblick auf die äußere Beanspruchung und die baustofftechnischen Verhaltensweisen wurde die sog. Betoninstandsetzungsrichtlinie nachhaltig überarbeitet.
Die Instandsetzungs-Richtlinie beinhaltet Regeln für den Schutz und die Instandsetzung von Beton und Stahlbeton. Sie gilt hierbei sinngemäß auch für Spannbetonbauteile. Die Richtlinie regelt die Planung, Durchführung und Überwachung von Schutz- und Instandsetzungsmaßnahmen für Bauwerke und Bauteile aus Beton und Stahlbeton nach DIN 1045. Ziel hierbei ist die Wiederherstellung der Dauerhaftigkeit unabhängig davon, ob die Standsicherheit gefährdet ist. Hierin liegt der wesentliche Un-

terschied zur alten Instandsetzungs-Richtlinie, die sich im wesentlichen nur auf die standsicherheitsrelevanten Instandsetzungsmaßnahmen bezog. Darüber hinaus soll selbstverständlich auch die Tragfähigkeit bei gegebener Standsicherheitsrelevanz wieder hergestellt werden.

Im Rahmen der "Neuausgabe" der Richtlinie sollte auch eine Harmonisierung mit den technischen und stoffbezogenen Vorgaben der ZTV-SIB / ZTV-Riss, die künftig Teile der ZTV-Ing darstellen, sichergestellt werden, um somit eine vereinheitlichte Regelung für alle Betoninstandsetzungsmaßnahmen vorzugeben.

Die Instandsetzungs-Richtlinie beschreibt einen Mindeststandard für die Betoninstandsetzung. Hierbei befasst sich die Richtlinie mit den im nachfolgenden benannten Punkten:

- Herstellung des dauerhaften Korrosionsschutzes der Bewehrung bei unzureichender Betondeckung
- Wiederherstellung des dauerhaften Korrosionsschutzes bereits korrodierter Bewehrung
- Erneuerung des Betons im oberflächennahen Bereich
- Füllen von Rissen und Hohlräumen
- Vorbeugender zusätzlicher Schutz der Bauteile gegen das Eindringen von beton- und stahlangreifenden Stoffen
- Erhöhung des Widerstandes von Bauteiloberflächen gegen Abrieb und Verschleiß

Die DAfStb-Richtlinie "Schutz und Instandsetzung von Betonbauteilen (Instandsetzungs-Richtlinie)" in der aktuellen Ausgabe von Oktober 2001 umfasst folgende vier Teile:

- Teil 1:   Allgemeine Regelungen und Planungsgrundsätze
- Teil 2:   Bauprodukte und Anwendungen
- Teil 3:   Anforderungen an die Betriebe und Überwachung der Ausführung
- Teil 4:   Prüfverfahren

Die Richtlinie ist in allen Bundesländern bauaufsichtlich eingeführt (2002-2004), so dass die Instandsetzungs-Richtlinie öffentlich rechtlich bindend ist.

Vor dem Hintergrund, dass die Instandsetzungs-Richtlinie in Teilen Bestand der Bauregelliste ist, verkörpert sie nach ihrer Einführung gültiges Baurecht und beschreibt exakt die Rechte und Pflichten der Auftraggeber und der Auftragnehmer.

5   Anforderungen an die Planung von Betoninstandsetzungsmaßnahmen

5.1   Vorbemerkungen

Die Planung und Vergabe von Betoninstandsetzungsmaßnahmen an Ingenieurbauwerken und im Hochbau ist bauaufsichtlich relevant und in der Instandsetzungs-

Richtlinie geregelt. Somit obliegt es dem Bauherrn bzw. dem Architekten / Fachplaner beim Feststellen von Betonschädigungen einen Fachplaner mit entsprechenden Planungsleistungen zu beauftragen. Die Instandsetzungs-Richtlinie führt hierzu folgendes aus:

Mit der Beurteilung und Planung von Schutz- und Instandsetzungsmaßnahmen muss ein sachkundiger Planer beauftragt werden, der die erforderlichen besonderen Kenntnisse auf dem Gebiet von Schutz und Instandsetzung bei Betonbauwerken hat.

Die Instandsetzungs-Richtlinie schreibt somit die Planung im Vorfeld der Ausführung von Instandsetzungsmaßnahmen zwingend fest.

Der **sachkundige Planer** benötigt unter anderem besondere Kenntnisse auf dem Gebiet der:

- Baustoffkunde (Beton, Stahl, Kunststoffe, etc.)
- Statik / Tragwerksplanung
- Bauphysik
- Bauchemie
- Transportphänomene in Baustoffen (H_2O, CO_2, etc.)
- Elektrochemischen Vorgängen in Stahlbeton
- Bauschadensuntersuchung / Baustoffprüfverfahren
- Gutachtenerstellung

5.2   Entwicklung eines Instandsetzungskonzeptes

Durch den sachkundigen Planer ist im Vorfeld von Instandsetzungsausführungen ein Instandsetzungskonzept zu erarbeiten. Das Instandsetzungskonzept muss hierbei folgende Punkte beinhalten:

Dokumentation des IST-Zustandes
Eine wesentliche Grundlage für die Planung von Betoninstandsetzungsmaßnahmen ist die Feststellung des IST-Zustandes. Hierzu gehört die Beschreibung des Bauwerks bzw. Bauteils hinsichtlich Bauart, Zweck und Baujahr des Bauwerks bzw. Bauteils. Hierbei ist die Auswertung vorhandener Unterlagen über die ausgeführte Konstruktion erforderlich. Sofern möglich, sollten insbesondere Schal-und Bewehrungspläne sowie sonstige konstruktionsrelevante Planungsunterlagen ausgewertet werden. Zu dokumentieren sind auch ggf. zwischenzeitlich durchgeführte Veränderungen an der Konstruktion (z. B. vorherige Instandsetzungsmaßnahmen).

In einem weiteren Schritt ist eine Schadenskartierung anzufertigen, in der die Schäden und die Schadensart in den Planunterlagen einzutragen sowie exemplarisch auch durch Fotos zu dokumentieren sind. Hierbei sind sämtliche Mängel und Schäden zu vermerken.

Im Rahmen der Dokumentation des IST-Zustandes sind zudem weiterführende Baustoffuntersuchungen erforderlich. Im Regelfall sind auch Bauteiluntersuchungen notwendig, um den Zustand der Konstruktion feststellen zu können.
Die Instandsetzungs-Richtlinie gibt grundsätzlich Untersuchungen vor, die zur Ermittlung des IST-Zustands eines Bauwerks erforderlich sind. Hierzu gehören u. a. folgende Untersuchungen:

- Feststellungen zu Umgebungs- und Nutzungsbedingungen:
  - Feststellungen zu mechanischen Einwirkungen
  - Feststellungen zu physikalischen und chemischen Einwirkungen (z. B. aus Luft, Temperatur, Feuchte, Frost, Tausalzen o. glw.)
  - Feststellungen zur Zugänglichkeit der zu sanierenden Bereiche

- Feststellungen zu Bauwerks- und Bauteileigenschaften:
  - Feststellungen zur Bewehrung, Verankerung, Konstruktion, etc.
  - Dokumentation von Betonabplatzungen, Rissen, Ausblühungen, Verschmutzungen etc.
  - Feststellungen von Hohlstellen (z. B. Abklopfen o. glw.)
  - Ermittlung der Betondeckung
  - ggf. Ermittlung von Verformungen (z. B. aus Temperaturbeanspruchungen)
  - ggf. Ermittlung von Bewehrungskorrosion durch elektrochemische Potentialmessungen o. glw.
  - Feststellungen zur Abwässerung, Abdichtung, Fugen, etc. auch an angrenzenden Bauteilen

- Feststellungen zu Baustoffeigenschaften:
  - Ermittlung der Betonart (Normalbeton, Ziegelsplittbeton, Leichtbeton o. glw.)
  - Ermittlung der Carbonatisierungstiefe
  - Ermittlung von Druckfestigkeiten
  - Ermittlung von Oberflächenhaftzugfestigkeiten
  - Feststellung der Korrosion der Bewehrung
  - Ermittlung der Chloridbelastung
  - Ermittlung der Wasseraufnahmefähigkeit / Feuchtegehalte

Im Rahmen der Dokumentation des IST-Zustandes ist ggf. auch eine Begutachtung angrenzender Bauteilkonstruktionen erforderlich, um ggf. bestehende Abhängigkeiten festzustellen. Bei Betonschädigungen im Bereich von Fassaden ist hierbei auch eine Überprüfung von angrenzenden Dachkonstruktionen, Einbausituationen von Fensterkonstruktionen sowie sonstigen Entwässerungen im Fassadenbereich erforderlich.

Beurteilung des IST-Zustandes

Nach der Dokumentation des IST-Zustandes sind die vorhandenen Schäden / Mängel fachtechnisch zu beurteilen. Hierbei kommt der statischen Bewertung von Rissbildungen, Betonabplatzung o. glw. eine besondere Bedeutung zu. Von besonderer Bedeutung ist hierbei die Feststellung, ob Schädigungen am Bauwerk, z. B. durch Temperatureinflüsse, entstanden sind, die ggf. auch auf unzureichende konstruktive Randbedingungen (fehlende Dehnfugen o. glw.) oder auf konstruktive Schwachpunkte hindeuten.

Festlegen des SOLL-Zustands

Um ein Instandsetzungskonzept erarbeiten zu können, muss neben dem IST-Zustand auch der zu erzielende SOLL-Zustand definiert werden. Hierzu ist im Regelfall eine Rücksprache mit dem Bauherren erforderlich. Der SOLL-Zustand stellt die Summe der verlangten Gebrauchseigenschaften des Bauwerks oder Bauteils unter den voraussehbaren Beanspruchungen <u>nach</u> Durchführung der Schutz- und Instandsetzungsmaßnahmen dar. Der mit dem Bauherren vereinbarte SOLL-Zustand ist schriftlich zu dokumentieren.

Erarbeiten des Instandsetzungskonzeptes

Auf Grundlage der Dokumentation des IST-Zustandes und dessen fachtechnischer Beurteilung sowie nach der Festlegung des SOLL-Zustands ist das Instandsetzungskonzept zu erarbeiten. Das Instandsetzungskonzept beschreibt hierbei die für die einzelnen Schadensbereiche notwendigen Korrosionsschutz- und Instandsetzungsprinzipien. Hierbei ist zu beachten, dass nur der sachkundige Planer die notwendigen Maßnahmen für die Erhaltung der Standsicherheit sowie der Dauerhaftigkeit festlegt.

Das Instandsetzungskonzept muss hierbei alle für die fachgerechte Sanierungsplanung zu berücksichtigenden Maßnahmen beschreiben. Neben der Angabe der Korrosionsschutz- und Instandsetzungsprinzipien sind auch darüber hinaus notwendige Sanierungsmaßnahmen, wie z. B. Dachsanierungsmaßnahmen etc., zu beschreiben. Im weiteren ist durch den sachkundigen Planer festzulegen, welche Maßnahmen zur Überwachung der Ausführung zu treffen sind. Diese Angaben sind auch grundsätzlich in die Ausschreibungsunterlagen aufzunehmen. Ferner muss bereits im Instandsetzungskonzept festgelegt werden, durch wen während der Ausführung Fragen der Standsicherheit verantwortlich beurteilt und durch wen die notwendigen Maßnahmen geplant und ausgeführt werden dürfen. Dies gilt grundsätzlich auch für Betoninstandsetzungsmaßnahmen, die nicht unmittelbar standsicherheitsrelevant sind.

Das Instandsetzungskonzept muss somit, bezogen auf das Objekt, die im nachfolgenden benannten Inhalte aufweisen:

* Dokumentation des IST-Zustandes
* Dokumentation des vereinbarten SOLL-Zustandes

- Beurteilung der Standsicherheit (Abschätzung der Lebensdauer und der Zuverlässigkeit)
- Beurteilung der Mängel / Schäden; Benennung der Ursachen
- Definition der Korrosionsschutz- und Instandsetzungsprinzipien (RCKW):
- **R**ealkalisierung - Korrosionsschutz durch Wiederherstellung des alkalischen Milieus (Repassivierung der Bewehrung durch zementgebundene Instandsetzungsstoffe ohne Beschichtung der Bewehrung)
- **C**oating der Bewehrung - Korrosionsschutz durch Beschichtung der Bewehrung und damit Verhinderung der anodtischen Eisenauflösung
- **K**athodischer Korrosionsschutz - Beaufschlagung der Bewehrung mit Fremdstrom, Anordnung von Opfer- / Inertanoden
- **W**assergehalt begrenzen - Korrosionsschutz durch Begrenzung des Wassergehaltes im Beton durch Absenken des Wassergehaltes bzw. Reduzierung der elektrolytischen Leitfähigkeit im Beton
- Elektrochemischer Chloridentzug (Chloridextraktion)
- Benennung der Korrosionsschutz- und Instandsetzungsmaßnahmen
- Benennung der Maßnahmen zum Schutz des Betons
- Benennung der Maßnahmen zum Schutz der Bewehrung
- Benennung von Maßnahmen, die die Dauerhaftigkeit der Betoninstandsetzungsmaßnahme wesentlich beeinflussen (z. B. Abdichtungen, etc.)
- Wahl der Instandsetzungsverfahren
- Beschreibung der Instandsetzungsmaterialien
- Benennung der Maßnahmen zur Überwachung und Ausführung der Leistungen
- Gegebenenfalls Abschätzung des Nutzungsalters
- Benennung der Verantwortlichkeiten hinsichtlich Standsicherheit und Ausführung
- Benennung ggf. weiterer notwendiger Sanierungsmaßnahmen

5.3 Aufstellen eines Instandsetzungsplanes

Auf Grundlage des Instandsetzungskonzeptes ist durch den sachkundigen Planer ein Instandsetzungsplan aufzustellen. Im Instandsetzungsplan sind Maßnahmen zum Schutz und zur Instandsetzung des Betons sowie für den Korrosionsschutz der Bewehrung zu detaillieren. Ferner müssen ggf. auch die Grundsätze bzw. Maßnahmen für den Brandschutz beschrieben werden. Im Zuge des Instandsetzungsplanes sind auch die notwendigen Leistungsverzeichnisse zur Umsetzung der Betoninstandsetzungsmaßnahmen zu erstellen.

Ein weiterer wesentlicher Inhalt des Instandsetzungsplanes ist die Benennung der Anforderungen an die Ausführung. Hierbei sind die wesentlichen Grundsätze, die bei der Ausführung auch gemäß Teil 3 der Instandsetzungs-Richtlinie zu beachten sind, zu beschreiben. Auch auf Besonderheiten des Bauvorhabens muss hierbei hingewiesen werden.

Der Instandhaltungsplan muss ferner Angaben enthalten, die die notwendigen planmäßigen Inspektionen festlegen sowie auch Angaben zu Wartungs- und Instandhaltungsmaßnahmen beschreiben.

5.4   Ausschreibung und Vergabe

Auf Grundlage des Instandsetzungskonzeptes sowie des Instandsetzungsplanes, der ggf. auch bereits die Erstellung von Leistungsverzeichnissen beinhalten kann, ist die Ausschreibung der Betoninstandsetzungsmaßnahmen vorzusehen. Die Ausschreibung sollte hierbei vorzugsweise das Instandsetzungskonzept, jedoch insbesondere den Instandsetzungsplan beinhalten. Vor dem Hintergrund, dass die Ausschreibung und Vergabe nicht zwingend durch den sachkundigen Planer zu erbringen ist, müssen jedoch insbesondere bei Einreichung von Alternativvorschlägen diese vom sachkundigen Planer im Hinblick auf die Gleichwertigkeit bewertet werden.

6   Anforderungen an die Ausführung und Überwachung

Die Instandsetzungs-Richtlinie weist auch hinsichtlich der Ausführung und der Überwachung von Betoninstandsetzungsmaßnahmen hohe Anforderungen auf. Die Anforderungen an die Betriebe und die Überwachung der Ausführung wird im Teil 3 der Instandsetzungs-Richtlinie geregelt. Grundsätzlich dürfen die Arbeiten nur gemäß dem vom sachkundigen Planer aufgestellten Schutz- und Instandsetzungsplan, der auf Basis des Instandsetzungskonzepts erstellt wurde, ausgeführt werden.

Die Ausführung, Prüfung und Überwachung von Betoninstandsetzungsmaßnahmen erfordert von dem ausführenden Unternehmen den Einsatz einer qualifizierten Führungskraft, eines Bauleiters sowie von Baustellen-Fachpersonal, das über ausreichende Kenntnisse und Erfahrungen verfügt, um eine fachgerechte und ordnungsgemäße Ausführung, Überwachung und Dokumentation von Instandsetzungsmaßnahmen sicherzustellen. Die vom Unternehmen zur Verfügung zu stellende **qualifizierte Führungskraft** ist zuständig und verantwortlich für die Ausführung der Arbeiten auf der Baustelle sowie für alle notwendigen Prüfungen im Sinne der Instandsetzungs-Richtlinie. Die qualifizierte Führungskraft hat die Leistungsbeschreibungen im Sinne der Instandsetzungs-Richtlinie zu prüfen, sowie einen detaillierten Arbeitsplan aufzustellen. Ferner ist die qualifizierte Führungskraft auch für die fachliche Qualifikation des eingesetzten Baustellen-Fach- und Prüfpersonals verantwortlich. Nur nach besonderer Vereinbarung können auch Aufgaben des sachkundigen Planers der qualifizierten Führungskraft zugeordnet werden.

Das Unternehmen muss im weiteren über einen Bauleiter, der für die sichere und planmäßige Ausführung der Arbeiten sorgt und über geschultes, insbesondere handwerklich ausgebildetes, Baustellen-Fachpersonal verfügen. Das Unternehmen muss hierbei nachweisen, dass das maßgebende Baustellen-Fachpersonal in Abständen von höchstens drei Jahren über Schutz- und Instandsetzungsmaßnahmen geschult wurde.

Das Baustellen-Fachpersonal muss im Besitz des SIVV-Scheins sein. Die Geräteausstattung des Unternehmens muss ebenfalls die Anforderungen gemäß Teil 3 der Instandsetzungs-Richtlinie erfüllen.

Gemäß Teil 3 der Instandsetzungs-Richtlinie ist eine Überwachung der Betoninstandsetzungsarbeiten durch das ausführende Unternehmen bei jeder Betoninstandsetzungsmaßnahme erforderlich. Die Ergebnisse sind schriftlich zu dokumentieren. Bei standsicherheitsrelevanten Maßnahmen sowie bei nicht standsicherheitsrelevanten Maßnahmen, die eine Betonfläche von ≥ 50 m² sowie eine Rissverfüllung von ≥ 20 m Gesamtlänge betreffen, ist eine Überwachung durch eine dafür anerkannte Überwachungsstelle (früher: Fremdüberwachung) erforderlich.

Literatur

[1] DAfStb-Richtlinie *Schutz und Instandsetzung von Betonbauteilen (Instandsetzungs-Richtlinie)*, Teil 1 bis Teil 4, Ausgabe Oktober 2001

[2] ZTV-ING, *Zusätzliche technische Vertragsbedingungen und Richtlinien für Ingenieurbauten*, bast Bundesanstalt für Straßenwesen, Verkehrsblatt-Sammlung Nr. S1056, Verkehrsblatt-Verlag

[3] DIN 1045, *Beton und Stahlbeton*, Ausgabe 1959

[4] DIN 1045, *Beton und Stahlbeton*, Ausgabe 1972

[5] DIN 1045, *Beton und Stahlbeton*, Ausgabe 1988

[6] DIN 1045, *Tragwerke aus Beton, Stahlbeton und Spannbeton*, Ausgabe Juli 2001

[7] DAfStb-Richtlinie, *Richtlinie für Schutz und Instandsetzung von Betonbauteilen*, Teil 1 bis Teil 4, Ausgabe 1990/1992

[8] Pevsner, Honour, Fleming, *Lexikon der Weltarchitektur*, Prestel-Verlag, 1992

[9] Bundesgütegemeinschaft Instandsetzung von Betonbauwerken e. V., *Instandsetzungs-Richtlinie des Deutschen Ausschusses für Stahlbeton - Auswirkungen für Auftraggeber und Auftragnehmer*, Dipl.-Ing. Hans-Joachim Rosenwald, 12.06.2004

Sorptionsverhalten geschädigter Fassadenbauteile aus Holz / Holzwerkstoffen

G. Haroske, R. Brosin, U. Diederichs
Rostock

Zusammenfassung

Holzfassadenoberflächen sind - insbesondere an Südwestseiten - einer ständig wechselnden Luftfeuchteänderung ausgesetzt. Kenntnisse der Wasseraufnahmefähigkeit von Holzwerkstoffen und der Wasserdampfdurchlässigkeit von aufgebrachten Beschichtungssystemen sind zur Beurteilung des Verhaltens des Gesamtsystems ‚Holzfassadenoberfläche' und zur Schadensvermeidung von Bedeutung. Alternativ zu den statisch gravimetrischen Verfahren gemäß EN 927-4 (Prüfung der Wasserdampfdurchlässigkeit von Beschichtungsstoffen) und EN ISO 12571 (Bestimmung der hygroskopischen Sorptionseigenschaften – Exsikkator- und Klimakammerverfahren) wird hier die dynamische Methode mit dem Dynamic-Vapour-Sorption-Gerät (DVS) zur Messung von Sorptions- und Desorptionsisothermen des Gesamtsystems ‚Oberfläche' vorgestellt.

Zur Simulation des Verhaltens wurde an kleinformatigen Proben mit Kantenlängen von 5mm das Sorptionsvermögen von beschichteten, nach ca. 3 Jahren Nutzung auf der Oberseite geschädigten Holzwerkstoffplatten untersucht. Die signifikanten Einflussgrößen auf die Sorption wurden ermittelt und mit der Wasserdampfaufnahmefähigkeit ungeschädigter Oberflächen verglichen. Gezeigt hat sich, dass hydrophile Plattensysteme hierbei kaum in der Lage sind, den auftretenden Quell- und Schwindspannungen bzw. dem organischen Befall auf Dauer zufrieden stellend Paroli zu bieten. Lediglich ein nahezu hydrophobes System, welches auch nach mehreren Prüfzyklen bis zu 80% relativer Luftfeuchte kaum Feuchte aufnahm, scheint den hohen Ansprüchen zu genügen.

Darüber hinaus ist festzustellen, dass das DVS-Verfahren für Grundprüfungen und auch Güteüberwachungen von Holzwerkstoff-Beschichtungssystemen hervorragend geeignet ist.

1   Einleitung

Bei der Planung und Ausführung von modernen Holzwerkstoffkonstruktionen wird die Dauerbeständigkeit von Fassadenplatten (Furnier-, Sperrholz-, Holzspanplatten mit oder ohne Beschichtungen) gegenüber extremen klimatischen Beanspruchungen zumeist überschätzt. Die Bezeichnung von Holzwerkstoffplatten als ‚wasserfest verleimt' wird oft ohne Berücksichtigung holzanatomischer Eigenschaften oder Dispositionen aus der Fertigung mit ‚wetterbeständig' gleichgesetzt. Das trifft insbesondere für Sperrholzplatten in der Außenanwendung zu. Die während der Herstellung entstandenen Risse in der Decklage führen infolge extremer Oberflächentemperaturspannungen insbesondere an der Südwestseite (Wetterseite) recht bald zur Rissbildung in der Beschichtung, in deren Folge Feuchte eindringt.

Werden dann noch elementare Grundsätze des konstruktiven Holzschutzes verletzt, zeigen sich bereits nach kurzer Nutzungszeit nicht revidierbare Oberflächenschäden (Abplatzungen, Verformungen, Delaminierung, Schimmel, Bläue), die dann durch einen nicht selten vorgenommenen Austausch mit anorganischen Materialien den Werkstoff Holz ins Abseits delegieren. In Merkblättern [BFS 1996] wird daher die Außenanwendung von o.g. Holzwerkstoffen bei direkter Bewitterung aus beschichtungstechnischer Sicht als nur bedingt geeignet beurteilt.

Ziel der mit der dynamischen Messmethode durchgeführten Sorptionsmessungen war es, das Feuchteaufnahme- und –abgabevermögen geschädigter Fassadenelemente im hygroskopischen Bereich näher zu untersuchen und durch Vergleich mit dem Sorptionsverhalten ungeschädigter Oberflächenproben ein Eigenschaftsprofil für im Außenbereich anzuwendende Fassadenoberflächensysteme zu definieren.

2   Physikalische Aspekte der Adsorption/Desorption

Die Wasseraufnahme wird üblicherweise mit Hilfe von Sorptionsisothermen (Adsorptions- und Desorptionskurven) beschrieben. Dargestellt wird daher der Gleichgewichtsfeuchtegehalt als Funktion der relativen Luftfeuchte bei einer bestimmten Temperatur. Die Adsorptionskurve wird an einer Reihe steigender Luftfeuchten und die Desorptionskurve an einer Reihe fallender Luftfeuchten im Gleichgewichtszustand ermittelt. Die Hysterese (Abweichung zwischen Adsorptions- und Desorptionskurve) hat ihre Ursache im Vorhandensein von großen Poren im Werkstoff, die nur durch angrenzende kleine Poren für Wasser zugänglich sind. Das Wasser kann zwar stetig von der Oberfläche der vorgelagerten Pore in den großen Porenraum gelangen, entweicht jedoch erst wieder daraus, wenn die kleinen Poren ausreichend geleert sind. Aus den Adsorptions- und Desorptionskurven lassen sich die relevanten Strukturparameter berechnen.

Die Sorptionsisothermen von Materialien können nach der Wasserbindung in drei Abschnitte geteilt werden [Buss 2002]:

1. monomolekulare Wasserbindung: 0 bis ca. 17% Luftfeuchte
2. multimolekulare Wasserbindung: > 17% bis ca. 60% Luftfeuchte
3. kapillare Wasserbindung: > 60% Luftfeuchte.

Der Verlauf der aufgenommenen Isothermen hängt von der Oberflächenstruktur der Materialien, ihrer Porenverteilung und der Bindungsenergie ab. Er lässt sich mit der BET-Theorie von Brunauer, Emmett und Teller beschreiben [s. Fischer 1997]:

$$u(\phi) = u_m \, \frac{c\phi}{1-\phi} \, \frac{1-(n+1)\phi^n + n\phi^{n+1}}{1+(c-1)\phi - c\phi^{n+1}} \tag{1}$$

$u(\Phi)$ - Stofffeuchte in Abhängigkeit von der relativen Luftfeuchte

u_m - Wassergehalt, bei dem die gesamte (innere und äußere) Oberfläche eines Stoffes gerade mit einer monomolekularen Schicht bedeckt ist

c - Parameter zur Beschreibung der für die physikalische Bindung der 1. Molekülschicht an der Stoffoberfläche benötigten Energie

Φ - relative Luftfeuchtigkeit

n - mittlere Anzahl der die Oberfläche bedeckenden Wassermolekülschichten

Nach Brunauer werden 5 Typen Adsorptionsisothermen unterteilt. Im Bild 1 ist Typ II mit einem s-förmigen Verlauf dargestellt.

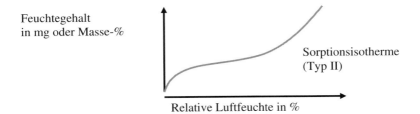

Bild 1:   Sorptionsisotherme als Funktion des Feuchtegehaltes von der Luftfeuchte

Die Holzgleichgewichtsfeuchtigkeit kann vereinfachend bzw. praxisgerecht wie folgt beschrieben werden [s. Leiße 2002]:

GGF = RH · s   (2)

GGF - Gleichgewichtsfeuchte in Masse-% (Adsorption)
RH   - relative Luftfeuchte (Relative Humidity) in %
s   - Sorptionskoeffizient (entsprechend Holzart ca. 0,16 bis 0,33)

Der Sorptionskoeffizient s wird aus dem linearen Verlauf der Sorptionsisotherme im mittleren Luftfeuchtebereich (RH zwischen 20% und 80%) ermittelt und ist abhängig von der Holzart. Für die Sitka-Fichte wurde ein Holzfeuchtegleichgewichtsdiagramm in Abhängigkeit von der relativen Luftfeuchte und der Temperatur - das so genannte Keylwerth-Diagramm - speziell ausgearbeitet. Das Diagramm wird allgemein für alle Holzarten verwendet.

Im Holz wird das Wasser aus der Luft hygroskopisch durch Mikrokapillaren (Radius < 0,1µm) aufgenommen. Diese Mikrokapillaren sind z.B. Hohlräume innerhalb der Zellwände zwischen einzelnen Zellulose-Kettenmolekülen, zwischen Fibrillen (Zellulose-Kettenmoleküle im submikroskopischen Bereich) und zwischen Mikrofibrillenbündeln. Die Aufnahme- und Transportvorgänge des als ‚gebunden' bezeichneten Wassers in diesen Kapillaren werden als Sorption bezeichnet. Bis zur Fasersättigung, je nach Holzart zwischen 22 bis 35 Masse-%, werden folgende Bereiche unterschieden:

* Chemosorption (Holzfeuchte 0 bis ca. 6 Masse-%), die Wassermoleküle werden an die chemischen Bestandteile ‚angedockt'
* Adsorption (Holzfeuchte ca. 6 bis 15 Masse-%), das Wasser wird infolge molekularer bzw. elektrostatischer Anziehungskräfte in die interfibrillären Hohlräume auf der Faseroberfläche eingelagert
* Kapillarkondensation (ca. 15 Masse-% bis zur Fasersättigung)

Die Fibrillen werden durch die Anlagerung der Wassermoleküle auseinander geschoben (Quellen) und bei Feuchtereduzierung unterhalb des Fasersättigungspunktes zusammengedrückt (Schwinden). Die Dimensionsänderungen erfolgen aufgrund der Anisotropie des Holzes ungleichmäßig. U.a. wurde nachgewiesen, dass die Wetterbeständigkeit von Faserplatten im Bereich der Kapillarkondensation bei Luftfeuchten ab 50 % bzw. 75% mit Entstehung plastischer Eigenschaften besonders stark beeinträchtigt ist [Popper u.a. 2001].

Beschichtungssysteme auf Holzwerkstoffen, Verleimungsfugen und Bindemittel in Faserplatten bewirken eine Veränderung der o.g. Sorptionseigenschaften des hydrophilen Holzes.

Eine gute Beschichtung soll das Holz vor Feuchte und somit vor Maßänderungen schützen und in der Lage sein, die Quell- und Schwindprozesse des Holzes ohne Rissbildung zu überstehen. Eine weitere Aufgabe ist es, zu verhindern, dass das Aussehen der Oberfläche nicht durch Verwitterungsprozesse (z.B. Bläue) beeinträchtigt wird. Flüssiges Wasser wird hierbei von den gängigen Holzanstrichen aufgrund der zeitlich begrenzten Einwirkung gut abgehalten. Die Aufnahme von dampfförmigem Wasser ist abhängig von der Beschichtungsart bzw. -dicke. Als Kenngrößen der Beschichtungen werden in der Regel die dimensionslose Diffusionswiderstandszahl (μ) und deren Produkt mit der Schichtdicke - die diffusionsäquivalente Luftschichtdicke (s_D [m]) - angegeben.

3   Untersuchungsmethode

Zunächst wurden an unbeschichteten Holzproben (Stiel-/Traubeneiche, Rotbuche, Birke, Kiefer, Fichte, OSB-Platten) Vorversuche zur Vergleichbarkeit des statischen Messverfahrens nach [DIN EN ISO 12571] mit dem dynamischen Verfahren der Wasserdampfsorptionsmessung durchgeführt [Schwarzmeier 2002]. Die Ergebnisse beider Verfahren korrelieren signifikant miteinander, wobei mit dem DVS-Verfahren höhere Gleichgewichtsfeuchten ermittelt wurden als mit dem statischen Verfahren. Bei der statischen Standardmethode ist der erforderliche Zeitbedarf sehr hoch.

4   Untersuchungsmaterialien - Probekörper

Die Untersuchungen wurden an realen grenzflächennahen Ausschnitten des Systems Holzwerkstoff / Beschichtung vorgenommen. Die Proben wurden aus vier Objekten A, B, C und D ausgewählt. Hierbei handelt es sich um mehrgeschossige Büro-/Schulgebäude in verschiedenen Städten Norddeutschlands. Sie waren zum Zeitpunkt der Probenahme nicht älter als 2 bis 3 Jahre. Die Beschichtungen wurden zumeist durch Bauunternehmen ausgeführt. Die Oberflächen der recht jungen Fassaden mit verschiedenen Beschichtungssystemen fielen durch nachfolgende Merkmale auf:

-    Rissbildungen in der Beschichtung und im Holzwerkstoff, Abplatzungen
-    Verformungen der Platten, Verfärbungen (Schimmel, Algen, Bläuepilze)
-    Delaminierung einzelner Schichten u.a. infolge fehlenden Kantenschutzes.

Die einzelnen Materialien wiesen folgende Besonderheiten auf.

Objekt A (Proben Nr. 3, 5 und 8):

•   Bau-Furniersperrholz (BFU 100), Birke, DIN 68705-3
•   Furnierlagenzahl 7, Gesamtstärke 10 mm (Decklage Schälfurnier 1,4 mm dick)
•   deckendes Beschichtungssystem (ca. 125 µm), Blasenbildung (Bild 3)
•   Risse in der Beschichtung und in der Decklage (Bilder 2 und 4), Anstrichbläue *Aureobasidium pullulans*, Delaminierung in Kantenbereichen (Bild 5).

Bild 2:   Probe aus Objekt A (BFU)

Bild 3:   Objekt A, Probe Nr. 5   **Bild 4:**   Objekt A, Probe Nr. 8

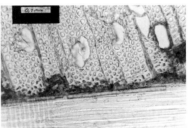

Bild 5: Objekt A, Delaminierung   **Bild 6:** Objekt A, Probe Nr. 15, Leim-
          (fehlender Kantenschutz)   fuge zwischen Deck- und 2. Lage

Objekt B (Proben 15 und 16):

- Bau-Furnier-Sperrholz BFU, Bauaufsichtliche Zulassung (sog. Bootsbausperr-holz), tropisches Hartholz
- Furnierlagenzahl 7, Gesamtstärke 15 mm (Decklage Schälfurnier 1 mm dick)
- deckendes Beschichtungssystem, Dicke bis ca. 50 µm (2 Schichten)

- Risse in Beschichtung und Decklage entlang der grobporigen Laubholzgefäße (Bilder 7 und 8)
- Schimmelbildung, Verformungen in Plattenebene

 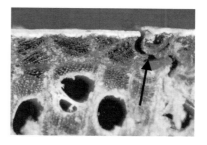

Bild 7: Objekt B (Furniersperrholz),   **Bild 8:** Objekt B (Probe Nr. 16),
gerissene Oberfläche   gerissene Decklage

Objekt C, Proben 11 und 12:

- Furnierschichtholz, Bauaufsichtliche Zulassung, Fichte
- Furnierlagenzahl 9, Gesamtstärke 27 mm (Decklage 3 mm dick)
- nicht deckendes Beschichtungssystem, Dicke bis ca. 260 µm (inklusive einer farblosen Graffitischutzschicht)
- großflächig abgeplatzte Graffitischutzschicht mit sich dahinter ansammelndem Algen- und Schimmelbewuchs (Bilder 9 und 10)
- Delaminierung in Kanten- und Spritzwasserbereichen

Bild 9: Objekt C, abgeplatzte   **Bild 10:** Objekt C, Probe Nr. 11
Graffitischicht   (Längsschnitt, Decklage)

Objekt D, Probe 13:

- Mehrschichtenholz, Fichte

- 3-Schicht-Platte, Gesamtdicke 27 mm (1. Lage 7 mm)
- Beschichtung: farblose Lasur bis max. 10 µm dick
- Anstrichbläue *Aureobasidium pullulans* über den Spritzwasserbereich hinaus (blaue bis grauschwarze punktförmige bzw. streifige Verfärbungen – Bild 11)
- hohe Feuchtigkeitsaufnahme über Hirnholz, Längsrisse an der Wetterseite, Delaminierung in Kanten- und Spritzwasserbereichen; Bild 12

Bild 11: Objekt D, Schimmel- / Bläuebefall **Bild 12:** Mehrschichtenplatte gerissen

Die Probekörper K, W und V stellen die ungeschädigten Vergleichsproben dar:

K (Probe Nr. 10)
- werksseitig beschichtetes Furnierschichtholz (Produktmuster), Bauaufsichtliche Zulassung, Fichte, Furnierlagenzahl 9, Stärke 27 mm (Decklage 3 mm)
- Beschichtungsdicke 500 µm

W (Probe Nr. 9)
- werksseitig beschichtete Spanfaserplatte (Produktmuster),
- Beschichtungsdicke 50 µm

V (Probe Nr. 14)
- ungeschädigtes Vollholz, Birke
- keine Beschichtung.

5   Versuchsdurchführung

Für die Untersuchungen wurden Proben mit Abmessungen von etwa 5mm x 5mm x 5mm verwendet. Die aus den Oberflächen präparierten zwischen 35 und 70 mg schweren Proben wurden fünfseitig abgedichtet (außer Probe Nr. 6), so dass die Wasserdampfaufnahme und -abgabe ausschließlich über die der Witterung ausgesetzten bzw. beschichteten Oberflächen (ca. 25mm²) erfolgen konnte. Aufgrund der geringen

Probengröße wurden je Objekt ein bis drei Teilproben mit unterschiedlicher Oberflächenqualität untersucht. Die Beschaffenheit der Oberflächen ist der Tabelle 1 zu entnehmen. Alle Proben wurden mindestens 2 und maximal 3 Prüfzyklen unterworfen. Vor der eigentlichen Messung wurden die Probekörper jeweils bis zur Massekonstanz im DVS-Gerät bei 0% rel. Luftfeuchte getrocknet. Bei konstanter Temperatur von etwa 20°C wurden die Proben nacheinander in Stufen von 5% mit wachsender relativer Feuchte beaufschlagt. In dem Feuchtebereich von 0% bis 95% ergeben sich somit 19 Feuchtestufen. Der Feuchtegehalt wurde bestimmt, wenn der jeweilige Gleichgewichtszustand erreicht war. Die Massekonstanz galt als erzielt, wenn die Masseänderung je Zeitänderung aufeinander folgender Wägungen weniger als 0,002%/min betrug. Der Sorptionsvorgang endete mit Erreichung der Massekonstanz bei der höchsten Luftfeuchtestufe. Zur Desorption wurde der Vorgang anschließend in umgekehrter Reihenfolge bis zum darrtrockenen Zustand (0% Luftfeuchte) durchgeführt. Die Messdaten werden während der Prüfung kontinuierlich an den angeschlossenen Computer gesendet, dort gespeichert und können nach dem Messzyklus in tabellarischer oder grafischer Form ausgewertet werden.

6   Resultate und Diskussion

6.1   Nicht abgedichtete Proben

Die Sorptionsisothermen ausgewählter Proben sind in Bild 13 wiedergegeben. Die unbeschichtete bzw. nicht abgedichtete Vollholzprobe Nr. 6 (Birke) zeigt die aus der Literatur bekannten Sorptions- und Desorptionsisothermen. Die Sorptionskurve entspricht dem Typ II (s-förmiger Verlauf). Die erste Molekülschicht wird an der inneren Oberfläche mit Versuchsanfang bei niedrigen Luftfeuchten ab 0% und die weiteren Schichten bei wesentlich höheren Luftfeuchten bis zu einer maximalen GGF von etwa 21 Masse-% angelagert (Tab. 1). Im mittleren Luftfeuchtebereich zwischen 20% und 70% ist ein annähernd linearer Verlauf der Sorptionsisotherme festzustellen. Der Sorptionskoeffizient s nach (2) beträgt 0,166. Der mit einfacher Regression ermittelte Zusammenhang zwischen der GGF und der Luftfeuchte entspricht einer Polynomfunktion 5. Grades bei einem Bestimmtheitsmaß $R^2 = 0,9998$ mit:

$$y = 2E\text{-}08x^5 - 4E\text{-}06x^4 + 0,0003x^3 - 0,0122x^2 + 0,3461x - 0,0239 \qquad (3)$$

y   - Gleichgewichtsfeuchte GGF (Change) in Masse-%
x   - relative Luftfeuchte RH in %.

6.2   Abgedichtete Proben

Die fünfseitige Abdichtung der Probekörper mit Paraffin, aber auch die Oberflächenbeschichtung der Fassadenelemente, die Verleimung, die Polymerbindemittel, die

Holzart, die Holzfaserrichtung etc. haben zur Folge, dass sich der Kurvenverlauf, d.h. der wirksame Sorptionsbeginn in höhere Luftfeuchtebereiche (größer 20%) verschiebt (Tabelle 1 und Bild 13).

Tabelle 1:   Mit den Probekörpern erzielte Messergebnisse (Adsorption/Desorption)

Objekt / Probe		Sorption			Wasserdampfaufnahmekoeffizient $WA \cdot T^{0,5}$ in kg/m²· h^{0,5}	Bemerkungen zur Oberflächenbeschaffenheit
		Ø - GGF bei max. RH in Masse-%	Ø - Sorptionsbeginn bei RH in %	Ø - Dauer T_S in min		
	Nr. 6	21,07	0	3550	n.b.	allseitig unbeschichtet
A	Nr. 3	4,5	65	1800	n.b.	Riss (0,2mm) durch Anstrich
	Nr. 5	4,67	65	1900	0,633	Anstrich porig (Ø 0,1mm)
	Nr. 8	11,95	30	3900	2,885	Riss (0,2mm) durch Anstrich + Decklage
B	Nr. 15	0,55	85	460	0,028	ohne Befund
	Nr. 16	4,1	65	1800	0,534	Riss (0,2mm) durch Anstrich + Decklage
C	Nr. 11	3,2	70	1300	0,314	Riss nach 1. Zyklus in Grafittischicht
	Nr. 12	3,4	70	1450	0,389	ohne Grafittischicht, Schälrisse
D	Nr. 13	11,7	30	3600	1,899	Anstrichbläue
K	Nr. 10	2,1	79	920	0,225	ohne Befund
W	Nr. 9	0,114	90	220	0,012	ohne Befund
V	Nr. 14	3,0	0	1350	0,469	unbeschichtet

Der mit einfacher Regression ermittelte Zusammenhang zwischen der GGF und der relativen Luftfeuchte (Adsorption) entspricht bei allen DVS-Prüfungen einer Polynomfunktion 4. bis 6. Grades.

Anhand der einzelnen Prüfergebnisse (Tabelle 1) lassen sich hinsichtlich des Sorptionsverhaltens drei Cluster unterscheiden.

1. Die in der Beschichtung und Decklage gerissene Probe 8 (Objekt A), die mit Bläue befallene sowie die mit einer dünnen Lasur beschichtete Probe 13 (Objekt D), alle aus einheimischen Hölzern bestehend, besitzen bei einem Sorptionsbeginn RH von 30% und mit maximalen GGF von etwa 11-12 Masse-% annähernd noch einen s-förmigen Kurvenverlauf des Typs II.

2. Die beschichteten, abgedichteten und ungeschädigten Probekörper (Objekt B – Probe 15, W – Probe 9, K – Probe 10) weisen ähnliche Isothermen auf wie hydrophobe Stoffe des Typs III. Die Anlagerung der Wassermoleküle erfolgt erst bei Luftfeuchten über ca. 80%. Die maximale GGF ist sehr gering. Sie liegt zwischen 0,114 und 2,1 Masse-%.

3. Die restlichen Probekörper weisen Isothermen auf, die in ihrer Form zwischen den unter 1 und den unter 2 aufgeführten einzuordnen sind. Ihr Sorp-tionsbeginn liegt bei Luftfeuchten um 65% bis 70% mit maximalen GGF zwischen 3 Masse-% und 4,67 Masse-%. Hierzu gehören die Proben 3 und 5 mit Beschichtungsmängeln (Risse, Blasen) des Objektes A, die in Beschichtung und Decklage gerissene Probe 16 (Objekt B) aus exotischem Holz, die Proben 11 und 12 des Objektes C und die Vollholzprobe Nr. 14.

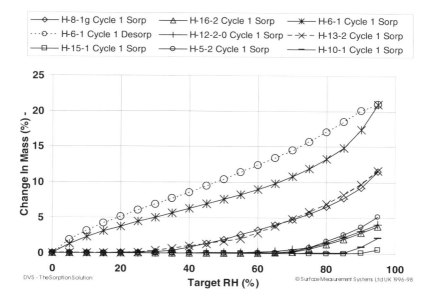

Bild 13: Sorptionsisothermen ausgewählter Proben

Je nach Durchlässigkeit des Beschichtungssystems, aber auch nach Feuchteaufnahmevermögen des Untergrundes variieren auch die erforderlichen Messzeiten zur Erreichung der Gleichgewichte. Sie umfassen eine Spannweite von 220 min bis 3900 min. Die Gesamtdauer der Adsorptions- / Desorptionsprozesse beträgt 430 min bis 7550 min (Tabelle 1, Bild 14).

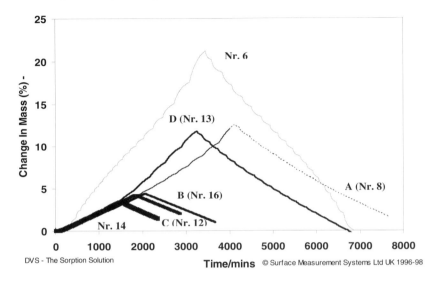

Bild 14: Zeitlicher Verlauf der Absorptions- und Desorptionsprozesse

Der Zusammenhang zwischen der maximalen GGF aller fünfseitig abgedichteten Probekörper und der durchschnittlichen Sorptionsdauer T_S lässt sich als Polynom darstellen. Je hydrophiler das System, desto mehr Zeit beansprucht ein Messzyklus, umso größer ist auch die Gleichgewichtsfeuchte.

Der Zusammenhang zwischen dem wirksamen Sorptionsbeginn und der maximalen GGF ist im Bild 15 mit Mittelwerten aller untersuchten Probekörper dargestellt. Hieraus ist ein signifikanter linearer Zusammenhang ersichtlich. Geschädigte Proben weisen einen Sorptionsbeginn $\leq 70\%$ auf und eine maximale GGF > 2,5 Masse-% auf. Die werksseitig beschichteten Muster zeigen bei 80% Luftfeuchte eine GGF kleiner 0,5 Masse-%.

Der Wasserdampfaufnahmekoeffizient nach dem Fick'schen Diffusionsgesetz, bei dem die Wasserdampfaufnahme WA eine lineare Funktion der Quadratwurzel aus der Sorptionsdauer T_S darstellt, ist mit WA· $T_S^{0,5}$ der Tabelle 1 zu entnehmen.

Der funktionale Zusammenhang ist dem Bild 16 zu entnehmen. Hier ist jedoch weniger eine lineare als eine Polynomfunktion 2. Grades festzustellen.

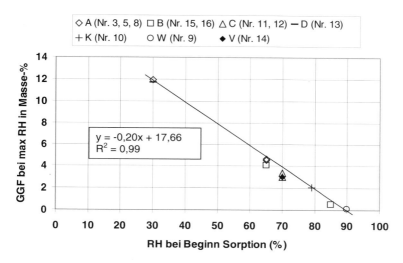

Bild 15: Zusammenhang Sorptionsbeginn und max. Gleichgewichtsfeuchte GGF

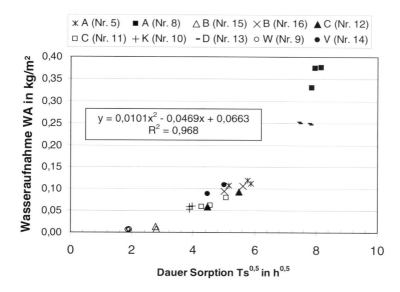

Bild 16: Abhängigkeit der Wasserdampfaufnahme von der Quadratwurzel aus T_S

6.3   Objektbezogene Ergebnisse

Objekt A (Nr. 3, 5, 8) – Furniersperrholz (Birke)

- Die Proben A (Nr. 3 und 5) weisen ein ähnliches Sorptionsverhalten auf. Aufgrund der Undichtigkeiten der blasigen und gerissenen Beschichtung beginnt eine merkliche Sorption bereits unterhalb 70%.
- Infolge der durch die Beschichtung und Decklage gehenden Risse (Produktionsbedingte Schälrisse) und der Anstrichbläue fängt die Sorption dagegen in der Probe Nr. 8 bereits bei 30% an. Außerdem zeigt sich eine mehr als doppelt so hohe maximale GGF als bei den vorgenannten Proben (12 Masse-%). Mit den fortschreitenden Prüfzyklen erhöhen sich die GGF und die Sorptionsdauer (Bild 17). Der Sorptionsbeginn tritt bei niedrigeren Feuchten auf. Der ständige Feuchtewechsel bewirkt die Bildung von so genannten Feuchtenestern. Infolge der Sperrwirkung der aufgebrachten Beschichtung ist das System nicht in der Lage, Feuchteschwankungen der Umgebung zu folgen.
- Das in der Oberfläche lokal unterschiedliche Feuchteaufnahmevermögen erzeugt ungleichmäßige Spannungen, wodurch wieder die Rissbildung beschleunigt wird.
- Abgesehen davon, dass hier eine für die Außenanwendung nicht resistente Holzart verwendet wurde, lassen die Untersuchungsergebnisse erwarten, dass auch eine Sanierung der Oberfläche nicht Erfolg versprechend verlaufen kann.

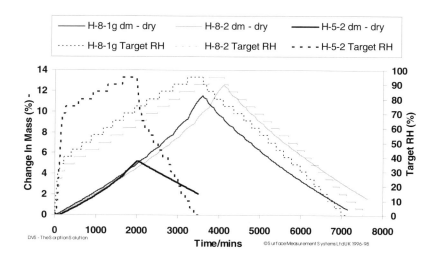

Bild 17: Zeitabhängige Sorption / Desorption an Proben 5 und 8 des Objektes A

Objekt B (Nr. 15, 16) – Furniersperrholz (Bootsbausperrholz)

- Die schadensfreie Probe B (Nr. 15) weist mit einer sehr geringen Wasserdampf-aufnahme eine sehr gute Dauerhaftigkeit auf. Nahe der Oberfläche befinden sich keine Gefäße bzw. Schälrisse, die die Beschichtung durch Wasseraufnahme bzw. Quellen und Schwinden überlasten könnten.

- Die durch Beschichtung und Decklage gerissene Probe Nr. 16 dagegen hat eine über 7-fach höhere maximale GGF bei einem niedrigeren Sorptionsbeginn um 65%. Auch hier bilden sich ähnlich der Probe A (Nr. 8) Feuchtenester und mit zunehmendem Prüfzyklus längere Angleichzeiten. Hinsichtlich der Dauerhaftig-keit wirkt lediglich die resistentere und nicht so stark Wasserdampf aufnehmen-de exotische Holzart.

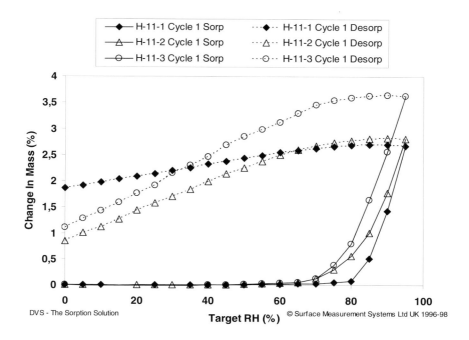

Bild 18: Sorptions- und Desorptionsisothermen (Objekt C, Probe 11, Zyklen 1,2,3)

7   Fazit

Das DVS-Messverfahren ist allem Anschein nach für Prüfungen und für die Güteüberwachung von Fassadenoberflächen aus Holzwerkstoffen geeignet. Der Prüfumfang sollte je Probekörper 3 aufeinander folgende Zyklen betragen. Für die hier präsentierten Versuchsbedingungen können als Anforderungen an anzuwendende Fassadenoberflächenschutzsysteme beispielsweise nachfolgende Eigenschaften bzw. Grenzwerte gelten:

- wirksamer Sorptionsbeginn erst bei relativer Luftfeuchte $\geq 80\%$
- maximale Gleichgewichtsfeuchte GGF ≤ 2 Masse-%
- Dauer der Sorption $T_S \leq 1000$ min (ca. 17 h)
- Wasserdampfaufnahme WA $\leq 0{,}06$ kg/m²
- Wasserdampfaufnahmekoeffizient WA $\cdot T_S^{0,5} \leq 0{,}25$ kg/m²$\cdot$ h ^{0,5}.

Literatur

[1]   EN ISO 12571, *Bestimmung der hygroskopischen Sorptionseigenschaften (Exsikkator- und Klimakammerverfahren)*, April 2000

[2]   DIN EN 927-4, *Lacke und Anstrichstoffe – Beschichtungsstoffe und Beschichtungssysteme für Holz im Außenbereich, Beurteilung der Wasserdampfdurchlässigkeit*, Januar 2001

[3]   R. Sh. Mikhail, E. Robens, *Microstructure and Thermal Analysis of Solid Surfaces*, John Wiley & Sons, Chichester New York Brisbane Toronto 1983

[4]   R. Popper, P. Niemz, G. Eberle, *Festigkeits- und Feuchteverformungen entlang der Sorptionsisotherme*, Holzforschung, Holzverwertung 1/2001, S. 16 – 19

[5]   P. Niemz, X. Wang, *Untersuchungen zum Einfluss der Schnittrichtung und des Probenformates auf die Feuchteaufnahme von Holz und Holzwerkstoffen bei Wasserlagerung und bei erhöhter Luftfeuchte*, Holz 2/2002, S. 36 - 42

[6]   D. Schwarzmeier, *Sorptionsverhalten von Holz und Holzwerkstoffen in der Außenanwendung, Diplomarbeit Fachgebiet Baustoffe*, Universität Rostock 2002

[7]   Arbeitsgemeinschaft Holz, *Anstriche für Holz und Holzwerkstoffe im Außenbereich*, Informationsdienst Holz 1999

[8]   Bundesausschuss Farbe und Sachwertschutz, *Beschichtungen auf Außenbauteilen aus Holz*, Merkblätter Nr. 3 und 18, Frankfurt/Main 1996

[9]   B. Leiße, *Holzbauteile richtig geschützt*, DRW-Verlag Weinbrenner GmbH & Co., Leinfelden-Echterdingen 2002

[10] G. Zujest, *Holzschutzleitfaden für die Praxis*, Verlag Bauwesen, Berlin 2003

[11] H. Buss, *Das Tabellenhandbuch zum Wärme- und Feuchteschutz*, WEKA Bauverlag, Kissing 2002

[12] H.M. Fischer u.a., *Lehrbuch der Bauphysik*, B.G. Teubner-Verlag, Stuttgart 1997

Charakterisierung von Injektionsgelen

S. Albrecht
Leipzig

Zusammenfassung

Eine in letzter Zeit in zunehmendem Maße zur Anwendung kommende nachträgliche Abdichtung von erdberührten Bauteilen besteht in der Gelschleierabdichtung. Diese Art der Bodenvergelung eignet sich gut für die behutsame Instandsetzung feuchtegeschädigter alter Bausubstanz, insbesondere dann, wenn z.b. wegen Unzugänglichkeit der Außenflächen traditionelle, mit Aufgraben verbundene Verfahren nicht mehr anwendbar sind. Für dieses Sonderverfahren werden in erster Linie mehrkomponentige Injektionsgele auf Acrylatbasis eingesetzt.

Auf die Entstehung und Funktionsfähigkeit der nachträglichen Abdichtung haben die Materialeigenschaften der eingesetzten Injektionsgele einen entscheidenden Einfluss. Gegenwärtig gibt es aber noch keine Richtlinie, in der Anforderungen an Injektionsgele aus Sicht ihrer Funktionsfähigkeit, einer gleichbleibenden Qualität sowie unter Berücksichtigung umweltrelevanter Aspekte allgemein verbindlich geregelt sind. Infolgedessen werden derzeit auf dem Markt eine Vielzahl von Gelen angeboten, die sich mehr oder weniger gut für den Einsatz bei der Gelschleierabdichtung eignen.

Da aufgrund der speziellen Verfahrenstechnik Maßnahmen zur Qualitätskontrolle sowohl während der Herstellung als auch nach Fertigstellung des Gelschleiers nicht bzw. nur indirekt durchführbar sind, ist die Festschreibung von Qualität und Eigenschaften der einzusetzenden Gele umso wichtiger. Erste Ansätze zur Regelung bestehen im Bereich der Deutschen Bahn AG mit der Richtlinie DS 804.6102. [1] Die dort dargestellten Vorgaben für Injektionsgele sind aber z.T. unvollständig und berücksichtigen nicht alle, sich auf die Funktionsfähigkeit der Abdichtung auswirkenden Faktoren. Zum gegenwärtigen Zeitpunkt sind auch noch nicht alle Zusammenhänge zwischen Materialeigenschaften und deren Einfluss auf die zu erzielende Abdichtwirkung erforscht.

Die im Rahmen dieser Arbeit an der Gesellschaft für Materialforschung und Prüfungsanstalt für das Bauwesen Leipzig mbH durchgeführten experimentellen Untersuchungen sollen einen Beitrag zur Klärung der noch offenen Fragen leisten. Es wurden die Einflüsse des Quellverhaltens und der Oberflächenspannung hinsichtlich der Wirksamkeit der Injektionsgele untersucht.

Experimentelle Untersuchungen

Untersuchungen zum Quellverhalten der Gele

Vorbemerkungen

Aufgrund ihrer chemischen Struktur sind die Acrylatgele in der Lage, Wasser physikalisch in ihr Netzwerk einzulagern. Dieser Prozess wird als Quellen bezeichnet. Die damit einhergehende Volumenvergrößerung des Gels ist eine wichtige Voraussetzung für eine optimale Porenverfüllung des Baugrundes und somit auch entscheidend für die zu erzielende Abdichtwirkung. In die primär bei der Injektion nicht verfüllten Porenräume dringt das Gel durch die Volumenvergrößerung ein und dichtet diese Bereiche sekundär ab. Für die Funktionstüchtigkeit der Abdichtung ist es wichtig, dass insbesondere das Quellvermögen der Gele begrenzt ist. Dies ist notwendig, damit das Material bei ständigem Wasserangebot nicht unendlich quillt und sich dadurch die Netzwerkstruktur derart aufweitet, dass Wasserdichtheit und mechanische Festigkeit verloren gehen. [2]

In der Richtlinie der Deutschen Bahn AG wurde versucht, dieses materialabhängige Quellverhalten mittels einer Prüfung zur Bestimmung der Masse- und Volumenänderung bei Wasserlagerung und der Festlegung eines Grenzwertes zu beschränken. Derzeit ist jedoch noch relativ wenig über den zeitlichen Verlauf des Quellens sowie die materialabhängigen maximalen Quellwerte bekannt. Anhand der hier durchgeführten Experimente galt es, die Vorgaben der DB Richtlinie hinsichtlich ihrer Aussagefähigkeit zu bewerten und ggf. Änderungen vorzuschlagen.

Dabei wurden vor allem folgende Aspekte näher untersucht:

- Untersuchungen zur Abhängigkeit des Quellverhaltens von der Prüfkörpergeometrie
- Beurteilung des in der Prüfung vorgegebenen Zeitrahmens der 14-tägigen Wasserlagerung
- Beurteilung des in der Prüfung festgelegten Grenzwertes von maximal 15% Massezunahme

Durchführung

Für die Untersuchungen wurden 3 handelsübliche Acrylatgele verschiedener Hersteller verwendet. Die Herstellung der Probekörper und die Versuchsdurchführung erfolgte in Anlehnung an die DB-Richtlinie. Neben den vorgeschriebenen 16x4x4 [cm] Probekörpern aus reinem Gel und Gel-Prüfsand-Gemischen wurden vier weitere Geometrien untersucht. Abmessungen, Oberfläche und Volumen sind in nebenstehender Tabelle 1 gegenübergestellt. Zur Feststellung des Quellverhaltens der Gele wurden die Probekörper in Wasser aus dem Engelsdorfer Leitungsnetz gelagert.

Tabelle 1: Prüfkörpergeometrie

Prüfkörpergeometrie LxBxH [cm]	A [cm²]	V [cm³]	Verhältnis A/V
Kugel D=7,6	181,5	229,8	0,79
16x4x4	288,0	256,0	1,13
16x4x2	208,0	128,0	1,63
16x4x1	168,0	64,0	2,63
16x4x0,5	148,0	32,0	4,63

Nach der Richtlinie DS 804.6102 ist das Quellverhalten anhand einer 14-tägigen Wasserlagerung zu bewerten. Speziell bei Gel 1 war aber nach Ablauf der 14 Tage noch kein Abklingen der Wasseraufnahme zu beobachten. Die Ermittlung eines maximalen Quellwertes innerhalb dieses Zeitraumes war nicht möglich. Zur besseren Bewertung des Quellverhaltens wurden deshalb die Messwerte abhängig vom Gel bis zu 60 Tage lang erfasst.

Bei einem zufälligen Wasserwechsel konnte trotz schon abgeklungener Wasseradsorption ein erneuter sprunghafter Anstieg des Quellens festgestellt werden. Zur Untersuchung dieses Phänomens wurden Probekörper mit den Abmessungen 16x4x1[cm] bzw. 16x4x0,5[cm] (Gel 3) über den gesamten Versuchszeitraum zum einen kontinuierlich im selben Wasser gelagert, zum anderen ca. alle 2 Tage in frischem Leitungswasser eingelagert. Die Messwerterfassung wurde nach Erreichen eines konstanten Niveaus beendet. Eine Zusammenfassung der Ergebnisse der 3 untersuchten Gele ist in den nachfolgenden Bilder 1 bis 3 enthalten.

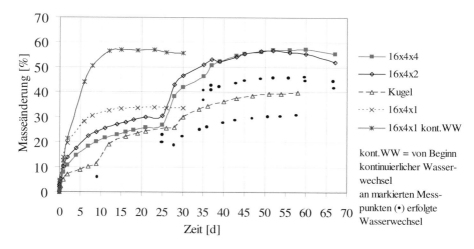

Bild 1: Gel 1 Prüfkörper / reines Gel

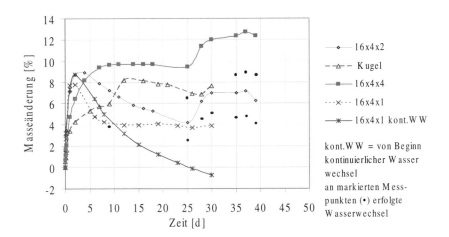

Bild 2:   Gel 2 Prüfkörper / reines Gel

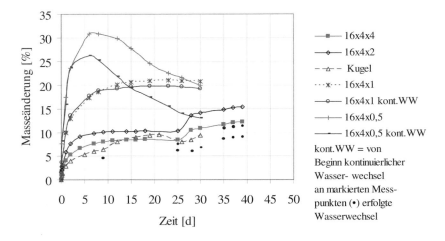

Bild 3:   Gel 3 Prüfkörper / reines Gel

Auswertung

Einfluss des Wasserwechsels auf das Quellverhalten

Eine äußerst wichtige Abhängigkeit, die bei den hier durchgeführten Versuchen beobachtet werden konnte, ist der Einfluss eines Wechsels des Einlagerungswassers auf den Quellverlauf.

Wie bereits erwähnt, führte ein zufällig verursachter Wasserwechsel, trotz schon abgeklungener Wasseradsorption, zu einem erneuten sprunghaften Anstieg des Quellens. In den Bilder 1 bis 3 ist dies deutlich durch einen steilen Anstieg der Adsorptionskurven am Tag 25 (Prismen) bzw. Tag 9 (Kugel) zu erkennen.

Ursache für diesen Effekt ist ein sich einstellendes physikalisch-chemisches Gleichgewicht zwischen fester und flüssiger Phase (Heterogenes Gleichgewicht). Es ist davon auszugehen, dass sich nicht vollständig umgesetzte bzw. nicht fest gebundene Stoffe aus dem Gel herauslösen und in die flüssige Phase übergehen. Im Gegenzug kann für diese eluierten Stoffe zusätzlich Wasser in die Gelstruktur eingelagert werden. [3] Durch einen Wechsel des Einlagerungswassers beeinflusst man die Lage des Gleichgewichtes, indem man die Konzentration der eluierten Stoffe im Wasser erniedrigt. Folglich wird die Austauschreaktion zur Wiederherstellung des Gleichgewichtes erneut ausgelöst und es kommt zur weiteren Wasseraufnahme und zum Stoffaustrag.

Für die mechanische Festigkeit und den Erhalt der Gelstruktur ist es wichtig, dass dieser Prozess auch bei ständigem Wasserwechsel nach einer gewissen Zeit zum Erliegen kommt und die Gele nicht unendlich aufquellen.

Im Verlauf der weiteren Untersuchungen wurden deshalb die Proben kontinuierlich alle 2-3 Tage in frischem Leitungswasser eingelagert. Es zeigte sich, dass alle 3 Gele nach einer gewissen Zeit einen Maximalwert erreichten.

Die Unterschiede der max. Masse- bzw. Volumenänderung zwischen Einlagerung ohne Wasserwechsel und Einlagerung mit Wasserwechsel sind jedoch zum Teil erheblich. Besonders deutlich wird dieser Effekt bei Gel 1, hier liegen die Maximalwerte mit Wasserwechsel ca. 100% über den Werten, die bei der Lagerung ohne Wasserwechsel ermittelt wurden.

Bei Gel 2 ergeben sich durch den Wasserwechsel um etwa 30% höhere max. Masseänderungen, besonders auffällig ist hier aber der nach anfänglichem Steigen und Erreichen des Maximalwertes wieder abfallende Kurvenverlauf. Bei Kurve „16x4x1 kont. WW" (Bild 2) ist sogar ein Absinken bis unterhalb des Ausgangswertes zu verzeichnen, was einen vollkommenen Verlust des eigentlich materialtypischen Quellvermögens bedeutet. Eine Ursache für diesen Effekt sind möglicherweise durch den Quellprozess hervorgerufene Strukturveränderungen innerhalb des Gels, die zur Wasser- und Stoffabgabe führen. Im Hinblick auf die erforderliche sekundäre Abdichtwirkung durch das Quellen der Gele und eine mögliche Grundwasserbeeinträchtigung durch die Materialeluierung ist dieses Verhalten als äußerst problematisch zu bewerten. Für eine genauere, fundierte Beurteilung dieses spezifischen Materialverhaltens ist eine chemische Analyse des Einlagerungswassers unbedingt notwendig, die aber aufgrund des zeitlich begrenzten Rahmens dieser Arbeit nicht durchgeführt werden konnte.

Für Gel 3 konnten solche direkten Zusammenhänge zwischen Wasserwechsel und maximalem Quellvermögen nicht nachgewiesen werden. Hier hat neben dem Wasserwechsel offensichtlich auch die Prüfkörpergeometrie einen entscheidenden Einfluss auf den Quellverlauf.

Abhängigkeit des Quellverhaltens von der Prüfkörpergeometrie

Vergleicht man die Ergebnisse zur Untersuchung der Abhängigkeit des Quellens von der Prüfkörpergeometrie, so lässt sich für die 3 Gele keine allgemeingültige Aussage treffen.

Im Bild 1 sind für Gel 1 die Adsorptionskurven der einzelnen Prüfkörpergeometrien dargestellt. Betrachtet man hier jeweils nur die Bereiche gleicher Einlagerungsbedingungen (mit oder ohne Wasserwechsel), so zeigt sich, dass sich die Kurven alle einem gemeinsamen Grenzwert annähern. Für die Einlagerung ohne Wasserwechsel beträgt er ca. 30% Masseänderung und mit Wasserwechsel ca. 60% Masseänderung. Eine Abhängigkeit der maximalen Wasseraufnahme von der Prüfkörpergeometrie, gleichbleibende Einlagerungsbedingungen vorrausgesetzt, ist demnach nicht gegeben.

Für Gel 2 ist eine direkte Abhängigkeit des Quellverhaltens von der Prüfkörpergeometrie schwer zu bewerten. Zwar erhält man für die kompakteren Geometrien etwas höhere Maximalwerte aber für die generelle Beurteilung des Quellverhaltens ist das Wiederabfallen des Kurvenverlaufes von größerer Bedeutung.

Der zeitliche Verlauf des Absinkens der Adsorptionskurven ist entscheidend von der Prüfkörpergeometrie abhängig. Vergleicht man die Kurven im Bild 2 so zeigt sich deutlich ein langsameres Absinken des Kurvenverlaufes bei den Prüfkörpergeometrien mit geringem A/V-Verhältnis.

Eine Beurteilung des sich einstellenden Minimalwertes in Abhängigkeit von der Prüfkörpergeometrie war aufgrund des begrenzten Untersuchungszeitraumes nicht möglich. Für eine genauere Bewertung sind Untersuchungen über einen längeren Zeitraum erforderlich.

Im Gegensatz zu Gel 1 und 2 weist Gel 3 eine deutliche Abhängigkeit des Quellverhaltens von der Prüfkörpergeometrie auf. Die 16x4x0,5 Probekörper erreichen eine max. Massezunahme von ca. 30%, dagegen die kugelförmigen Probekörper mit einem wesentlich geringeren A/V-Verhältnis nur ca. 9%. Dagegen verursachte ein Wechsel des Einlagerungswassers keine generelle Steigerung der Wasseraufnahme.

Wie die hier durchgeführten Experimente gezeigt haben, lässt sich ein unterschiedliches Quellverhalten in Abhängigkeit von der gewählten Prüfkörpergeometrie nicht ausschließen. Die festgestellten Differenzen sind vermutlich auf Unterschiede im strukturellen Aufbau der Gele zurückzuführen.

Ist bei einem Material eine Geometrieabhängigkeit gegeben (hier Gel 3), so zeigt sich aber, das negative Effekte, wie übermäßiges Quellen oder verstärkte Materialeluierung, umso ausgeprägter sind, je größer das A/V-Verhältnis der Probekörper (hier 16x4x0,5). Unter realen Injektionsbedingungen ist jedoch von einer sehr kompakten Gelschleiergeometrie mit kleinem A/V-Verhältnis auszugehen.

Aus praktikablen Gründen wird deshalb für die Prüfung des Quellverhaltens empfohlen, Probekörper der Geometrie 16x4x4 [cm] zu verwenden. Zum einen haben sich diese Probekörperabmessungen in zahlreichen Versuchen bewährt und zum anderen sind im Vergleich zu baupraktischen Bedingungen, aus o.g. Gründen, Ergebnisse „auf der sicheren Seite" zu erwarten.

Zeitlicher Verlauf des Quellens

Grundsätzlich ist festzustellen, dass der in der Prüfung nach DS 804.6102 [1] vorgegebene Zeitrahmen einer 14-tägigen Wasserlagerung zur Charakterisierung des Quellverhaltens unzureichend ist. Insbesondere bei Gel 1 war ein Ansteigen der Wasseraufnahme zum Teil noch nach über 40 Tagen zu verzeichnen. Daher wird ein Prüfzeitraum von mindestens 3 Wochen vorgeschlagen. Sollte innerhalb dieses Zeitraumes kein konstantes Niveau erreicht werden, ist die Prüfung ggf. zu verlängern.

Festlegung von Grenzwerten zur Beschränkung des Quellvermögens

Die Begrenzung des Quellvermögens der Gele ist notwendig, damit bei ständigem Wasserangebot das Material nicht unendlich quillt und sich die Netzwerkstruktur derart aufweitet, dass mechanische Festigkeit und Wasserdichtheit verloren gehen.

In der aktuellen DB-Richtlinie sind diese Grenzwerte mit ≤15% Masseänderung für die 16x4x4 Probekörper aus reinem Gel und ≤5% Masseänderung für das Gel-Sand-Gemisch angegeben.

Vergleicht man diese Werte mit den bei den Quellversuchen ermittelten Maximalwerten, so zeigt sich, dass bei Gel 1 und Gel 3 der Grenzwert deutlich überschritten wird. Für Gel 1 ergaben sich bei Einlagerung mit kontinuierlichem Wasserwechsel max. Masseänderungen von fast 60%.

Bei diesem äußerst stark aufgequollenem Gel zeigten sich bei Druckeinwirkung erhebliche Risse in der Oberfläche des Probekörpers. Scheinbar tritt genau der Effekt ein, der durch eine Begrenzung des Quellvermögens ausgeschlossen werden soll. Die Gelstruktur weitet sich derart stark auf, dass das Gel an mechanischer Festigkeit verliert.

Die 16x4x0,5 Probekörper von Gel 3 erreichten nach Wasserlagerung maximale Quellwerte von 30%. Im Gegensatz zu Gel 1 konnten rein äußerlich keine Veränderungen des Materials festgestellt werden Eine Beeinträchtigung der Funktionsfähig-

keit von Gelen, die ca. 30% quellen, ist demnach nicht zu erwarten, demgegenüber
stehen die nachteiligen Beobachtungen an Gel 1 mit 60% Wasseraufnahme.
Der nach DS 804.6102 geforderte Grenzwert von 15% Masseänderung erscheint anhand der vorliegenden Untersuchungsergebnisse als zu niedrig und nicht gerechtfer-
tigt. Ein Maximalwert zwischen 30% und 50% scheint den reellen Anforderungen
eher zu entsprechen.

Zusammenfassung

Anhand der vorliegenden Versuchsergebnisse können im Hinblick auf die Erarbei-
tung einer allgemein verbindlichen Richtlinie zusammenfassend folgende Aussagen
getroffen werden:

- Eine Abhängigkeit des Quellverhaltens von der Prüfkörpergeometrie ist nicht auszuschließen. Für eine zukünftige Prüfvorschrift wird aus praktikablen Gründen die
  Untersuchung an Probekörpern der Geometrie 16x4x4 [cm] empfohlen. Es ist mit
  Ergebnissen „auf der sicheren Seite" zu rechnen.
- Ein Wechsel des Einlagerungswassers hat zum Teil erhebliche Auswirkungen auf
  die maximale Wasseraufnahme. Für die Ermittlung der max. Quellwerte ist neben
  der Lagerung ohne Wasserwechsel, die Einlagerung der Probekörper mit kontinuierlichem Wasserwechsel ca. alle 2 Tage durchzuführen. Durch den Vergleich
  beider Adsorptionskurven können auch erste Erkenntnisse über einen möglichen
  Stoffaustrag der Gele gewonnen werden.
- Der in der DB-Richtlinie DS 804.6102 angegebene Grenzwert von ≤15% Masseänderung wird als zu niedrig eingeschätzt. Ein angemessener Grenzwert sollte
  zwischen 30% und 50% liegen, zur genauen Festlegung sind aber noch weitergehende Untersuchungen notwendig.
- Eine zukünftige Vorschrift sollte die Forderung des „Erreichens eines konstanten
  Quellniveaus" beinhalten, da der hier z.T. beobachtete starke Rückgang der Was-
  seraufnahme des Gels im Hinblick auf Funktionsfähigkeit der Abdichtung und
  Gefährdung des Grundwassers durch eluierte Stoffe als äußerst problematisch einzuschätzen ist.
- Da generell bei den Gelen zumindest von einem geringen Stoffaustrag auszugehen
  ist, sollte ein Nachweis über die Unbedenklichkeit der eluierten Stoffe gefordert
  werden.
- Bei fast allen Probekörpern war das Wasseraufnahmevermögen nach 14-tägiger
  Wasserlagerung noch nicht erschöpft. Demnach empfiehlt sich ein Prüfzeitraum
  von mindestens 3 Wochen. Sollte innerhalb dieser Zeit kein konstantes Niveau erreicht werden, so ist die Prüfung ggf. zu verlängern.

Ermittlung der Oberflächenspannung an verschiedenen Gelen und Beurteilung des Einflusses auf die zu erzielende Abdichtwirkung

Zahlreiche bisher an den Injektionsgelen durchgeführte Untersuchungen konnten den Zusammenhang zwischen Materialeigenschaften und Abdichtungserfolg nicht endgültig klären. So wurden z.b. verschiedene Gele mit sehr ähnlichem Fließ- und Erstarrungsverhalten injiziert und dennoch konnten zum Teil erhebliche Unterschiede in Bezug auf Eindringfähigkeit und erreichten Porenfüllgrad festgestellt werden [4]. Eine mögliche Ursache könnte die sich stark unterscheidende Benetzungsfähigkeit der Gele sein. Hierzu findet man in der Literatur jedoch bisher keine quantitativen Aussagen. Da zwischen Oberflächenspannung und Benetzungsfähigkeit ein direkter Zusammenhang besteht, sollten die hier durchgeführten Messungen erste Ergebnisse liefern, ob bzw. inwieweit sich die Oberflächenspannungen der verschiedenen Gele unterscheiden und inwiefern es möglich ist, daraus Rückschlüsse auf die Benetzungsfähigkeit und den erreichbaren Porenfüllgrad im Baugrund zu ziehen.

Versuchsdurchführung

Die Bestimmung der Oberflächenspannung wurde neben den Gelen 1-3 noch an zwei weiteren Injektionsgelen durchgeführt. Sie werden im Folgenden mit Gel 4 und Gel 5 bezeichnet.

Für die Messung der statischen Oberflächenspannung wurde das mobile online-Tensiometer SITA online t60 der Firma SITA Messtechnik verwendet.

Die Messung der Oberflächenspannung erfolgte an den Gelmischungen (ohne Härtersalz) und den Einzelkomponenten der Gele. Um auch die Temperaturabhängigkeit der Oberflächenspannung zu erfassen, wurden die Werte für Proben mit Temperaturen zwischen 8°C und 26°C gemessen. Die Temperierung der Proben erfolgte mit einem Thermostat.

Ergebnisse / Auswertung

Die Ergebnisse der Oberflächenspannungsmessung für die Gelmischungen sind im Bild 4 graphisch dargestellt.

Um eine Benetzung des Baugrundes zu erreichen, müssen die Injektionsgele eine niedrigere Oberflächenspannung als der anstehende Baugrund aufweisen. Die Oberflächenspannung von silikatischen Baustoffen, hierzu zählen auch sandige Böden, wird mit 73-75 mN/m angegeben. Vergleicht man die Messwerte im Bild 4 so kann zunächst festgestellt werden, dass alle Materialien eine wesentlich niedrigere Oberflächenspannung (max σ = 52,9mN/m) als die des silikatischen Baugrundes haben. Folglich kann generell von einer guten Benetzung des Porenraumes im Boden durch das Gel ausgegangen werden. Es zeigt sich aber auch, dass Gel 2 und Gel 5 gegenüber Gel 3 und Gel 4 durchschnittlich um ca. 15 mN/m höhere Oberflächenspannungen aufweisen.

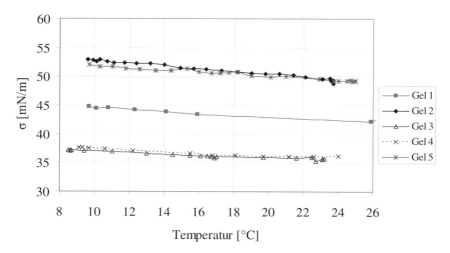

Bild 4:   Oberflächenspannung der Gelmischung

Im Hinblick auf die Benetzungsfähigkeit der Gele sind die gemessenen Unterschiede in Größenordungen von 15mN/m von erheblicher Bedeutung. Bei Gel 3 u. 4 werden sich im Vergleich zu Gel 2 u. 5 deutlich größere Adhäsionskräfte zwischen Porenwand und Gel ausbilden. Gleichzeitig wird sich bei Kontakt des Gels mit dem Untergrund ein kleinerer Kontaktwinkel φ einstellen, wodurch bei gleicher Menge Gel eine größere Fläche des Untergrundes benetzt wird. Für die praktische Anwendung lässt sich daraus schlussfolgern, dass bei den Gelen 3 u. 4 eine bessere Eindringfähigkeit, vollkommenere Porenverfüllung, größere Haftung und somit letztendlich eine optimalere Abdichtwirkung zu erwarten ist.

Um diese theoretisch abgeleiteten Zusammenhänge zwischen Oberflächenspannung und Eindring- bzw. Benetzungsfähigkeit der Gele am praktischen Versuch nachzuweisen, erfolgte die Bestimmung des Porenfüllgrades an mit Gel injizierten Sandsäulen. Die für Gel 1, Gel 2 und Gel 3 bestimmten Porenfüllgrade sind in Tabelle 2 den Oberflächenspannungen gegenübergestellt. Dabei zeigt sich deutlich, dass bei niedrigeren Oberflächenspannungen höhere Porenfüllgrade erreicht werden.

Für Gel 5 mit $\sigma_{Gel5,\ 20°C}$ = 49,9 mN/m liegen keine Zahlenwerte für erreichte Porenfüllgrade vor. Es ist aber auch hier aus durchgeführten Injektionsversuchen bekannt, dass es wie bei Gel 2 beobachtet zu erheblichen Schwierigkeiten beim Injizieren kam. So konnte das Gel gar nicht bzw. nur sehr schlecht verpresst werden.

Tabelle 2: Gegenüberstellung Oberflächenspannung - Porenfüllgrad

Material	σ [mN/m] bei 20°C	Porenfüllgrad [%]
Gel 1	42,9	95
Gel 2	50,5	55
Gel 3	35,9	100

Tendenziell bestätigen die vorliegenden Versuchsergebnisse den direkten Zusammenhang zwischen Oberflächenspannung und Eindring- bzw. Benetzungsfähigkeit der Injektionsgele. Es bleibt aber daraufhinzuweisen, dass die Ergebnisse aufgrund der nur begrenzten Mengen an Versuchsmaterial lediglich auf der Auswertung von ein bzw. zwei Probekörpern beruhen. Für eine fundiertere Bewertung unter Minimierung möglicherweise vorhandener versuchstechnisch bedingter Fehlerquellen wird die Durchführung von Versuchen in größerem Maßstab empfohlen.
Bestätigen sich dabei die vorliegenden Versuchsergebnisse zum Einfluss der Oberflächenspannung auf die Abdichtwirkung, können Anhaltspunkte für weitere Forschungsarbeiten abgeleitet werden. Für die Weiterentwicklung und Optimierung der Injektionsgele könnte z.b. untersucht werden, ob es möglich ist, durch Zugabe von Tensiden die Oberflächenspannung der Materialien weiter zu senken, um dadurch einen besseren Abdichtungserfolg zu erzielen.

Literatur

[1] *Abdichtung von Ingenieurbauwerken (AIB)*, DB Richtlinie DS 804.6102: Durchführung von Vergelungsmaßnahmen, 02.05. 2003
[2] Haack, Alfred; Emig, Karl-Friedrich, *Abdichtungen im Gründungsbereich und auf genutzten Deckenflächen*, Ernst & Sohn Verlag für Architektur und technische Wissenschaften GmbH und Co. KG, Berlin 2003
[3] Martens, Jörn, *Untersuchungen zur Grundwasserkontaminationswirkung verschiedener Injektionsmittel auf Acrylatbasis bei der Abdichtung im Lockergesteinsbaugrund*, Dissertation Technische Universität Darmstadt; GCA-Verlag
[4] M. Rudolph, U. Hornig, K. Hegemann, J. Jüling, *Forschungsbericht 15023*, MFPA Leipzig, Februar 2000
[5] Albrecht, Stefan, „*Charakterisierung von Injektionsgelen*", Diplomarbeit Hochschule für Technik, Wirtschaft und Kultur Leipzig (FH), August 2003

Danksagung

Die sehr gute Zusammenarbeit von HTWK Leipzig, Universität Leipzig und MFPA Leipzig GmbH ermöglichte mir die erfolgreiche Bearbeitung meiner Diplomarbeit. An dieser Stelle möchte ich mich insbesondere bei Frau Dr.-Ing. Hornig und Prof. Dr. - Ing. habil. Ettel für die umfassende Betreuung und die kritischen Diskussionen bedanken. Weiterhin gebührt mein Dank Prof. Dr. Messow vom Wilhelm-Ostwald-Institut der Universität Leipzig für die fruchtbaren Diskussionen und die Bereitstellung der Messtechnik.

Fusionierung verschiedener Datenquellen zur Erstellung von präzisen 3D-Objektdaten als Basis für die Restaurierung der Kirche des Heiligen Sergios und Bacchus, Istanbul

C. Tiede
Darmstadt

Zusammenfassung

Die kleine Hagia Sofia, - die Kirche des Heiligen Sergios und Bacchus -, erbaut in justinianischer Zeit stellt einen bauhistorischen Wert dar, der zu erhalten ist. Die Kirche ist mehreren Umwelteinflüssen wie Erschütterungen durch die in der Nähe verlaufende Eisenbahntrasse sowie immer wiederkehrenden Erdbebenwellen ausgesetzt. Der momentane Zustand dieses Weltkulturerbes lässt sich als kritisch bezeichnen. Die vermehrt im Bereich zwischen Apsis und Kuppel auftretenden Risse lassen ein Auseinanderbrechen von Apsis und dem übrigen Gebäude erkennen. Für die Restauration der Kirche sind präzise 3D-Daten als Planungsgrundlage von Nöten.

Zur Realisierung wurde die Geometrie des Gebäudes mittels GPS, photogrammetrischen sowie Laserscanneraufnahmen erfasst, die nach einer separaten Auswertung zu einem 3D-Modell fusioniert werden. Dieses Modell erlaubt die Modellierung der zur Zeit auftretenden Kräfte innerhalb der Kirche durch z.B. eine finite Elemente Rechnung, die als Grundlage für die Restauration dienen könnte.

Einleitung

Die ehemalige Kirche des Heiligen Sergios und Bacchus in Istanbul, erbaut in justinianischer Zeit (Baubeginn ab 525 n.Chr.), gehört zu einem der bedeutendsten, heute noch existierenden Bauwerken jener Epoche. Die Kirche wurde ab 1504 als Moschee genutzt und verdankt dieser Umwandlung ihr Fortbestehen. Formale Verwandtschaften zur Kirche San Vitale in Ravenna aus gleicher Zeit sowie der erheblich später erbauten karolingischen Palastkapelle in Aachen bestehen, was dem Erhalt bzw. der Restauration des Bauwerkes eine eminente bauhistorische Bedeutung verleiht. Vor allem die Konstruktion der Kuppel weist eine formal und technisch ausgereifte Konstruktion auf.

Die reine Bestandaufnahme der Kirche gilt bis heute als unsicher, eine Interpretation der komplizierten und hochinteressanten Gebäudestruktur ist deshalb unzureichend. 2002 nahm der World Monuments Funds die kleine Hagia Sofia in eine Liste der 100 meist gefährdeten Bauwerke auf.

Lage der Kirche

Die Gleise der zwischen 1870 und 1890 erbauten hochfrequentierten Eisenbahnstrecke verlaufen direkt südlich der Kirche in einem Abstand von nur wenigen Metern, was zu permanenten Erschütterungen führt (Bild 1).

Bild 1:   Kleine Hagia Sofia

Durch die Lage der Kirche zwischen dem nördlich ansteigenden Stadtbild sowie der im Süden verlaufenden alten Stadtmauer und der am Ufer verlaufenden Strasse kommt es durch die Versiegelung der Flächen zu einem Vorstauen des Grundwassers. Die Vibrationen, die von der Eisenbahntrasse hervorgerufen werden, begünstigen zudem die Verdichtung des Untergrundes. In die Kirche wurde von Umwohnern vor einigen Jahren in Selbsthilfe ein Holzfußboden über den unebenen Boden eingezogen, unter dem das Wasser, dessen nötige Vorflut nicht gewährleistet ist, zwischen den gelegten Bodenplatten (Größe ca. 50 x 50 cm) versickert.

Die ganze Marmararegion wird immer wieder von starken Erdbeben heimgesucht (Periode ca. alle 30 Jahre). Durch die genannten, auf die kleine Hagia Sofia wirkenden äußeren Kräfte in Form von Erschütterungen oder Wasserdruck, entstanden deutlich sichtbare Risse im Mauerwerk.

Aufbau der Kirche

Das innere Oktogon der Kirche ist in einen Kubus integriert, dessen architektonischer Zusammenhang bis heute bauhistorisch noch nicht eindeutig geklärt ist. [1] Baubestand aus justinianischer Zeit scheint das innere Oktogon zu sein. Die Innendekoration sowie der Außenbau weisen allerdings auf umfangreiche Umbauten hin, die einerseits durch die Umwandlung in eine Moschee 1504, andererseits durch Renovierungsmaßnahmen hervorgerufen worden sind.

Bild 2 zeigt die Nordseite der kleinen Hagia Sofia, an der 95 cm von der nordwestlichen Ecke entfernt ein Riss verläuft, der als Baufuge interpretiert wird und einen Mauerabschnitt definiert, der nicht zum Originalbau gehört, sondern dem Kernbau von Westen aus vorgeblendet wurde. Weiterhin lässt das Bild diverse Ausbesserungsarbeiten in der Fassade sowie Umgestaltungen der Fensterformen erkennen.

Bild 2:   Nordseite der kleinen Hagia Sofia

Die Kuppel besteht aus 16 abwechselnd flachen und gewölbten Segmenten, die aus Ziegelsteinen gemauert sind; in den flachen Segmenten befinden sich Fensteröffnungen. Der Kuppelschub wird hierbei größtenteils in die 8 Pfeiler des Oktogons geleitet. Neben den Fenstern sind in den Kuppelsegmenten Sollbruchstellen vorgegeben, in denen sich Risse erkennen lassen. Es treten allerdings auch Risse auf, die über die gewollten Sollbruchstellen hinausgehen; z. B. verlaufen zwei gegenüberliegende Risse von der Kuppel aus bis in die Außenmauer. Diese sind auf die Absenkung des östlichen Gebäudeteils aufgrund von Untergrundproblematiken zurückzuführen. Die südliche Seite der Kirche zeigt eine Aufdoppelung der Wand, die wahrscheinlich als stabilisierende Stützkonstruktion aus einer nachträglichen Reparatur- bzw. statischen Sicherungsmaßnahme entstanden ist. [1]

Für die notwendige Restauration der Kirche sind präzise 3D-Daten als Planungsbasis unabdingbar. Diese Daten können jedoch durch die Objektbeschaffenheit nicht durch einen einzelnen Sensor aufgenommen werden, es gilt vielmehr, eine Datengrundlage aus einer Fusion verschiedener Datenquellen zu erzeugen.

Das Bild 3 veranschaulicht die verschiedenen Messkampagnen, die zwischen 1979 und 2002 durchgeführt worden sind. Geodätische Messungen sowie photogrammetrische

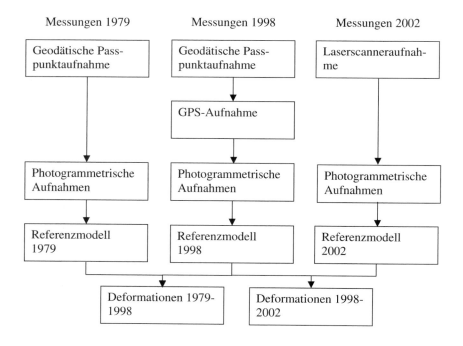

Bild 3: Übersicht der Messungen und Datenfusion

Aufnahmen wurden innerhalb der Messungen 1979 fusioniert und ergeben das Referenzmodell 1979, gleiches geschah mit den Messungen von 1998. Diese beiden Referenzmodelle wurden nun über identische Punkte aufeinander transformiert, so dass sich daraus entstandene Deformationen zwischen 1979 und 1998 ableiten lassen. Aus den 2002 aufgenommenen Laserscanneraufnahmen resultiert das Referenzmodell 2002, aus dem sich durch Transformation auf das System 1998 entstandene Deformationen ermitteln lassen.

Ergebnisse

Aufnahmen aus den Jahren 1979 (mit Phototheodolit 1318, Zeiss), 1998 (mit Pentax67 Reseau mit 105 mm Objektiv) und 2002 (mit Pentax67 Reseau mit 165mm Objektiv) mit unterschiedlichen Genauigkeiten standen zur Verfügung.
Die photogrammetrischen Messungen erfolgten am analytischen Auswertegerät AC3 der Firma Wild. Die Bildkoordinaten der angemessenen Punkte wurden im weiteren Verlauf mit Hilfe der Software Bingo innerhalb einer Bündelblockausgleichung mit Selbstkalibrierung nach der L2-Norm bestimmt, so dass ein homogener Datensatz an 3D-Koordinaten im Objektkoordinatensystem vorlag. Die zu minimierende Funktion basiert hierbei auf den Kollinearitätsgleichungen (1):

$$x'_j + v_{xj} = F(X_{0i}, Y_{0i}, Z_{0i}, \varpi_i, \varphi_i, \kappa_i, x'_{0i}, y'_{0i}, c_i, \Delta x'_i, X_j, Y_j, Z_j)$$
$$y'_j + v_{yj} = F(X_{0i}, Y_{0i}, Z_{0i}, \varpi_i, \varphi_i, \kappa_i, x'_{0i}, y'_{0i}, c_i, \Delta y'_i, X_j, Y_j, Z_j)$$

$$(1)$$

mit

$X_{0i}, Y_{0i}, Z_{0i}, \varpi_i, \varphi_i, \kappa_i$ Parameter der äußeren Orientierung jedes Bildes i

$x'_{0i}, y'_{0i}, c_i, \Delta x'_i, \Delta y'_i$ Parameter der inneren Orientierung mit Berücksichtigung der Verzeichnung jedes Bildes i

X_j, Y_j, Z_j Koordinaten der Neupunkte j im Objektraum

x'_j, y'_j Koordinaten der Neupunkte j im Bildraum

v_{xj}, v_{yj} Residuen der Koordinaten der Neupunkte j im Bildraum

Als identische Punkte dienten vorwiegend markante Punkte in den Ornamenten, die in mindestens 3 Bildern gut anzumessen waren. Zur Bestimmung des Datums wurde das 1979 angelegte Passpunktfeld, das sowohl den Außen- als auch Innenbereich der Kirche abdeckt, verwendet. Die Passpunktkoordinaten wurden durch geodätische Strecken- und Winkelmessungen ermittelt, deren Genauigkeit mit +/- 1cm angegeben wird.
Erzielte Messgenauigkeiten der resultierenden Objektkoordinaten aus der Bündelblockausgleichung lagen unter +/- 1cm. Der aus diesen Messungen portierte Maßstab wurde nun für eine detaillierte Auswertung zweier jeweils 5 x 5 m großer Gebiete im Bereich der Kuppelrisse verwendet, deren Ausgleichung eine Genauigkeit im Submillimeterbereich ergab. Mit Hilfe dieser Resultate konnten 2 prägnante Risse aus-

gemessen werden, wobei Bild einen der beiden zueinander parallel von der Kuppel aus bis in die Außenmauer verlaufenden und sich im Übergang zur Apsis befindenden Risse darstellt. Die Berechnungen ergaben, dass sich der Riss von 1979 bis 1998 um 1 cm geweitet hat und in der Periode von 1998 bis 2002, in der auch das große Izmit - Erdbeben (Magnitude 7.4) stattfand, um weitere 5 mm.

Bild 4:   Riss entlang der Apsis

Unter Zuhilfenahme von Ablotungsmessungen für jede einzelne Säule in die Bündelblockausgleichung konnte die Neigungen der Säulenachsen im Innenraum nachgewiesen und durch eine erste 3D-Visualisierung unter Verwendung von Microstation Descartes visualisiert werden (Bild 5).

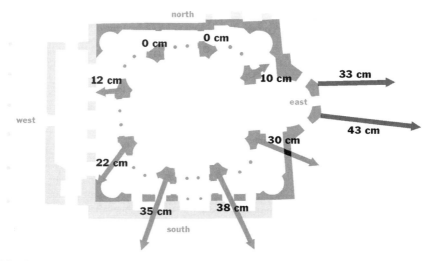

Bild 5:   Neigung der Säulenachsen

Aus 19 der photogrammetrischen Aufnahmen (Mittelformat Spiegelreflexkamera Pentax System 67), die den Bereich der Apsis der Kirche abdecken, wurde das Kippen der Apsis nachgewiesen (Bild 6).

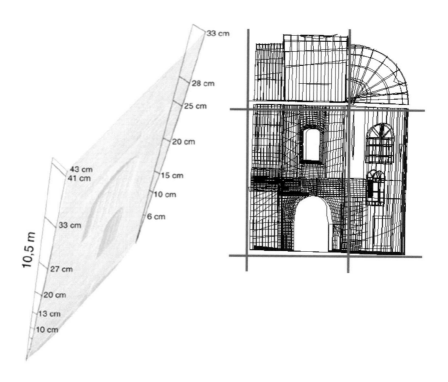

Bild 6:   Absenkung der Apsis nach Osten

Hierzu wurden die Fotos eingescannt und mit Hilfe von Photomodeler Pro 3.0 der Firma Eos Systems Inc. photogrammetrisch ausgewertet. Die Auswertung bestand aus einer Bündelblockausgleichung über identische Punkte. Die hierzu notwendigen Passpunkte innerhalb der Apsis standen durch die zuvor abgeschlossenen photogrammetrischen Auswertungen und deren Implementierung in das bestehende Passpunktnetz zur Verfügung. Zur genaueren Bestimmung der Absenkung wurde ein zweiter Bilddatensatz, der die Außenansicht der Apsis darstellt, ausgewertet. Zum Nachweis der Schiefstellung diente hierzu ein künstlicher Horizont, auf dessen Projektion auf die Apsis einzelne Punkte eingemessen und in der folgenden Bündelblockausgleichung mit berücksichtigt wurden. Die Visualisierung erfolgte wiederum mit Microstation Descartes. [2]

Beide Auswertungen bestätigen das Absinken sowie eine Rotation der Apsis in Bezug zur Kirche.

Eine weitere Datenquelle wurde über das Lasermeßsystem 3dLMS, eine Eigenentwicklung des Geodätischen Institutes, TU-Darmstadt realisiert. [3] Der Sensor misst hierbei mittels Laufzeitverfahren reflektorlos Vektoren zu den Punkten. Innerhalb der Datenauswertung werden die aufgenommenen Strecken und Winkel über die im Objektkoordinatensystem bekannten Standpunkte berechnet.

Zur Vermessung wurden innerhalb der Kirche 26 Standpunkte für den Laser gewählt. Von außen wurde die Kirche von 14 Standpunkten aus erfasst. Wie auch schon bei der photogrammetrischen Auswertung werden die Laserscannerdaten mit Hilfe des Passpunktfeldes von 1979 in das Objektkoordinatensystem überführt. Diese Arbeiten sind jedoch noch nicht für die gesamte Kirche abgeschlossen. Auswertungen im Kuppelbereich ergaben Genauigkeiten von +/- 1 cm.

Erste Ergebnisse der Vermessung zeigen deutliche Deformationen in der Kuppel als auch die zuvor über photogrammetrische Auswertungen detektierte Schrägstellung der Säulen (Bild 7).

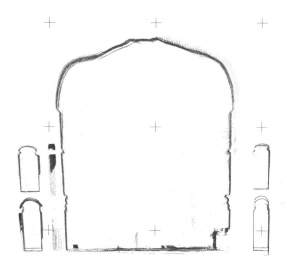

Bild 7:   Vertikalschnitt durch die Kuppel

Zusammenfassung

Die bisherigen Vermessungen und Fusion der einzelnen Daten spiegeln die schlechte bauliche Beschaffenheit der kleinen Hagia Sofia wider. Die Vermessungen weisen

- ein Wegkippen der kompletten Apsis nach Osten, mit einer Inklination von 2.74°
- Rissöffnungen zwischen 1979 und 1998 um weitere 1 cm
- Deformationen der 8 Pfeiler des oktogonalen Innenraumes mit maximaler Deformation von 38 cm auf eine Höhe von 9 m
- Asymmetrien in der Kuppel

nach.

Die Arbeiten sind keinesfalls als abgeschlossen anzusehen. Die bis dato vorliegenden Ergebnisse erlauben jedoch eine präzise Interpretation der vorliegenden baulichen Schäden sowie ihre 3 dimensionale Lokalisierung und Modellierung in CAD-Systemen. An exponierten Stellen der Kirche konnte hiermit nachgewiesen werden, dass die geschaffene Datengrundlage sowohl für anstehende Restaurationsmaßnahmen als auch für statische Berechnungen genutzt werden kann.

Literatur

[1] H. Svenshon, R.H.W. Stichel, *Neue Beobachtungen an der ehemaligen Kirche der Heiligen Sergios und Bakchos (Küçük Ayasofya Camisi)*, Istanbuler Mitteilungen, Deutsches Archäologisches Institut, S. 389-410, Istanbul 2000

[2] R. Krocker, *Durchführung einer photogrammetrischen Auswertung und Visualisierung der Apsis der kleinen Hagia Sofia in Istanbul*, Diplomarbeit, TU- Darmstadt, 2000

[3] M. Hovenbitzer, *Zur Automation berührungsloser 3D-Objekterfassung im Nahbereich*, Dissertation TU-Darmstadt, 2001

Untersuchung von Natursteinfassaden mittels Ultraschall-Laufzeitmessungen und anderen zerstörungsarmen Prüfverfahren

G. Fleischer
Wien

Zusammenfassung

Ultraschalluntersuchungen gehören zu den bedeutendsten Methoden der zerstörungs-freien Werkstoffprüfung. Während die Anwendungsmöglichkeiten von Ultraschallun-tersuchungen bei metallischen Prüfkörpern sehr vielfältig sind, stößt die Beurteilung von Natursteinobjekten mit Ultraschall vor allem aufgrund des vergleichsweise grob-körnigen Gefüges immer wieder auf Probleme.

In der Denkmalpflege kommt der zerstörungsfreien Begutachtung von Baudenkmalen aus Naturstein eine besondere Bedeutung zu. Die vorliegende Arbeit beschreibt die technischen Möglichkeiten und Grenzen von Ultraschall- und anderen Untersuchun-gen an Fassaden und figuralen Elementen und versucht, die Aussagerelevanz der er-zielten Ergebnisse speziell bei Ultraschall - Laufzeitmessungen zu erhöhen. Dazu werden fehlerbestimmende Parameter wie Messdistanz, Kopplungsmedium, Wasser-gehalt der Probe, Temperatur, Frostwirkung, Anpressdruck, Impulsfrequenz u.a. auf-gezeigt, ihre Wirkungsweisen analysiert und ihr Einfluss quantifiziert. In weiterer Folge wird eine alternative Auswertungsmethode beschrieben, die es erlaubt, be-stimmte, durch die Messung entstehende Fehler vom Messergebnis zu entkoppeln und so die Genauigkeit der Ergebnisse zu erhöhen.

Anhand eines Fallbeispiels, einer Ultraschall- Fassadenkartierung an der Kirche St. Leopold „am Steinhof", soll ein Einblick in die Praxis der zerstörungsfreien Prüfung von Natursteindenkmalen gewährt werden.

Anhand des Fallbeispiels des Naturhistorischen Museums Wien wird der Einsatz an-derer zerstörungsfreier bzw. zerstörungsarmer Prüfverfahren wie z.B. Bohrwider-standsmessungen oder die Prüfung der Wasseraufnahme an der Fassade dargestellt.

1   Ultraschall-Laufzeitmessungen - Einleitung

Das Verfahren der Ultraschall-Laufzeitmessung an Natursteinobjekten ist ein einfaches, mit mobilen Geräten sehr flexibles zerstörungsfreies Prüfverfahren, das mit geringem Aufwand direkt am Denkmal eingesetzt werden kann. Dabei wird entweder das Durchschallungsverfahren [1] (bei beidseitiger Zugänglichkeit, siehe Bild 1) oder die Messung mittels indirektem Verfahren (bei einseitiger Zugänglichkeit wie z.b. Natursteinmauerwerk oder -fassaden, siehe Bild 2) angewandt.

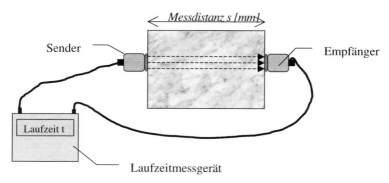

Bild 1:   Prinzipskizze Ultraschall-Laufzeitmessung
             (direkte Übertragung, Durchschallung)

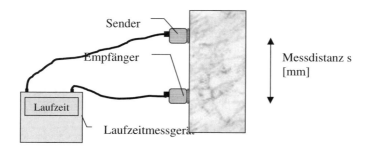

Bild 2:   Prinzipskizze Ultraschall-Laufzeitmessung (indirekte Übertragung)

Heutzutage ist es üblich, Ultraschalldurchgangsgeschwindigkeiten als Kennwerte für den Zustand eines Gesteins anzugeben.
Die Umrechnung der Messgrößen auf die Durchgangsgeschwindigkeit erfolgt nach der einfachen Gleichung (1):

$$v = \frac{s}{t} \quad \text{in [km/s]} \tag{1}$$

s - Messdistanz [mm]
t - Laufzeit [µs]

Richtwerte für Ultraschalldurchgangsgeschwindigkeiten: [2], [3]

Wasser:	1,48 km/s
Luft:	0,33 km/s
Calcitkristall:	
parallel zur Hauptachse:	5,6 km/s
senkrecht zur Hauptachse:	7,4 km/s
Quarzkristall:	
parallel zur Hauptachse:	6,2 km/s
senkrecht zur Hauptachse:	5,4 km/s
Beton:	4,0...5,0 km/s
Sandstein:	2,0...4,3 km/s
Kalkstein:	2,2...6,8 km/s
Marmor:	
bruchfrischer Marmor:	5,4...6,7 km/s
stark verwitterter Marmor:	3,0...4,0 km/s
abbruchgefährdeter Marmor:	2,0...3,0 km/s
vollständig zerstörter Marmor:	1,0...2,0 km/s
Zuckermarmor:	unter 1,0 km/s

Eine sich an den Erfahrungen der Notwendigkeit von Restaurierungsmaßnahmen orientierende Klassifikation der Durchgangsgeschwindigkeiten verschieden stark verwitterter Marmore nahm ROHATSCH (1999) [4] vor:

Zustand	US [km/s]	Festigung	Hydrophobierung
Sehr gut	>4,4	nicht notwendig	nicht notwendig
Gut	3,7-4,4	nicht notwendig	empfehlenswert
Ausreichend	2,9-3,7	notwendig	unbedingt notwendig
Schlecht	2-2,9	unbedingt notwendig	unbedingt notwendig
Sehr schlecht	<2	unbedingt notwendig	unbedingt notwendig

2   Ultraschall-Laufzeitmessungen - Probleme

Die Erfahrung der letzten Jahrzehnte hat gezeigt, dass die Methode der Ultraschall-Laufzeitmessungen an Natursteinobjekten mit der Umrechnung auf Ultraschall-

Durchgangsgeschwindigkeiten oft nur qualitative Aussagen über den Zustand des Natursteindenkmals zulassen. Eine Untersuchung der Rahmenbedingungen von Ultraschallmessungen und deren Einfluss auf das Messergebnis wurde im Rahmen einer Dissertation [4] am Institut für Ingenieurgeologie an der TU Wien durchgeführt. Dabei wurden folgende Randbedingungen untersucht und deren Einfluss auf die Messergebnisse quantifiziert:

* Messdistanz
* Einfluss unterschiedlicher Messgeräte bzw. Messköpfe
* Oberflächenbeschaffenheit der Probe
* Kopplungsmaterial
* Anpressdruck
* Wassergehalt der Probe
* Temperatur der Probe
* Temperatur des Kopplungsmaterials
* Frostbeanspruchung der trockenen Probe
* Frostbeanspruchung der zuvor wassergelagerten Probe
* Spannungszustand der gemessenen Probe

Die Laboruntersuchungen wurden an Proben von 10 verschiedenen Gesteinsarten mit unterschiedlichen Verwitterungsgraden durchgeführt. Die Darstellung der Ergebnisse dieser Laboruntersuchungen würde in dieser Arbeit den Rahmen sprengen, folgende Grundaussagen können jedoch zusammengefasst werden:

a) Die Rahmenbedingungen der Ultraschall-Laufzeitmessungen an Natursteinobjekten können die Ergebnisse um über 100% beeinflussen, d.h. bei Messungen ohne Berücksichtigung der Rahmenbedingungen kann die Messunsicherheit inakzeptable Größenordnungen erreichen.

b) Prinzipiell können zwei Einflussgruppen unterschieden werden:

* Einflüsse, die die Ultraschallimpulsfortpflanzung im Objekt verändern
* Einflüsse, die die Impulsübertragung auf das Objekt (die Kopplung) verändern

Die meisten der oben genannten Einflüsse lassen sich diesen beiden Gruppen eindeutig zuordnen. Ein im Rahmen der genannten Dissertation [4] erarbeiteter alternativer Auswertungsansatz versucht, genau diese Einflussgruppen voneinander zu entkoppeln.

3   Ultraschall-Laufzeitmessungen - alternativer Auswertungsansatz

Der alternative Auswertungsansatz wird hier anhand der Einflussgröße „Messdistanz" hergeleitet. In Laborversuchen konnte eindeutig festgestellt werden, dass selbst homogene Materialien unterschiedliche Durchgangsgeschwindigkeiten in Abhängigkeit der Messdistanz aufweisen. Dieses Problem war in den letzten Jahrzehnten zwar bekannt, die Methode messtechnisch ermittelter Korrekturfaktoren lieferte aber nur unzureichende Ergebnisse.

Denkansatz

Bei Störungen im Messobjekt wird der Impulsweg länger. Damit ist nicht die Messdistanz gemeint, sondern der Weg für den Ultraschall durch das Material, z.b. ein Riss zwischen den Punkten A und B erhöht den Weg von A nach B um einen Faktor. Mit der Erhöhung des Weges erhöht sich auch die benötigte Zeit, die der Schall braucht, um von A nach B zu gelangen. Bezogen auf die (konstante) Messdistanz bedeutet diese Zeiterhöhung eine Verlangsamung der Ultraschalldurchgangsgeschwindigkeit.

Mathematischer Ansatz

Die Zeit, die der Schall zum Durchgang durch die Probe benötigt ist linear abhängig von der Länge der Probe. Dies entspricht einer Geraden. Eine Gerade wird durch 2 Werte eindeutig definiert:

- Steigung k (=tan α; α ist der Steigungswinkel der Geraden)
- Achsenabschnitt d (= y-Koordinate der Geraden bei x=0; ist d= 0 geht die Gerade durch den Ursprung)

Die Gleichung der Geraden lautet

$$\mathbf{y = k.x + d} \tag{2}$$

Dabei ist in unserem Zusammenhang:
k - Steigung
d - Achsenabschnitt
y - Wert für die Laufzeit
x - die veränderliche Messdistanz

In die Gleichung (1) eingesetzt bedeutet das

$$\mathbf{v = \frac{x}{k.x + d}} \tag{3}$$

Diese Funktion ist eine Parabel, die sich dem Wert 1/k annähert (vgl. Bild 3)

Im Bild 3 wird die Messdistanzabhängigkeit der Ultraschall-Laufzeitmessung in Abhängigkeit des „Kopplungsverlustes" verdeutlicht.

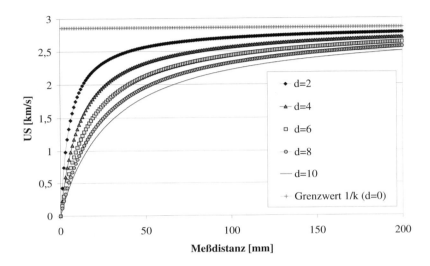

Bild 3:   Messdistanzabhängigkeit in Abhängigkeit des „Kopplungsverlustes"

Interpretation:

Das konstante Glied d ist unabhängig von der Messdistanz, d.h. es bleibt konstant, egal ob über eine Distanz von einem Zentimeter oder über eine Distanz von einem Meter gemessen wird. Folglich ist dieser Zeitverlust nicht in Verbindung mit der Wegstrecke zu sehen. Es passiert also ein wegunabhängiger Zeitverlust gleicher Größe bei jeder Messung. Dieser Zeitverlust kann auf die Kopplung zwischen Messkopf und Probe zurückgeführt werden. In diesem Wert stecken Einflussfaktoren wie Rauigkeit, Anpressdruck, Kopplungsmedium usw.

Wäre d=0, hätten wir keine Messdistanzabhängigkeit der Durchgangsgeschwindigkeit

$$v = \frac{l}{k.l + 0} = \frac{1}{k} = konst. \qquad (4)$$

Die Steigung k gibt dagegen Aufschluss über den notwendigen Umweg in der Probe, ist also gleichzusetzen mit einem Mischwert aus Störungsausdehnung und Störungshäufigkeit. Haben wir einen großen Riss in der Probe, ist die Störungsausdehnung maßgebend (ein großer Umweg), betrachten wir andererseits eine gefügeaufgelockerte Probe, dann ist die Störungshäufigkeit maßgebend (viele kleine Umwege).
Je größer die Steigung (je steiler die Gerade), desto gestörter die Probe.
Um die Störung einer Probe exakter beschreiben zu können, wäre es sinnvoll, nicht die Geschwindigkeitswerte (mit dem „Störglied" d der Messung) zu vergleichen, sondern die Steigung k allein.
Dazu müsste man entweder mindestens 2 Messungen mit unterschiedlichen Distanzen messen (je mehr Messungen mit verschiedenen Distanzen, desto genauer kann k errechnet werden), oder die Meßmethode so eichen, dass die Konstante d bekannt ist. Im zweiten Fall könnte man durch nur eine Messung den Wert k für die Probe bestimmen und diesen zur Beurteilung des Verwitterungszustandes heranziehen.
Die Einflüsse, die eindeutig dem Wert k zugeordnet werden können (vergleiche Tabelle 1) müssen bei der Bewertung der Ergebnisse berücksichtigt werden. Einflüsse, die sich auf den Wert d beziehen können durch die Entkoppelung in Form der getrennten Betrachtung von k und d bei der Beurteilung des Zustands des untersuchten Objektes vernachlässigt werden.
Bild 4 zeigt den Einfluss der Verwitterung auf die Steigung der Geraden im Messdistanz-Laufzeit-Diagramm am Beispiel von Carrara Marmor.

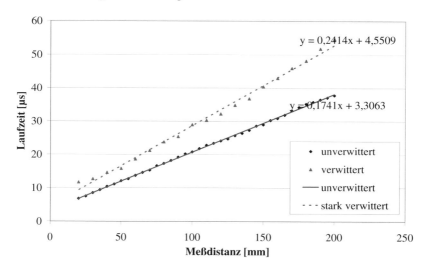

Bild 4: Einfluss der Verwitterung auf die Steigung der Geraden im Messdistanz-Laufzeit-Diagramm

In Tabelle 1 wird zusammengefasst, wie die untersuchten Einflüsse den Werten k bzw. d zugeordnet werden können und die Größenordnung der bei Umrechnung auf Durchgangsgeschwindigkeiten.

Tabelle 1: Zuordnung der Einflüsse zu den Einflussgruppen

Einfluss	k	d	Anmerkung	Fehler
Messdistanz	-	-	Einfluss wird durch getrennte Betrachtung von k und d ausgeschaltet	>50%
Messgerät	-	x	verursacht Parallelverschiebung der Gerade	10-15%
Oberfläche			bilden ein komplexes System, verändern	8-10%
Kopplungsmittel	-	x	den Wert d, verursachen Parallelverschie-	
Anpressdruck			bung der Gerade	- 15%
Wassergehalt	x	-	verändert Steigung der Geraden	- 35%
Temperatur >0°C	x	x	verändert Steigung und führt zu Parallel-verschiebung der Geraden	- 13%
Frost trocken	x	-	vernachlässigbarer Einfluss	- 7%
Frost + H_2O	x	-	verändert Steigung der Geraden	- 145% !
Spannungszustand	x	-	verändert Steigung der Geraden	k.A

4   Fallbeispiel - Ultraschall-Laufzeituntersuchungen an der Marmorfassade der Kirche St. Leopold („am Steinhof") [6]

Die Kirche St. Leopold („am Steinhof"), entworfen von Otto Wagner (1841-1918) und erbaut in den Jahren 1904 bis 1907 gehört zu den bedeutendsten Jugendstilbauwerken der Welt. Die vergoldete Kuppel[1] sowie die wertvollen Glasfenster[2], prägen das Erscheinungsbild genauso, wie die weiße Steinfassade aus Carrara Marmor. Im Rahmen der Voruntersuchungen für die Sanierung dieses einzigartigen Sakralbaus wurden umfangreiche Ultraschall-Laufzeitmessungen an den Fassadenplatten durchgeführt.

Im Zeitraum Anfang Juli bis Ende August 2001 wurde fast jede Fassadenplatte der Kirche einzeln in zwei Richtungen vermessen (nicht alle Platten waren mit der Hebebühne zugänglich, z.B. im Portalbereich, durch Gerüst verdeckt...).

Die Fassadenplatten wurden mit je sieben Messungen, die Friesplatten mit jeweils fünf Messungen untersucht. Die Messungen wurden im Auflegeverfahren (indirekte Messung) mit einer konstanten Messdistanz[3] von 20 cm durchgeführt. Als Kopplungsmittel diente Plastilin.

---

[1] Die Kuppel wurde im Zuge der Restaurierung im Jahr 2001 neuvergoldet.
[2] entworfen von Kolo Moser (1868-1918)
[3] Als Messdistanz wurde der Abstand der Messkopfmittelpunkte definiert.

Den fünf Klassen nach ROHATSCH (1999) [4] wurden die Farben grün, hellgrün, gelb, rot und dunkelrot zugewiesen und in die zur Verfügung gestellten Pläne eingetragen. Bei der Ergebnisdarstellung wurden die Messungen durch rechteckige Teilflächen repräsentiert.

Bild 5 zeigt die Südfassade, die Bilder 6 und 7 die Ost- und die Westfassade.

Die auf Basis der Ultraschall-Laufzeitmessungen erstellte Klassifikation wies eine sehr gute Übereinstimmung mit den Ergebnissen der begleitenden zerstörenden Untersuchungen und der visuellen Befundung auf.

Die bei der visuellen Kartierung an der Fassade vorgefundenen Schadensformen waren:

- Konvexe als auch konkave Verformungen der Platten
- Verschiebungen von Platten und Friesplatten
- Rissbildungen
- Absanden und Verwitterung der Oberfläche
- Verfärbungen der Oberfläche durch Metalloxide
- Verschmutzungen der Oberfläche (z.B. Taubenkot)
- Schleiftopfspuren an der Oberfläche
- Fehlbohrungen (vermutlich durch Wiederversetzen der Platte)

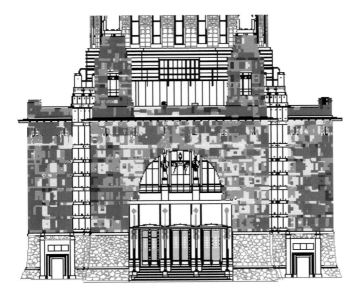

Bild 5: Ultraschallkartierung der Südfassade St. Leopold „am Steinhof"

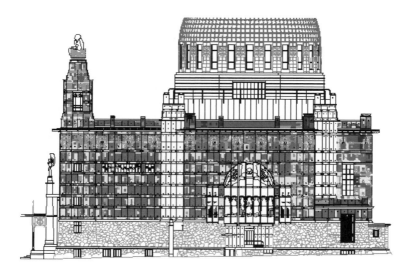

Bild 6:   Ultraschallkartierung der Ostfassade St. Leopold „am Steinhof"

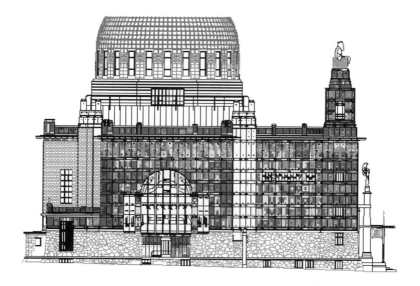

Bild 7:   Ultraschallkartierung der Westfassade St. Leopold „am Steinhof"

Auffällig an den Ergebnissen ist der gut sichtbare Einfluss der Exposition. Die stark der Bewitterung ausgesetzten Teile, wie die Attika oder die Glockentürme, sind durchwegs in sehr schlechtem Zustand. Ein signifikanter Unterschied besteht allerdings auch im Gesamtzustand der West- und der Ostfassade.

5   Fallbeispiel Naturhistorisches Museum Wien

Das Naturhistorische Museum in Wien gehört zu den bedeutenden Ringstraßenbauten des 19. Jahrhunderts und weist eine Natursteinfassade aus Zogelsdorfer Kalksandstein mit einer Vielzahl von Ornamenten und figuralen Elementen auf.
In Teilabschnitten werden die teilweise stark verwitterten Fassadenteile restauriert. Ein wichtiges Anliegen des Österreichischen Bundesdenkmalamtes ist dabei die Qualitätssicherung der durchgeführten Restaurierungsmaßnahmen durch begleitende Untersuchungen. Diese dienen einerseits der Zustandsfeststellung, andererseits als Kontrolle der Wirksamkeit von Maßnahmen wie z.B. Festigungen oder Hydrophobierungen.

Bild 8:   Naturhistorisches Museum Wien

Bohrwiderstandsmessung

Zur Feststellung des oberflächennahen Verwitterungszustandes und zur einfachen Überprüfung der Wirksamkeit von Festigungsmaßnahmen wurde die Bohrwiderstandsmessung eingesetzt. Dabei wird die Bohrtiefe in Abhängigkeit der Zeit bei konstantem Vortrieb auf einem Schreiber aufgezeichnet. Krusten zeichnen sich durch langsames Eindringen des Bohrers, Zonen mit Bindemittelverlust durch sehr schnelles Eindringen des Bohrers in die Natursteinfassade aus. Bild 9 zeigt eine Prinzipskizze dieses Verfahrens.

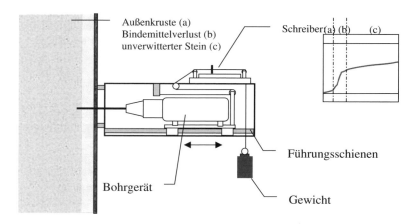

Bild 9:   Prinzipskizze Bohrwiderstandsmessgerät

Über die Schreibergeschwindigkeit kann aus dem gewonnenen Profil auf ein Bohr-
widerstandsprofil (siehe Bild 10) umgerechnet werden.

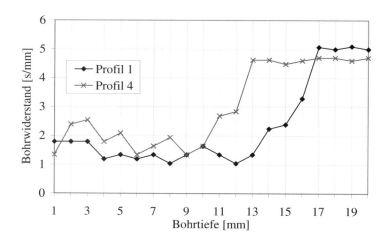

Bild 10: Bohrwiderstandsprofile

Prüfung der Wirksamkeit von Hydrophobierungen

Neben der visuellen Prüfung des Abperleffektes von Wassertropfen ist die Prüfung der Wasseraufnahme direkt an der Fassade mittels Wassereindringprüfer nach Karsten (Bild 11, links) ein bewährtes Mittel. Mit den gewonnenen Ergebnissen kann die Wirksamkeit von Hydrophobierungsmaßnahmen messtechnisch überprüft werden. Die Wirksamkeit der Hydrophobierung ist auf diese Weise auch dann noch nachzuweisen, wenn nachträgliche oberflächliche Verschmutzung den Abperleffekt von Wassertropfen (siehe Bild 11, rechts) beeinträchtigt.

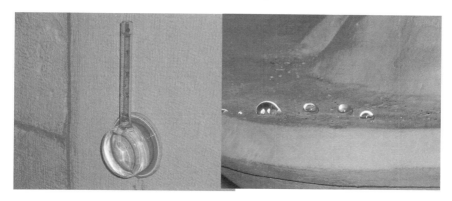

Bild 11: Prüfung der Wirksamkeit von Hydrophobierungen

6   Zusammenfassung

Zusammenfassend kann festgestellt werden, dass zerstörungsfreie bzw. zerstörungsarme Prüfmethoden wie Ultraschall-Laufzeitmessungen oder Bohrwiderstandsmessungen wertvolle Informationen bei der Restaurierung historischer Fassaden aus Naturstein liefern können, wenn die maßgeblichen Rahmenbedingungen bekannt sind und die für die entsprechende Fragestellung geeignete Methode angewendet wird.
Eine gute Kommunikation zwischen Denkmalpflegern, Restauratoren und Technikern ist daher ebenso wichtig, wie die notwendige Sensibilität aller Beteiligten für die Bedeutung von Kulturgut in Form von historischen Baudenkmalen.

Literatur

[1] J. Weber, W. Koehler, *Zerstörungsfreie Untersuchungsmethoden an Steindenk-mälern,* - Mayer & Comp. Druck- und Verlagsges.m.b.H., Klosterneuburg und Wien, 1995

[2] A. Rohatsch, *Gesteinskunde in der Denkmalpflege unter besonderer Berücksich-tigung der jungtertiären Naturwerksteine von Wien, Niederösterreich und dem Burgenland* - Habilitationsschrift an der Universität für Bodenkultur Wien, 1997

[3] W. Koehler, *Ultraschallmethode* – 2001, http://labor-koehler.de

[4] A. Rohatsch, *Aktuelle Probleme der Marmorrestaurierung,* - Mitt. Ges. Geol. Bergbaustud. Österr., 42: 129-138, 1999, Wien.

[5] G. Fleischer, *Beurteilung von Ultraschalluntersuchungen an Natursteinobjekten in der Denkmalpflege* - Dissertation am Institut für Ingenieurgeologie der TU , 2002, Wien

[6] G. Fleischer, A. Rohatsch, Untersuchungen *zur Generalsanierung der Kirche St. Leopold „am Steinhof" in Wien,* - Tagungsband der 11. Wiener Sanierungstage, 2003

Schmutz oder Algen?
Neue diagnostische Möglichkeiten
zur zerstörungsfreien Identifizierung
von Fassadenalgen

J. von Werder, L. Kots, D. Wiesenberg und H. Venzmer
Wismar

Zusammenfassung

Da ein überzeugendes Diagnostikverfahren zur objektiven Bewertung der Besiedlungsneigung von freibewitterten Testflächen und Prüfkörper bislang fehlt, arbeitet der Großteil der uns bekannten Forschungsinstitute weiterhin mit semiquantitativen Schemata zur Identifizierung und Quantifizierung von Algenbesiedlungen. Diese Untersuchungen mit dem bloßen Auge und der 10-fach Lupe unterliegen jedoch großen, subjektiven Einflüssen und führen in der Fachwelt immer wieder zu kontroversen Diskussionen.

Im Jahr 2003 brachte die Firma Walz ein in Zusammenarbeit mit U. Schreiber entwickeltes, tragbares Puls-Amplituden Moduliertes Fluorometer (IMAGING PAM) auf den Markt, das speziell für die Untersuchung von Pflanzen im Feld entwickelt wurde. Das Gerät misst die Fluoreszenzausbeuten chlorophyllhaltiger Organismen bei verschiedenen Belichtungen und berechnet daraus verschiedene Parameter, die Rückschlüsse auf die Effizienz der photosynthetischen Energieumwandlung erlauben. Da es sich um ein zerstörungsfreies, bildgebendes Verfahren handelt, mit dem vergleichsweise große Probenflächen erfasst werden können, ist die PAM-Diagnostik hervorragend für die Untersuchung und das Monitoring von Fassaden und Prüfkörpern geeignet.

Erste Untersuchungsreihen zeigen, dass kleinste, nur mikroskopisch sichtbare Algenbesiedlungen aufgrund ihres Chlorophyllgehalts zweifelsfrei von Verschmutzungen unterschieden und in ihrer Wachstumsdynamik verfolgt werden können. Bei flächigen Besiedlungen ist es weiterhin möglich, Aussagen zur Vitalität der Algen zu treffen und somit beispielsweise die Wirkung von Reinigungsmaßnahmen und Bioziden zu kontrollieren.

Im Rahmen laufender sowie neu beantragter Forschungsprojekte sollen in enger Zusammenarbeit mit Biologen weitere Anwendungsmöglichkeiten der PAM-Diagnostik, insbesondere die Möglichkeit einer Quantifizierung von Besiedlungen untersucht werden.

1   Einführung und Zielstellung

Die Problematik der Besiedlung von Fassaden durch Mikroalgen hat sich in der Arbeitsgruppe Naturwissenschaftliche Bauwerksdiagnostik sowie im Dahlberg-Institut e. V. Wismar in den letzten Jahren zu einem Forschungsschwerpunkt entwickelt. Im Vordergrund steht dabei die Untersuchung von neuen Produkten und Produktsystemen auf ihre Besiedlungsneigung anhand von freibewitterten Prüfkörpern und Testflächen. [1]

Konsens ist, dass Algenbesiedlungen erst dann einen optischen Mangel darstellen, wenn sie aus betrachterüblichem Abstand ohne Hilfsmittel als solche wahrnehmbar sind. Da eine Besiedlung als grüner Überzug jedoch erst ab einer Zelldichte von ca. 2 Millionen Zellen / cm² [2] mit dem bloßen Auge zweifelsfrei erkennbar ist, sind Untersuchungsergebnisse bei visuellen Begutachtungen in der Regel frühestens nach mehreren Monaten Versuchsdauer zu erwarten.

Zur effizienten Produktentwicklung und -optimierung, zur Beurteilung von Reinigungsmaßnahmen sowie zur Gewinnung von Informationen über die Dynamik von Besiedlungen ist deshalb ein Verfahren, mit dem kleinste, nur mikroskopisch sichtbare Algenbesiedlungen zerstörungsfrei identifiziert und Besiedlungsdichten quantifiziert werden können, von unschätzbarem Vorteil.

2   Diagnostik von Algenbesiedlungen

Nach unserem Kenntnisstand arbeitet die Mehrzahl der Forschungsinstitute, die sich mit der Besiedlungsneigung von Fassadenbaustoffen beschäftigen, weiterhin mit halbquantitativen Bewertungsschemata zur Beurteilung der geprüften Produkte. [3] Da die Untersuchung mit dem bloßen Auge jedoch vielen subjektiven Einflüssen unterliegt, und das Untersuchungsergebnis stark von den klimatischen Bedingungen zum Untersuchungszeitpunkt abhängt, sind die halbquantitativen Maßnahmen in der Fachwelt sehr umstritten.

Von Mikrobiologen der Universität Rostock wurden deshalb eine Reihe von Möglichkeiten zur Diagnostik und Quantifizierung von Algenbesiedlungen auf Fassaden vorgeschlagen, die sich für aquatische Algen bereits als geeignet und effizient erwiesen haben. [2] Die Schwierigkeit der Übertragbarkeit von Verfahren wie der Chlorophyll-A-Bestimmung oder der Epifluoreszenzmikroskopie liegen dabei im Algen-Baustoffkontakt, den unregelmäßigen Bewuchsmustern sowie der Notwendigkeit von Probenentnahmen. Eine Übersicht über die bislang angewendeten Diagnostikverfahren findet sich in Tabelle 1.

Als vielversprechendste Methode zur Diagnostik und möglicherweise auch Quantifizierung von Algenbesiedlung ist unseres Erachtens die Puls-Amplituden-Modulierte Fluorometrie (PAM-Diagnostik) einzuschätzen. Von U. Schreiber (Lehrstuhl Botanik I, Universität Würzburg) wurde in Zusammenarbeit mit der Fa. Walz aus Effeltrich ein tragbares PAM-Chlorophyll-Fluorometer mit Bildauswertung entwickelt (Imaging PAM), das speziell für die Untersuchung von Pflanzen im Feld geeignet ist. Dieses Gerät, das erst 2003 auf den Markt kam, wird von der Arbeitsgruppe zur Zeit umfassend auf seine Anwendbarkeit für die Diagnostik von Algenbesiedlungen auf Fassaden getestet. Das Prinzip des Verfahrens sowie erste Untersuchungsergebnisse sollen im Folgenden kurz vorgestellt werden.

Tabelle 1: Übersicht Diagnostikverfahren

Diagnostik-Verfahren	Probleme / Nachteile
Visuelle Begutachtung nach den Kriterien: • besiedelter Flächenanteil in % • Intensität der Besiedlung (Grünverfärbung)	• Unterscheidung zwischen Schmutz und Algenbesiedlung schwer möglich • Subjektivität
Abnahme des Hellbezugswerts	• Unterscheidung zwischen Schmutz und Algenbesiedlungen nicht möglich
Keimzahlbestimmung	• große Probenanzahl erforderlich • Artenzusammensetzung wird durch Nährboden verfälscht, Pilzwachstum kann nicht verhindert werden
Chlorophyll-A-Bestimmung	• Algen müssen vollständig von der Baustoffoberfläche gelöst werden • Ungenauigkeit aufgrund der unregelmäßigen Bewuchsmuster • große Probenanzahl erforderlich (invasiv)
Epifluoreszenzmikroskopie	• Ungenauigkeit aufgrund der rauen Baustoffoberflächen • Ungenauigkeit aufgrund der unregelmäßigen Bewuchsmuster • große Probenanzahl erforderlich (invasiv)

3 Puls-Amplituden-Modulierte Fluorometrie (PAM-Fluorometrie)

Mit dem PAM-Chlorophyll-Fluorometer kann die Fluoreszenzquantenausbeute bei verschiedenen Lichtverhältnissen gemessen und anhand der gewonnen Parameter die Effizienz der photosynthetischen Energieumwandlung bestimmt werden. Neben der eindeutigen Identifizierung von Algen sind somit auch Rückschlüsse auf die Vitalität der Organismen möglich (Wirkung von Bioziden, Identifizierung wachstumshemmender Umstände). Für das Verständnis der PAM-Diagnostik ist es notwendig, zunächst auf die Grundlagen der Fluoreszenz und der Photosynthese einzugehen.

3.1   Fluoreszenz

Als Fluoreszenz wird die Lichtemission von Atomen oder Molekülen bezeichnet, bei der diese aus einem energiereichen in einen energiearmen Elektronenzustand übergehen. Absorption, d.h. die Aufnahme von elektromagnetischer Strahlung durch ein Molekül, ist die Grundbedingung für das Auftreten von Fluoreszenz.

Fluoreszenz kann bei einer großen Anzahl organischer Verbindungen unter anderem bei Chlorophyll nach Bestrahlung mit Licht geeigneter Wellenlänge beobachtet werden.

Die Absorption von Licht der Intensität I_0 (λ') bzw. der Photonenzahl N_0 (λ') führt dazu, dass die Moleküle kurzfristig vom Elektronengrundzustand S_0 in einen angeregten Singulettzustand S_n übergehen, dessen Energie der des absorbierten Photons entspricht. Innerhalb von 10^{-13} bis 10^{-11} s relaxiert das Molekül zum niedrigsten angeregten Elektronenzustand S_1. Von diesem niedrigsten Elektronenzustand S_1 (Lebensdauer ca. 10^{-9}s) erfolgt die Energieabgabe teilweise in Form von Fluoreszenzstrahlung der Intensität I_F (λ) bzw. der Photonenzahl N_F (λ) und teilweise strahlungslos (Wärmeabstrahlung, photochemische Reaktionen etc.) (Bild 1). Die Energie des emittierten Photons ist immer geringer als die des absorbierten Photons - damit ist die Wellenlänge des Fluoreszenzlichts größer als die des Anregungslichts (Stokesche Regel).

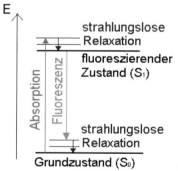

Bild 1:   Vereinfachtes Jablonski-Diagramm [4]

Die Fluoreszenzquantenausbeute ist das Verhältnis von den bei der Fluoreszenz abgegebenen zu den vorher absorbierten Lichtquanten (siehe Gleichung (1)).

$$\Phi_F = N_F / N_A \tag{1}$$

Φ_F Fluoreszenzquantenausbeute
N_F Zahl der emittierten Photonen
F_A Zahl der absorbierten Photonen

Die Chlorophyllfluoreszenz verdient besonderes Interesse, weil es einen reziproken Zusammenhang zwischen der Fluoreszenzquantenausbeute und der Photosyntheserate gibt. Die Frage, ob der durch Lichtabsorption entstandene Anregungszustand hauptsächlich als Fluoreszenzlicht verloren geht, oder zu einem großen Teil photochemisch genutzt wird, hängt von den jeweiligen Gegebenheiten ab.
Nur die Fluoreszenzquantenausbeute und nicht die Fluoreszenzintensität (Strahlungsleistung/ Photonenstromdichte) erlaubt Rückschlüsse auf die Photosyntheseleistung.

3.2   Photosynthese

Die Photosynthese liefert aus den energiearmen, anorganischen Verbindungen Wasser und Kohlendioxid unter Ausnutzung der Lichtenergie energiereiche, organische Verbindungen wie Kohlenhydrate, Eiweiße und Fette. Als Nebenprodukt entsteht Sauerstoff (siehe Gleichung (2)). Die Photosynthese ist damit die Basis für das Leben aller heterotrophen Organismen (Mensch, Tier, Pilz, Bakterien).

$$6\ CO_2 + 6\ H_2O \xrightarrow{\ h\nu\ } C_6H_{12}O_6 + 6\ O_2 \tag{2}$$

Der hochkomplexe Photosyntheseprozess lässt sich in Licht- und Dunkelreaktionen unterteilen und läuft in den als Chloroplasten bezeichneten Zellorganellen ab. Jede Zelle enthält bis zu 400 davon in ellipsoider Form mit einem Volumen von 40 μm^3 (Bild 2).

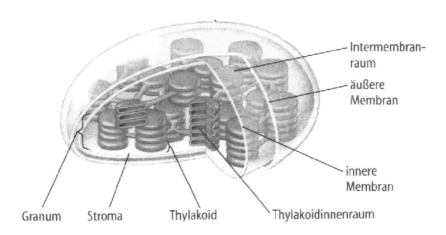

Bild 2:   Schematische Darstellung eines Chloroplasten [5]

In der Lichtreaktion, die in den Thylakoidmembranen ablaufen, finden hauptsächlich biophysikalische Vorgänge statt. Die Energie des absorbierten Lichtes wird genutzt, um Wasser zu spalten (Photolyse unter Freisetzung von Sauerstoff) und die chemischen Substanzen ATP (Adenosintriphosphat) und $NADPH/H^+$ (Nicotinamid-Adenin-Dinucleotid-Phosphat) herzustellen.

In der Dunkelreaktion, die im Stroma stattfindet, spielen im Wesentlichen biochemische Vorgänge eine Rolle, die, zumindest eine gewisse Zeit, ohne direkten Einfluss von Licht ablaufen können. CO_2 wird fixiert und im Calvin-Zyklus zur Zuckerstufe reduziert (Bild 3). Hierfür liefert das in der Lichtreaktion produzierte ATP die Energie und $NADPH/H^+$ dient als Reduktionsmittel.

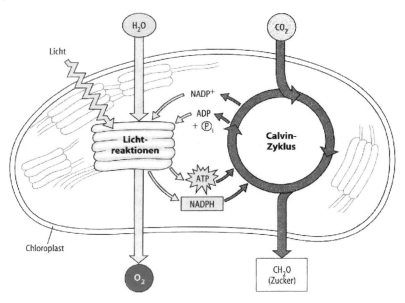

Bild 3:   Zusammenwirken von Licht- und Dunkelreaktion [5]

Da für das Verständnis der PAM-Diagnostik hauptsächlich die Lichtreaktion von Interesse ist, soll nur auf diese etwas ausführlicher eingegangen werden.

3.2.1   Die Lichtreaktion

Die Lichtreaktion, die in den Thylakoidmembranen abläuft, besteht aus zwei Teilreaktionen, die von den Photosystemen I und II katalysiert werden.

Ein Photosystem (PS) besteht aus ca. 300 Chlorophyll-A Molekülen (Antennenchlorophylle), die das für die Reaktionen erforderliche Licht absorbieren, weiteren Photorezeptormolekülen (Chlorophyll-b und Carotinide) sowie einem Reaktionszentrum, in dem die von der Lichtenergie angetriebene Trennung von Ladungen stattfindet. Bei dem Reaktionszentrumsmolekül handelt es sich um ein spezielles Chlorophyll-a Molekül, das im Falle von PS I bei 700 nm und im Falle von PS II bei 680 nm sein Absorptionsmaximum hat.

Die Lichtreaktion II wird vom Photosystem II katalysiert und bewirkt die photolytische Spaltung von Wasser unter Freisetzung von Sauerstoff. Die Lichtreaktion I im Photosystem I führt zur Reduktion von NADP. Beide Photosysteme sind über eine Elektronentransportkette miteinander verbunden, die als eine Folge von Redoxreaktionen verstanden werden kann. Um eine optimale Photosyntheseleistung zu erreichen, ist ein gleichmäßiger Elektronenfluss zwischen den beiden Pigmentsystemen erforderlich (Bild 4).

Bild 4:   Schematische Darstellung der Elektronentransportkette zwischen den Photosystemen I und II [4]

Der Vorgang der lichtabhängigen ATP-Synthese aus ADP und anorganischem Phosphat ist nur indirekt mit der photosynthetischen Elektronentransportkette gekoppelt. Eine wesentliche Energiequelle für die Photophosphorylierung ist das lichtinduzierte Auftreten eines Protonengradienten zwischen Innen- und Außenseite der Thylakoidmembran, d.h. die Entstehung eines elektrochemischen Energiepotentials.

3.3   Messprinzip/Messaufbau

Die PAM-Diagnostik macht sich zu Nutze, dass eine klare quantitative Beziehung zwischen der Fluoreszenzquantenausbeute und der photosynthetischen Energieumwandlung existiert. Da die Fluoreszenzabstrahlung aus den gleichen Anregungszuständen des Chlorophyllmoleküls stammt, die alternativ entweder photochemisch umgesetzt (photochemische Fluoreszenzverminderung) oder in Wärme übergehen können (nichtphotochemische Fluoreszenzverminderung), beruht die Beziehung zwischen Fluoreszenz und Photosynthese im Prinzip auf dem Energieerhaltungssatz (siehe Gleichung 3, Bild 5).

$$E = F + P + D = \text{konstant} \tag{3}$$

E   Lichtenergie (= hν)
F   Fluoreszenzabstrahlung
P   photochemische Ladungstrennung an den Reaktionszentren
D   strahlungslose Dissipation in Wärme

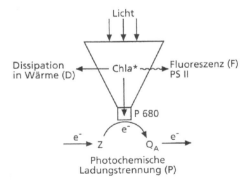

Bild 5:   Chlorophyllfluoreszenz in Konkurenz zur photochemischen Energieumwandlung und Wärmedissipationm im Photosystem II [6]

Über die Bestimmung der Fluoreszenzquantenausbeute bei unterschiedlichen Lichtverhältnissen (dunkel- und helladaptierter Zustand) sowie die Applikation sättigender Lichtblitze ist es möglich, den Anteil der absorbierten Lichtenergie, der für die photochemische Arbeit genutzt wird, vom Anteil, der durch Wärmedissipation verloren geht, zu unterscheiden. Die Interpretation der lichtinduzierten Veränderungen wird dabei durch die folgenden Tatsachen erheblich vereinfacht [7]:

- Die variable Fluoreszenz wird bei lebenden Pflanzen praktisch ausschließlich durch das Photosystem II verursacht.
- Der zur ATP-Synthese wichtige Protonengradient über der Thylakoidmembran fungiert als herausragender Regulator der Quantenausbeute der strahlungslosen Energiedissipation.

Das IMAGING-PAM Chlorophyll-Fluorometer ermöglicht ein zerstörungsfreies, bildgebendes Verfahren, das sowohl im Labor als auch direkt am Objekt eingesetzt werden kann (Bilder 6 und 7).

1 Steuereinheit
2 LED Ring Gruppe
3 CCD Kamera
4 Rollenkonstruktion

Bild 6: Messaufbau im Labor [8]   **Bild 7:** Messaufbau am Objekt

Das Messgerät besteht im Wesentlichen aus einer Steuereinheit mit Batterieblock und Prozessor, einer dreireihigen LED-Ringgruppe mit insgesamt 112 LEDs sowie einer CCD-Kamera, welche die Daten digitalisiert und über eine Firewire-Schnittstelle zu einem PC überträgt. Für die Algendiagnostik wurde der universelle Probenhalter durch eine speziell angefertigte Rollenkonstruktion ersetzt, die ein zügiges Scannen von Fassadenflächen vor Ort sowie von größeren Prüfkörpern ermöglicht (Bild 6). Die dazugehörige Software ImagingWin enthält zahlreiche vorprogrammierte Messroutinen und ermöglicht in Bild- und Tabellenform eine zügige Auswertung der Messdaten.

Der große Vorteil des Puls-Amplituden-Modulierten (PAM) Fluorometers gegenüber herkömmlichen Fluorometern ist die Trennung zwischen gepulstem Anregungslicht (Messlicht) und kontinuierlichem, photosynthesetreibendem Licht (aktinisches Licht) bzw. synchronisierten Sättigungsblitzen. Anregungs- und zurückgeworfenes Fluorezenzlicht werden durch einen Filter getrennt. Das aktinische Licht sowie die Sättigungsblitze beeinflussen den Zustand der Algen, d.h. die photochemischen sowie nichtphotochemischen Prozesse und damit die Fluoreszenzabstrahlung, während das gepulste Messlicht den vom aktinischen Licht eingestellten Zustand detektiert. Durch die Erfassung nur der synchron mit den Messpulsen erfolgenden Fluoreszenzsignale mittels eines hochselektiven Pulsverstärkers kann der Einfluss von Tageslicht herausgefiltert werden, so dass eine Benutzung im Freiland möglich ist (Bild 8).

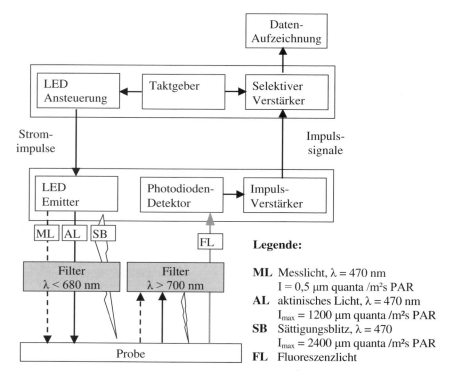

Bild 8:   Schematischer Aufbau des IMAGING-PAM

3.4   Messgrößen und deren Analyse

Bei der Definition der Messgrößen wird grundsätzlich unterschieden, ob nach Dunkeladaption oder im helladaptierten Zustand gemessen wird. Alle Messgrößen sind dimensionslos, da es sich entweder um Fluoreszenzausbeuten (siehe Absatz 3.1) oder um Verhältniswerte zwischen verschiedenen Fluoreszenzausbeuten handelt.

3.4.1   Dunkeladaptierter Zustand

Der dunkeladaptierte Zustand zeichnet sich dadurch aus, dass alle PS II-Reaktionszentren geöffnet und die Thylakoidmembran deenergetisiert ist. In diesem Zustand ist die photochemische Fluoreszenzverminderung maximal und die nichtphotochemische Fluoreszenzverminderung minimal. Für eine Dunkeladaption ist eine 10 minütige Lagerung einer Probe in einem abgedunkeltem Raum ausreichend. Im Freiland sollte nach Möglichkeit nach Einbruch der Dunkelheit bzw. vor der Dämmerung gemessen werden.

Die minimale Fluoreszenzausbeute im dunkeladaptierten Zustand wird als F_0 bezeichnet. Wird eine dunkeladaptierte Probe plötzlich mit einem Sättigungsblitz beleuchtet, der sämtliche PS II Reaktionszentren kurzfristig blockiert, steigt die Fluoreszenzabstrahlung innerhalb von Bruchteilen von Sekunden auf den Maximalwert F_m (F_0/F_m-Messung).

Aus den Parametern F_m und F_0 lässt sich die variable Fluoreszenz F_V sowie die optimale Quantenausbeute von PS II berechnen:

$$F_V = F_m-F_0 \qquad\qquad\qquad\qquad\qquad\qquad\qquad\qquad (4)$$

Optimale Quantenausbeute = (F_m-F_0) / F_m. $\qquad\qquad\qquad\qquad\qquad (5)$

Da bei der Berechnung der optimalen Quantenausbeute das Verhältnis von zwei Fluoreszenzgrößen gebildet wird, wirken sich Variabilitätsfaktoren wie Messlichtintensität, Probengröße und Abstand zwischen Probe und Detektor nicht auf das Messergebnis aus, solange die Parameter zwischen F_0 und F_m-Messung nicht beeinflusst werden.

Die optimale Quantenausbeute ist für viele verschiedene Pflanzenblätter unter nicht gestressten Bedingungen fast konstant und beträgt ca. 0,8. [9], [10] Die meisten Algen weisen niedrigere Werte auf. [9] Bei gestressten (Anstieg der Lufttemperatur) und geschädigten Pflanzen (Biozide) ist die optimale Quantenausbeute deutlich reduziert und kann damit als Indikator für Photoinhibition ("Lichtstress") und andere Schädigungen von PS II dienen. [10]

In ersten Untersuchungsreihen an besiedelten Baustoffproben lag die optimale Quantenausbeute in der Regel zwischen 0,45 und 0,5. Nur sehr vereinzelt wurden höhere Werte (Maximum 0,62) gemessen. Baustoffe werden selten nur durch eine Algenspezies besiedelt, und weiterhin muss eine potentielle Störung des Signals durch unterschiedliche Baustoffoberflächen bzw. Farbtöne noch detailliert untersucht werden. Ob ein allgemeingültiger Richtwert für die optimale Quantenausbeute besiedelter Baustoffproben überhaupt existiert, kann somit erst nach weiteren systematischen Untersuchungen in Zusammenarbeit mit Biologen geklärt werden. Über die Quantenausbeute allgemein kann jedoch zweifelsfrei nachgewiesen werden, dass es sich um photosynthetisch aktives Material handelt. Bei Baustoffen oder Belägen, die andere Fluorochrome (Siehe Abschnitt 3.1) und damit eine "Eigenfluoreszenz" aufweisen, wird die Fluoreszenzausbeute durch aktinisches Licht oder einen Sättigungsblitz nicht beeinflusst.

Die optimale Quantenausbeute nach Dunkeladaption ist die grundlegende Bezugsgröße für alle im helladaptierten Zustand gemessenen Parameter.

3.4.2   Helladaptierter Zustand

Im helladaptierten Zustand kommt es je nach absorbierter Lichtintensität und physiologischem Zustand der Pflanze zu einer mehr oder weniger starken Blockierung von PS II Reaktionszentren. Weiterhin kommt es durch die Ausbildung eines Protonengradienten über der Thylakoidmembran zu einer Erhöhung der Dissipation in Wärme. Die Blockierung von Reaktionszentren bewirkt eine Erhöhung der minimalen Fluoreszenzausbeute von F_0 auf F. Die erhöhte Dissipation führt zu einer Erniedrigung der während eines Sättigungspulses gemessenen Fluoreszenzausbeute von F_m auf $F_m{}'$. [6] Aus den Parametern F_m und $F_m{}'$ kann nun analog zum dunkeladaptierten Zustand wiederum die variable Fluoreszenz ΔF und die effektive Quantenausbeute (Yield) von PS II berechnet werden (Bild 9):

$$\mathbf{\Delta F = F_m{}'\text{-}F} \tag{6}$$

$$\mathbf{Yield = (F_m{}'\text{-}F) / F_m{}'} \tag{7}$$

Durch die wiederholte Anwendung von Sättigungspulsen über vorprogrammierte Messroutinen bei konstantem aktinischem Licht (Induktionskinetik) oder bei ansteigendem aktinischen Licht (Lichtkurven) und Vergleich der zu verschiedenen Zeitpunkten der Belichtung gemessenen Werte F und $F_m{}'$ mit den Referenzwerten nach Dunkeladaption F_0 und F_m kann zwischen der photochemischen und der nichtphotochemischen Fluoreszenzverminderung unterschieden werden. Weiterhin können aus den gemessenen Fluoreszenzausbeuten zahlreiche weitere Koeffizienten berechnet werden, die beispielsweise detailliertere Analysen der photoprotektiven Prozesse in den untersuchten Pflanzen erlauben.

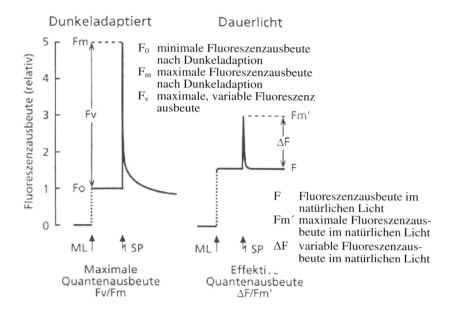

ML Messlicht
SP Sättigungsblitz

Bild 9:   Bestimmung der PS II Quantenausbeute mit der Sättigungspulsmethode [6]

Im Rahmen der Algendiagnostik auf Baustoffen wurde bislang vorrangig die Messroutine "Lichtkurve" untersucht, mit der Einblicke in das Lichtnutzungs- und Lichtsättigungsverhalten einer Algenbesiedlung gewonnen werden können.
Wird die effektive Quantenausbeute (Yield) bei ansteigenden Lichtintensitäten über einen weiten PAR-Bereich (PAR = photosynthetisch aktive Strahlung) bestimmt, so kann aus den Messwerten durch Multiplikation mit der Messlichtintensität [µm quanta / m² s] und einen Absorptionsfaktor (C) die Kurve der relativen Elektronentransportrate [ETR in µm quanta / m² s] bestimmt werden (siehe Gleichung 8).

rel. ETR = Y x PAR x C   (8)

Lichtkurven vitaler Pflanzen und Algen zeigen stets einen charakteristischen Verlauf (Bild 10). Solange kein Lichtüberschuss gegeben ist, d.h. alle angeregten Elektronen weitertransportiert werden können, bleibt Y maximal und und die Beziehung zwischen ETR und PAR ist linear (Optimierungsgerade). Ab dem Zeitpunkt, zu dem ein Lichtüberschuss gegeben ist, sinkt die ETR relativ zu den Werten der Optimierungsgeraden ab und erreicht schließlich einen Sättigungswert, in welchem sich die Kapazität des photosynthetischen Elektronentransports wiederspiegelt. Bei extremen PAR-Werten tritt nach längerer Belichtung Photoinhibition ("Lichtstress") ein, wodurch eine Abnahme der Rate unter den Sättigungswert hervorgerufen wird. Durch die Aufnahme einer Lichtkurve im Rahmen der Algendiagnostik an Fassaden können Besiedlungen zweifelsfrei detektiert sowie festgestellt werden, ob die Kolonien vital sind. Da für die Aufnahme einer Lichtkurve eine vorangehende Dunkeladaption nicht erforderlich ist, kann problemlos vor Ort gearbeitet werden.

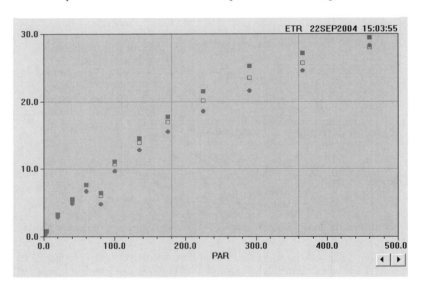

Bild 10: Charakteristischer Verlauf der ETR einer algenbesiedelten Baustoffprobe (3 ausgewählte Bereiche)

3.5   Anwendungsmöglichkeiten

Im Rahmen der bisherigen Forschungsarbeiten konnte nur ein sehr kleiner Teil der Anwendungsmöglichkeiten der PAM-Fluorometrie für die Algendiagnostik an Fassadenbaustoffen untersucht werden. Schwerpunkt der Untersuchungsreihen bildeten dabei elementare baupraktische Fragen wie die z. B.
- die Anwendbarkeit der Methode im Feld
- die Reproduzierbarkeit von Messergebnissen und
- der Einfluss unterschiedlicher Baustoffe und Farbtöne.

Untersuchungen zu primär biologischen Fragestellungen wie z. B. zu Austrocknungs-
und Hitzetoleranzen der fassadenbesiedelnden Algen wurden zunächst zurückgestellt.
Für baupraktische Fragen ist zunächst zu unterscheiden, ob sehr lokale, nur mit dem
Mikroskop eindeutig zu identifizierende Besiedlungen oder aber flächige
Besiedlungen untersucht werden sollen.

3.5.1 Mikroskopisch kleine Algenbesiedlungen

Kleinste Algenbesiedlungen auf Fassadenflächen oder Prüfkörpern, die im Rahmen
einer visuellen Begutachtung mit dem bloßen Auge nicht eindeutig von
Verschmutzungen unterschieden werden können, sind mit Hilfe des Imaging-PAM
über das Monitoring der Grundfluoreszenz im hell- oder dukeladaptierten Zustand
zweifelsfrei diagnostizierbar und können über den Vergleich Live-Video und
Fluoreszenzbild genau lokalisiert werden (Bilder 11 und 12). Mit Hilfe einer
zusätzlich hergestellten Rollenkonstruktion ist ein zügiges Scannen der Flächen
möglich. Vorausgesetzt die Baustoffoberflächen weisen keine Eigenfluoreszenz auf
(Kontrollmessung einer "0-Probe"), kann ganz auf eine Probenentnahme und eine
Kontrolle der Ergebnisse unter dem Lichtmikroskop verzichtet werden (Bilder 13 und
14).

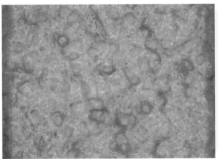 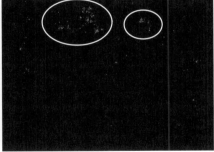

Bild 11: Live-Video Aufnahme des untersuchten Prüfkörperausschnitts, betrachtete Fläche = 25 mm x 18 mm (6,5-fache Vergrößerung)

Bild 12: F_0-Bild des untersuchten Prüfkörperausschnitts von Bild 11, betrachtete Fläche = 25 mm x 18 mm (6,5-fache Vergrößerung)

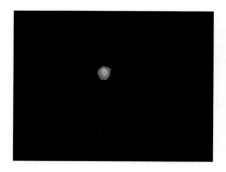

Bild 13: F_0-Bild eines untersuchten Prüfkörperausschnitts betrachtete Fläche = 25 mm x 18 mm (6,5-fache Vergrößerung)

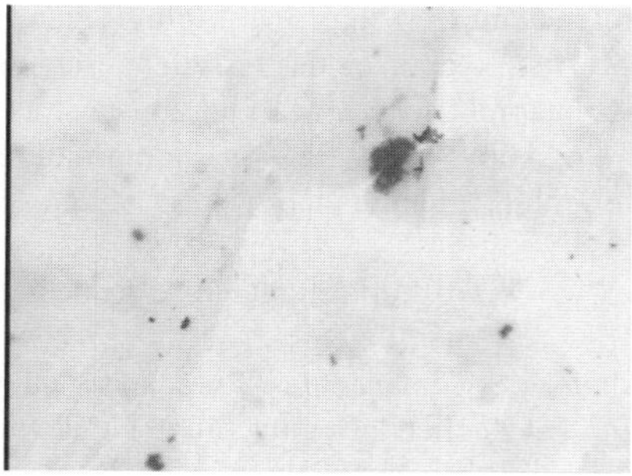

Bild 14: Lichtmikroskopische Aufnahme des fluoreszierenden Bereichs betrachtete Fläche = 1,75 mm x 1,37 mm (ca. 40-fache Vergrößerung)

Wird exakt an derselben Stelle eines Prüfkörpers in regelmäßigen Abständen bei identischen Parametern (Messlichtintensität und -frequenz, Abstand zwischen Probe und Detektor, Befeuchtung) die Grundfluoreszenz gemessen, so kann über die Bildauswertung schnell festgestellt werden, ob ein Zuwachs oder eine Abnahme der Algenbesiedlung erfolgt ist.

Die Bestimmung der optimalen Quantenausbeute nach Dunkeladaption über eine F_0/F_m-Messung sowie die Bestimmung einer Lichtkurve ist bei kleinsten, nur mikroskopisch sichtbaren Besiedlungen nicht möglich. Ursache hierfür ist vermutlich die zu geringe Empfindlichkeit des Messgerätes. Deutlich empfindlichere Messgeräte, mit denen sogar einzelne Zellen untersucht werden können, wurden bereits entwickelt. Da diese Geräte jedoch eine vollständige Kontrolle aller Lichtarten benötigen, können sie nur im Labor eingesetzt werden. [9]

3.5.2   Flächige Besiedlungen

Bei flächigen Besiedlungen, die sich durch eine deutliche Grünverfärbung auszeichnen, kann über eine F_0/F_m-Messung die Vitalität der Besiedlung eingeschätzt sowie über die Bestimmung einer Lichtkurve das Lichtnutzungs- und Lichtsättigungsverhalten analysiert werden. Da ein Anhaltswert für die optimale Quantenausbeute von Fassadenalgen bislang noch nicht existiert (siehe 3.4.1), können F_0/F_m-Messungen nicht für Vergleichsmessungen zwischen verschiedenen Fassaden oder Prüfkörpern benutzt werden. Über den Fluoreszenzparameter können jedoch sehr gut Veränderungen einer bestimmten Probe über die Zeit gemessen und somit beispielsweise die Wirkung von Bioziden untersucht werden.

Eine wichtige Anwendungsmöglichkeit bietet sich somit in der Erfolgskontrolle von Fassadenreinigungsmaßnahmen (Bilder 15 - 18).

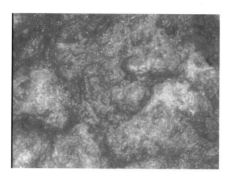

Bild 15: Lichtmikroskopische Aufnahme einer dicht besiedelten Baustoffprobe ca. 10-fache Vergrößerung [8]

Bild 16: Optimale Quantenausbeute der Baustoffprobe Bild 15 (markierter Bereich) 6,5-fache Vergrößerung, $(F_m-F_0)/F_m = 0{,}450$ [8]

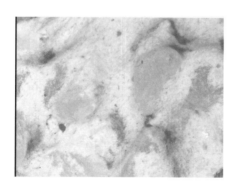
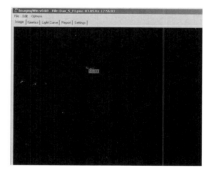

Bild 17: Lichtmikroskopische Aufnahme der mit Wasserstoffperoxid gereinigten Baustoffprobe von Bild 15, ca. 10-fache Vergrößerung [8]

Bild 18: Optimale Quantenausbeute der mit Wasserstoffperoxid gereinigten Baustoffprobe von Bild 15, 6,5-fache Vergrößerung, $(F_m-F_0)/F_m = 0$ [8]

Zahlreiche weitere Anwendungsmöglichkeiten der PAM-Fluorometrie für die Diagnostik von Algenbesiedlungen auf Fassaden und Prüfkörpern sollen im Rahmen weiterer Forschungsprojekte detailliert untersucht werden. Insbesondere soll dabei in Zusammenarbeit mit Mikrobiologen die Möglichkeit der Quantifizierung von Besiedlungen analysiert und über eine zweite Messgröße verifiziert werden.

Literatur

[1] L. Kots, N. Lesnych, C. Messal, P.Strangfeld, H. Stopp, J. von Werder, H. Venzmer, *Bautechnische Grundlagen zur Algenbesiedlung nachträglich wärmegedämmter Fassaden* , in Cziesielski E (Hrsg.) Bauphysikkalender 2004, Ernst und Sohn Verlag Berlin

[2] R. Schumann, S. Eixler, U. Karsten, *Fassadenbesiedelnde Mikroalgen*, in Cziesielski E (Hrsg.) Bauphysikkalender 2004. Ernst und Sohn Verlag Berlin, Seite 561-584, 2004

[3] K. Hofbauer, K. Breuer, K. Sedlbauer, *Algen, Flechten, Moose und Farne auf Fassaden*, Zeitschrift Bauphysik, Heft 6, Verlag Ernst & Sohn Berlin, 2003

[4] G. Steeger, F. Feger, I. Held, B. Gortz, D. Russo, M. Sackrow, *Fluoreszenzquantenausbeute,* Universität Siegen, Fachbereich Chemie-Biologie, Script zum Praktikum in Physikalischer Chemie für Fortgeschrittene

[5] N. A. Campbell, *Biologie,* Spektrum Akademischer Verlag Heidelberg, 1997

[6] U. Schreiber: *In vivo Chlorophyllfluoreszenz: Analyse und Zustandsdiagnose der Photosynthesefunktion* in W. Larcher, Ökophysiologie der Pflanzen, 6. neubearbeitete Auflage, Ulmer-Verlag Stuttgart, 2001, S. 77

[7] U. Schreiber, *Chlorophyllfluoreszenz und photosynthetische Energieumwandlung: Einfache einführende Experimente mit dem TEACHING-PAM Chlorophyll Fluorometer,* Heinz Walz GmbH, 1997

[8] D. Wiesenberg, *Bauwerksdiagnostische Untersuchungen von algenbesiedelten Bauwerksoberflächen mit Hilfe der PAM – Messtechnik, unveröffentlichte* Diplomarbeit, Hochschule Wismar, Fachbereich Bauingenieurwesen, Juli 2004

[9] U. Schreiber, *Puls-Amplitude-Modulation (PAM) Fluorometry and Saturation Pulse Method: An Overview,* eingereichtes Kapitel für Chlorophyll Fluorescence: A signature of Photosynthesis, Herausgeber: G.C Papageorgiou and Govindjee, Kluwer Academic Publishers, Netherlands, 2004

[10] K. Rohacek, M. Bartak, *Technique of the modulated chlorophyll fluorescence: basic concepts, useful parameters, and some appliactions,* Photosynthetica: International Journal for Photosynthesis Research 37 (3), Seiten 339-363, Kluwer Academic Publishers, 1999

Zerstörungsfreie Struktur- und Feuchteuntersuchungen im Alten Museum in Berlin im Rahmen des EU-Projektes ONSITEFOR-MASONRY

A. Wendrich, Ch. Maierhofer, M. Hamann
Berlin

Ch. Hennen
Wittenberg

B. Knupfer
Madrid

M. Marchisio
Pisa

F. da Porto
Padua

L. Binda, L. Zanzi
Mailand

Zusammenfassung

Im Rahmen des von der Europäischen Kommission geförderten Forschungsvorhabens ONSITEFORMASONRY [1] werden zur Strukturuntersuchung von historischem Mauerwerk zerstörungsfreie und zerstörungsarme Prüfverfahren und Verfahrenskombinationen entwickelt. Mehrere Fallstudien, darunter auch die am Alten Museum, demonstrieren die erfolgreichen Verfahrensneu- und -weiterentwicklungen.

Das Alte Museum wurde nicht nur aufgrund repräsentativer anstehender Fragestellungen ausgewählt, sondern auch wegen der vorliegenden umfangreichen Schadenskartierungen und Dokumentationen aus früheren Bau- und Umbauphasen. Diese außergewöhnlich gute Datenlage erleichtert die Interpretation der Messdaten erheblich. Zu unterschiedlichen Fragestellungen zum Aufbau von Säulen, Fußboden, Wänden und der Kuppel wurden von mehreren Partnern des EU-Vorhabens Untersuchungen mit Radar, Impuls-Thermografie, Ultraschall, Mikroseismik, Geoelektrik und Flat-Jack durchgeführt.

1   Einleitung

Um Untersuchungsstrategien für historisches Mauerwerk zu entwickeln, müssen zunächst die zu bewertenden Schäden oder Probleme erkannt und analysiert werden. Die Typologie und der Zustand der Baukonstruktion müssen erfasst und das angestrebte Beurteilungsniveau festgelegt werden. Im Europäischen Forschungsvorhaben ONSITEFORMASONRY werden entsprechende Strategien entwickelt, die auf der Anwendung zerstörungsfreier (ZfP) und zerstörungsarmer Untersuchungsmethoden basieren und die an realen Objekten wie dem Alten Museum in Berlin getestet werden. [1]

Das Alte Museum im Berliner Stadtzentrum wurde von Karl Friedrich Schinkel entworfen und wurde zwischen 1823 und 1830 auf dem Lustgarten errichtet. Bild 1 zeigt die Ansicht vom Lustgarten aus. Das Gebäude wurde mit einem säulengetragenen Atrium und einer zentralen Kuppel, die dem römischen Pantheon gleicht, nach dem Vorbild antiker Tempel konzipiert. Es ist die älteste Ausstellungshalle Berlins. Im zweiten Weltkrieg brannten Teile des Gebäudes nieder. Der Wiederaufbau der zerstörten Gebäudeteile im Jahr 1966 wurde mit nur geringfügigen Änderungen an der historischen Struktur durchgeführt; die meisten Teile der historischen Konstruktion sind weitgehend erhalten.

1999 starteten die Planungen für einen großangelegten Umbau des Museums innerhalb des für die gesamte Museumsinsel vorgesehenen Masterplans, der die heutigen Nutzungsanforderungen an Museumsgebäude berücksichtigt. Umfangreiche Untersuchungen müssen durchgeführt werden, um die strukturelle Unversehrtheit der Bauwerke zu gewährleisten und gleichzeitig eine Basis für den nachhaltigen, beträchtlichen Umbau des Museums zu bilden.

Das Alte Museum war zu allen Zeiten für die Bauforschung von großem Interesse. Archivstudien der Technischen Universität Berlin lieferten Informationen über die Struktur des Gebäudes, die für die Untersuchungen im Europäischen Forschungsprojekt ONSITEFORMASONRY von großer Wichtigkeit sind.

An den nachfolgend genannten Bauteilen mit entsprechender Fragestellung wurden systematische Messungen mit Radar, Impuls-Thermografie, Ultraschall, Mikroseismik, Geoelektrik und Flat-Jack durchgeführt (siehe auch Bild 2):

- Untersuchungen der inneren Struktur der großen Säulen im Eingangsbereich des Museums. Hierbei wurde beispielhaft die äußerste Säule am westlichen Ende der Eingangshalle ausgewählt, um die Anwesenheit und Art der Verbindungselemente der einzelnen Trommeln mit Radar zu untersuchen.
- Untersuchung der inneren Struktur und Ermittlung des Feuchtegehaltes einer tragenden Innenwand im Keller. Das Fundament des Alten Museums besteht aus Natur-Kalkstein und wird von hölzernen Rammpfählen getragen. Die Wände oberhalb des Keller-Fundamentes bestehen aus Ziegeln. Zumindest der aus Naturstein bestehende Keller ist zeitweise der Feuchtigkeit ausgesetzt. Die innere

tragende Wand, die für die Untersuchungen ausgewählt wurde, ist von beiden Seiten aus zugänglich. An beiden Seiten der Wand gibt es fest verbundene Wandvorbauten. Auf der unverputzten Wandseite nahe der Außenwand ist ein Riss mit Breiten von 0,5 bis 3 cm sichtbar. Der Riss folgt den Mauerfugen vom unteren Bereich der Decke bis hinunter zum Fußboden. Messungen mit Radar, Geoelectric, Microseismic, Mikrowellen-Bohrlochverfahren und dem zerstörungsarmen Flat-Jack Verfahren wurden an dieser Position durchgeführt, um die innere Struktur der Wand aufzuklären, die Feuchteverteilung zu bestimmen und die Tragfähigkeit der Wand einzuschätzen.

Bild 1:   Altes Museum in Berlin-Mitte, Ansicht vom Lustgarten.

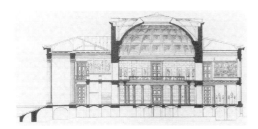

Bild 2:   Schnitt des Alten Museums mit der Darstellung der verschiedenen Konstruktionselemente in Eingangshalle, Rotunde und Keller.

Ein Teil der Ergebnisse wird im folgenden vorgestellt.

2   Untersuchung der inneren Struktur einer Säule im Eingangsbereich

Das Radarverfahren basiert auf der Laufzeitmessung kurzer elektromagnetischer Impulse, die von einer Sendeantenne emittiert und an Grenzflächen mit unterschiedlichen dielektrischen Eigenschaften (z. B. Sandstein/Luft, Sandstein/Metall) reflektiert werden. [2], [3]

Um einen Überblick über den Aufbau der ausgewählten westlichen Säule zu bekommen, wurden zunächst vier vertikale, gleichmäßig auf dem Säulenumfang verteilte Radarmessspuren markiert. Mit der 900 MHz-Antenne wurden Messungen über die volle Länge der Säule (10,2 m) durchgeführt, wobei die Weglänge über ein an der Antenne befestigtes Messrad aufgezeichnet wurde. Bild 3 zeigt eines der dabei entstandenen Radargramme. Darin sind die Oberflächen- und das Rückwandsignal erkennbar. Die Laufzeit des Rückwandechos steigt von der Spitze der Säule bis zum Sockel kontinuierlich an, was durch den zunehmenden Umfang der Säule begründet ist. Unmittelbar unterhalb des Oberflächensignals sind in gleichmäßigem Abstand hyperbelförmige Reflexionen zu erkennen, die von den Fugen zwischen den einzelnen Säulensegmenten hervorgerufen werden. Da die Intensität der Reflexionen sehr groß ist, wird angenommen, dass die Fugen teilweise mit Blei gefüllt sind. Diese Bleischichten dienten beim Bau der Säulen als Gleitmittel, um die Trommeln besser zueinander ausrichten zu können.

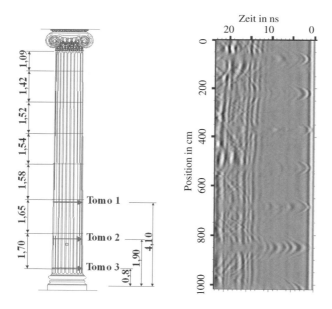

Bild 3:   Untersuchte Säule (links) und Radargramm einer senkrechten Messspur, aufgenommen über die volle Säulenhöhe mit der 900MHz Antenne. Die Lage der Reflexionshyperbeln entspricht der Lage der Fugen zwischen den Säulensegmenten.

Für detaillierte Untersuchungen der Fugen zwischen den Säulensegmenten wurden horizontale Messlinien entlang des Säulenumfangs in Bereichen oberhalb und unterhalb der Fugen mit der 1,5 GHz-Antenne durchgeführt. In Bild 4 ist ein entsprechendes Radargramm dargestellt. Wegen der Kanneluren erscheint die Rückwandreflexion als wellenförmiges Band. Auffällige Reflexionen sind in einer Tiefe von 70 und 75 cm zu erkennen. Die Lage und Intensität dieser Reflexion ändern sich mit der Position der Antenne auf der 360° umfassenden Messspur. Bei gegenüberliegenden Antennenpositionen (180°) sind die Reflexionen gleich, woraus geschlossen werden kann, dass eine rechteckige Hohlstelle (Länge ca. 7 bis 10 cm, Breite 2 bis 3 cm) in der Mitte der Segmente jeweils unterhalb der Fugen vorhanden ist. Dieses Loch, am oberen Ende jeder Trommel angebracht, diente wahrscheinlich der Montage und Ausrichtung der Säulensegmente. Es konnten keinerlei Hinweise auf metallische Segmentverbindungen gefunden werden.

Die restaurierten Bereiche der Säulenoberfläche konnten zwar detektiert werden, nicht jedoch ihre Stärke.

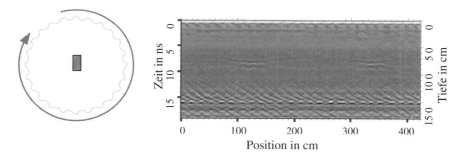

Bild 4: Links: Rechteckige Hohlstelle im oberen Teil jedes Segments, die zum Transport und zur Ausrichtung verwendet wurden.

Rechts: Radargramm einer horizontalen Messspur, aufgenommen mit der 1,5 GHz-Antenne im oberen Teil eines der Segmente.

3   Untersuchung von Struktur und Feuchtegehalt einer tragenden Kellerwand

Für die Aufklärung der inneren Struktur und die Bestimmung der Materialeigenschaften der tragenden Innenwand im Keller des Alten Museums (Planausschnitt in Bild 5 links, Wandansicht mit großem Riss in Bild 5 rechts) wurden verschiedene tomografische Untersuchungen mit Radar-, akustischen und geoelektrischen Verfahren durchgeführt. Die Messpositionen sind in Bild 5 links dargestellt, die beiden Radarmesspuren sind auch im Foto in Bild 5 rechts eingezeichnet. Weiterhin erfolgten an vier Messpositionen Messungen mit dem Flat-Jack.

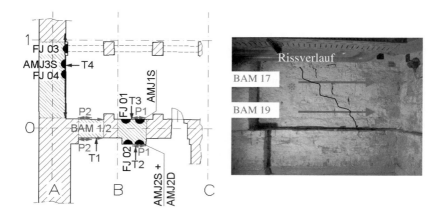

Bild 5: Links: Ausschnitt aus dem Grundgriss des Kellers. P1, P2: Messstellen der Schall-Transmissionsmessungen. T1 bis T5: Geoelektrische Profile. BAM1, BAM2: Radartomografie Profile. AMJ1S bis AMJ3S: Einfaches Flat-Jack (Polimi). AMJ2D: Double flat-jack by Polimi. FJ01 bis FJ04: Einfaches Flat-Jack von Geocisa.

Rechts: Teilansicht der untersuchten tragenden Innenwand im Keller mit großem Riss. Die Pfeile zeigen die Messspuren der Radartomografie.

Schallverfahren

Die akustischen Druckwellen (20 Hz bis 20 kHz) wurden mit einem instrumentierten Hammer erzeugt und mit einem Beschleunigungsaufnehmer erfasst. Mit diesem Verfahren können sowohl die elastischen Eigenschaften des Mauerwerks als auch qualitative Informationen über Morphologie und Konsistenz gewonnen werden. [4]

Es wurden an zwei in Bild 5 dargestellten Positionen (P1 und P2) Transmissionsmessungen an 48 Sende/Empfangspositionen (Raster: 6 x 8, Abstand der Messpunkte 15 cm) aufgenommen. Die Wanddicke an der Messstelle P1 betrug 1,71 m. Die Ergebnisse der ermittelten Schallgeschwindigkeiten sind in Bild 6 dargestellt. Für die Position P2 ergeben sich ähnliche Werte.

Die gemessenen Ausbreitungsgeschwindigkeiten liegen zwischen 1600 und 2600 m/s mit einem Mittelwert von 2150 m/s und einer Streuung von 38% (ca. 1000 m/s). Im oberen Teil des Messfeldes treten niedrigere Geschwindigkeiten auf als im unteren Bereich. Dies kann nicht allein durch höhere Lasten im unteren Bereich erklärt werden, wahrscheinlicher ist dort ein höherer Feuchtegehalt. [5] Insgesamt sind die gemessenen Werte typisch für Mauerwerk in mittelgutem bis gutem Zustand. [6]

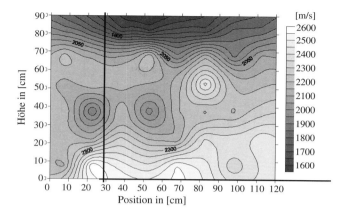

Bild 6: Verteilung der Schallgeschwindigkeit an der Messstelle P1, ermittelt aus Transmissionsmessungen.

Geoelektrik

Elektrische Tomografieuntersuchungen [7] wurden an fünf Positionen durchgeführt: Vier vertikale (von T1 bis T4) und ein horizontales Profil (T5) (Bild 5) wurden erfasst. Bild 7 zeigt das Ergebnis der vertikalen Messstelle T2 als rekonstruiertes Tomogramm. Im unteren Bereich der Wand ist deutlich ein niedrigerer elektrischer Widerstand als im oberen Bereich zu erkennen, was ebenfalls auf einen erhöhte Feuchtegehalt im unteren Bereich hindeutet.

Radar

Radarmessungen mit zwei 900 MHz-Antennen in Transmissionsanordnung wurden entlang zweier markierter Messspuren (BAM1 und BAM2 in Bild 5) durchgeführt. Die Sendeantenne hatte eine feste Position, wogegen die Empfangsantenne auf der gegenüberliegenden Seite der Wand horizontal auf den Markierungen geführt wurde. Ingesamt wurden 15 Messspuren mit einem Abstand von 10 cm aufgezeichnet. Die Daten wurden mit dem von der Universität Mailand entwickelten Programm TOMO-POLI [8] ausgewertet und rekonstruiert. Die entsprechenden Geschwindigkeitsverteilungen sind in Bild 8 als rekonstruierte Tomogramme dargestellt. Die Geschwindigkeiten im unteren Tomogramm sind niedriger, was auf einen höheren Feuchtegehalt im unteren Teil der Wand hindeutet.

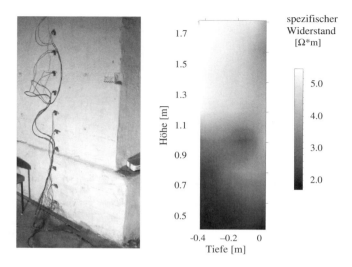

Bild 7:   Li: Vertikale Anordnung des Elektrodenarrays
                   für die geoelektrischen Messungen.
              Re: Rekonstruierte elektrische Widerstandsverteilung (T2).

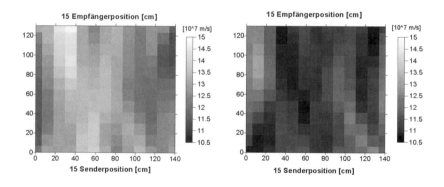

Bild 8:   Rekonstruierte horizontale Geschwindigkeitsverteilung entlang des Quer-
              schnittes der Kellerwand.
              Links: Profil entlang der Spur 17.
              Rechts: Profil entlang der Spur 19. Geschwindigkeitswerte in 10^{-2} m/ns.

Flat-Jack

Mit dem Flat-Jack Verfahren kann der lokale Spannungszustand der Wand bestimmt werden. [9], [10] Das Prinzip basiert auf der Messung der vertikalen Setzung der belasteten Wand hervorgerufen durch eine horizontale Nut. In diese Nut wird der Flat-Jack hineingeschoben und solange mit Öl aufgepumpt, bis der ursprüngliche Abstand mehrerer vorher markierter Messpunkte wieder erreicht ist. POLIMI und Geocisa führten an insgesamt vier Positionen (siehe Bild 5) einfache Flat-Jack und an einer Position doppelte Flat-Jack Messungen durch. Die Ergebnisse sind in Tabelle 1 zusammengefasst und zeigen an allen Messpositionen ähnliche Ergebnisse.

Tabelle 1: Ergebnisse der einfachen und doppelten Flat-Jack Tests an der Kellerwand des Alten Museums.

	Einfacher Flat-Jack AMJxS σ in N/mm^2	Einfacher Flat-Jack FJx σ in N/mm^2	Doppelter Flat-Jack (AMJ2D) E in N/mm^2
Position 1	1,13	1,50	-
Position 2	0,96	1,00	33900
Position 3	0,79	0,9	-
Position 4	-	0,7	-

Zusammenfassung und Ausblick

Mit dem Radarverfahren konnte in der untersuchten Säule in den oberen Bereichen der Trommeln (unterhalb der Fuge) jeweils ein sog. Wolfsloch geortet werden, das zum Transport der Trommeln genutzt wurde. Die Anwesenheit von metallischen Verbindungselementen kann höchstwahrscheinlich ausgeschlossen werden.

Die Ergebnisse der akustischen Verfahren sowie der Radarmessungen weisen auf relativ homogenes Mauerwerk der tragenden Kellerinnenwand hin. Beide Verfahren und die geoelektrischen Messungen ergeben in Übereinstimmung einen höheren Feuchtegehalt im unteren Bereich der Wand. Dort wurden kleine Bohrkerne (Durchmesser 12 mm) entnommen und deren Feuchtegehalt nach dem Darr-Verfahren ermittelt. In Tiefen von 0 bis 30 cm ergab sich dabei ein Wert von 0 bis 2 Vol%, in größeren Tiefen stieg dieser bis zu 10 Vol% an.

Die einfachen Flat-Jack Tests ergeben einen ähnlichen Spannungszustand an den vier untersuchten Messstellen. Das mit dem doppelten Flat-Jack gemessene lokale Elastizitätsmodul ist mit 33900 N/mm² sehr hoch. Eine zusätzliche Untersuchung in einem dünnen Bohrloch mit Videoskopie ergab Unterschiede in der Mauerwerksstruktur entlang des Wandquerschnitts. Das lässt vermuten, das die Lastverteilung entlang des Wandquerschnitts ebenfalls inhomogen ist.

Es ist geplant, vom Westflügel des Alten Museums im Rahmen des Projektes eine 3D Finite Elemente Modellierung der Lastverteilung durchzuführen und mit den Ergebnissen der Flat-Jack Untersuchungen zu kalibrieren. Dies ermöglicht die Simulation der internen Struktur und die Voraussage notwendiger Instandsetzungsmaßnahmen.

Danksagung

Diese Arbeit wurde von der Europäsche Kommission im 5. Rahmenprogramm gefördert. Wir danken Frau Röver (Technische Universität Berlin) und Frau Rüger (Bundesbauamt, Berlin) für ihre Unterstützung bei der Vorbereitung der Messeinsätze.

Literatur

[1]   www.onsiteformasonry.bam.de

[2]   D. Daniels, (1996), *Surface-Penetrating Radar*, The Institution of Electrical Engineers, London.

[3]   Ch. Maierhofer, J. Wöstmann, D. Schaurich, M. Krause, (2000), *Radar investigations of historical structures*. In: Proc. Non-Destructive Testing in Civil Engineering, Uomoto, T. (ed.), Elsevier, Tokyo, pp. 529-537.

[4]   Riva, G., Bettio, C., Modena, C. (1997), *The use of sonic wave technique for estimating the efficiency of masonry consolidation by injection*. Proc. 11th International Brick/Block Masonry Conference, Shangai, China, October 1997, pp. 28-39

[5]   G. Riva, C. Bettio, C. Modena, (1998), *Valutazioni quantitative di caratteristiche meccaniche di muratura in pietra esistenti mediante prove non distruttive*. Materiali e Strutture, "L'ERMA" di Bretschneider Ed., n°1.

[6]   M. C. Forde, K. F. Birjandi, A. J. Batchelor, (1985), *Fault detection in stone masonry bridges by non-destructive testing*. Proc. 2nd International Conference Structural Faults & Repair, Engineering Technics Press, Edinburgh, pp. 373-379.

[7]   P. Cosentino, D. Luzio, R. Martorana, L. D'Onofrio, M. Marchisio, G. Ranieri, (1998), *Tomographic Pseudo-Inversion of Pole-Pole and Pole-Dipole Resistivity Profiles*. Atti SAGEEP, Chicago, 22-26 Marzo 1998.

[8]   S. Valle, L. Zanzi, , L. Binda, A. Saisi, G. Lenzi, (1998), *Tomography for NDT applied to masonry structures: Sonic and/or EM methods*. In "Arch bridges", A. Sinopoli Editor, Balkema, Rotterdam, pp. 243-252.

[9]   L. Binda, C. Tiraboschi, (1999), *Flat-Jack Test as a Slightly Destructive Technique for the Diagnosis of Brick and Stone Masonry Structures*. Int. Journal for Restoration of Buildings and Monuments, Int. Zeitschrift für Bauinstandsetzen und Baudenkmalpflege, Zürich, pp. 449-472.

[10] ASTM (1999), *Standard test method for in situ compressive stress within solid unit masonry estimated using the flat-jack method,* ASTM C 1196-95, Philadelphia, ASTM

Haftung des Sachverständigen

G. Budde
Berlin

Zusammenfassung

Die Haftung des Sachverständigen bedarf einer neuen Darstellung, da sich gegenüber dem Vortrag auf den 10. Hanseatischen Sanierungstagen wesentliche Änderungen ergeben haben. Erstmals ist die Haftung des gerichtlichen Sachverständigen in § 839 a BGB gesetzlich geregelt. Die Neuregelung gilt mit Wirkung vom 01. August 2002. Sie ist beschränkt auf den gerichtlichen Sachverständigen. Der Schuldner muss darlegen, dass ihm durch eine gerichtliche Entscheidung ein Schaden entstanden ist und dass diese gerichtliche Entscheidung auf dem unrichtigen Gutachten beruht. Darüber hinaus ist die Haftung des gerichtlichen Sachverständigen auf die Verschuldensformen Vorsatz und grobe Fahrlässigkeit beschränkt.

Neben der Neuregelung der Haftung des gerichtlichen Sachverständigen haben sich auch bei der Haftung des Privatsachverständigen durch das Schuldrechtsmodernisierungsgesetz Änderungen ergeben, die im Text ebenso dargestellt werden wie die Haftung des Schiedsgutachters.

1   Einleitung

Mit Wirkung zum 01. August 2002 wurde die Vorschrift des § 839 a in das BGB aufgenommen. Damit ist erstmals die Haftung des gerichtlichen Sachverständigen gesetzlich geregelt. Auch die Haftung des Privatgutachters hat durch das Schuldrechtsmodernisierungsgesetz Änderungen erfahren. Angesichts der Tatsache, dass die Bedeutung von Sachverständigen in der Auseinandersetzung zwischen den Parteien erheblich angewachsen ist [1], soll die Haftungsproblematik im Folgenden dargestellt
werden.

2   Haftung des gerichtlichen Sachverständigen

2.1   Vertragliche Haftung

Eine vertragliche Haftung des gerichtlich bestellten Sachverständigen scheidet aus.
Die Auswahl des Sachverständigen erfolgt nach § 404 Abs. 1 ZPO durch das Gericht,
das den Sachverständigen auch ernennt. Durch die Ernennung wird ein besonderes
auf das jeweilige Verfahren beschränktes öffentlich-rechtliches Rechtsverhältnis auf
dem Gebiet des Prozessrechts begründet [2], nicht aber ein Vertragsverhältnis mit
den Parteien.
Gerichtliche Sachverständige werden gegenüber den Parteien nicht hoheitlich tätig.
Auch wenn der Sachverständige aufgrund eines öffentlich-rechtlichen Rechtsverhält-
nisses tätig wird, kommt in der Regel auch kein Vertrag mit Schutzwirkung zuguns-
ten Dritter in Betracht. [3]

2.2   Gesetzliche Haftung

Durch das Zweite Schadensersatzrechtsänderungsgesetz ist mit Wirkung vom
01.August 2002 § 839 a BGB als neuer Haftungstatbestand geschaffen worden. Danach ist ein vom Gericht ernannter Sachverständiger, der vorsätzlich oder grob fahrlässig ein unrichtiges Gutachten erstattet, zum Ersatz des Schadens verpflichtet, der
einem Verfahrensbeteiligten durch eine gerichtliche Entscheidung entsteht, die auf
diesem Gutachten beruht. § 839 a BGB erfasst alle Fälle, in denen das schädigende
Ereignis nach dem 31. Juli 2002 eingetreten ist. Schädigendes Ereignis in diesem
Sinne ist die Erstattung des Gutachtens. [4]

• Unrichtiges Gutachten

Voraussetzung für eine Haftung aus § 839 a BGB ist zunächst, dass das Gutachten
des gerichtlich bestellten Sachverständigen unrichtig ist. Maßgeblich ist allein die
Ernennung durch das Gericht, ob der Sachverständige öffentlich bestellt und/oder
vereidigt ist, spielt keine Rolle. [5] Unrichtig ist das Gutachten, wenn es der objekti-

ven Sachlage nicht entspricht. [6] Entscheidend für die Unrichtigkeit des Gutachtens wird auch darauf abzustellen sein, ob das Gutachten logisch nachvollziehbar ist und keine formellen Fehler aufweist. [7]

- Schaden

Der Anspruchsteller muss darlegen, dass ihm durch die gerichtliche Entscheidung ein Schaden entstanden ist. Gerichtliche Entscheidungen sind Urteile, Beschlüsse, Verfügungen. Für einen Prozessvergleich gilt § 839a BGB nicht, auch nicht im Fall einer Klagerücknahme. [8] Erweist sich die gerichtliche Entscheidung trotz der fehlerhaften Tatsachengrundlage im Ergebnis als richtig, haftet der Sachverständige nicht. Im Gegensatz zur früheren Rechtslage schützt § 839a BGB nicht nur die absoluten Rechte des § 823 Abs. 1 BGB, sondern auch das Vermögen.

- Verschulden

Haftungsvoraussetzung ist weiter, dass der Sachverständige das Gutachten vorsätzlich oder grob fahrlässig unrichtig erstattet hat. Grobe Fahrlässigkeit liegt vor, wenn die verkehrserforderliche Sorgfalt in besonders schwerem Maße verletzt wird, schon einfachste, ganz nahe liegenden Überlegungen nicht angestellt werden und das nicht beachtet wird, was im gegebenen Fall jedem einleuchten müsste. [9] Maßstab ist der nach bestem Wissen und Gewissen tätige und auch über tatsächliche Ambivalenzen aufklärende Sachverständige. [10]

- Ausschluss des Anspruchs

Der Sachverständige kann wegen eines unrichtigen Gutachtens nicht in Anspruch genommen werden, wenn der Geschädigte es vorsätzlich oder fahrlässig unterlassen hat, den Schaden durch den Gebrauch eines Rechtsmittels abzuwenden. Dadurch soll verhindert werden, dass ein rechtskräftig abgeschlossenes Verfahren in Form eines Haftungsprozesses gegen den Sachverständigen neu aufgerollt wird. [11] Die Ablehnung des Gutachters wegen Befangenheit ist kein Rechtsmittel und mithin nicht Voraussetzung für einen Haftungsprozess.

- Verjährung

Die regelmäßige Verjährungsfrist beträgt nach § 195 BGB drei Jahre. Sie beginnt mit dem Schluss des Jahres, in der der Anspruch entstanden ist und der Gläubiger von den den Anspruch begründenden Umständen und der Person des Schuldners Kenntnis erlangt hat oder ohne grobe Fahrlässigkeit erlangen müsste. Bei Schadensersatzansprüchen tritt die Verjährung gem. § 199 Abs. 3 S. 1 Nr. 1 BGB nach 10 Jahren ab

Entstehung des Anspruches bzw. gem. § 199 Abs. 3 S. 1 Nr. 2 BGB spätestens in 30 Jahren nach dem Eintritt des schädigenden Ereignisses ein.

3   Haftung im Rahmen eines Schiedsgerichts

Bestellt ein Schiedsgericht nach § 1049 Abs. 1 ZPO einen Sachverständigen, so kommt im Gegensatz zum gerichtlichen Sachverständigen kein öffentlich-rechtlicher Vertrag zustande. Vielmehr tritt der Sachverständige in ein privatrechtliches Vertragsverhältnis zu den Parteien. [12] Mithin haftet er in der Regel nach den Vorschriften des Werkvertragsrechts für jede Art von Fahrlässigkeit, wenn er nicht eine Haftung wegen leichter Fahrlässigkeit vertraglich ausgeschlossen hat. [13] Soweit der BGH in einer Entscheidung aus dem Jahre 1964 [14] die Haftung des vom Schiedsgericht bestellten Sachverständigen der Haftung des gerichtlich bestellten Sachverständigen gleichgestellt hat, dürfte diese Entscheidung heute so nicht mehr zu halten sein.

4   Haftung des Privatgutachters

4.1   Grundlagen

Für die Haftung des Privatgutachters gilt das Gewährleistungsrecht des BGB, da es sich bei der Gutachtenerstattung in der Regel um einen Werkvertrag handelt. Der Sachverständige haftet demnach nach den Vorschriften der §§ 633 ff BGB in Verbindung mit §§ 280 ff BGB.

4.2   Mangelhafte Leistung

Voraussetzung für eine Haftung ist, dass ein Mangel vorliegt. Es gilt § 633 Abs. 2 BGB. Danach ist das Werk frei von Sachmängeln, wenn es die vereinbarte Beschaffenheit hat. Fehlt es an einer vereinbarten Beschaffenheit, ist das Werk frei von Sachmängeln, wenn es sich für die nach dem Vertrag vorausgesetzte, sonst für die gewöhnliche Verwendung eignet und eine Beschaffenheit aufweist, die bei Werken der gleichen Art üblich ist und die der Besteller nach der Art des Werkes erwarten kann.

4.3   Rechtsfolgen

Der Besteller kann zunächst nach §§ 634 Nr. 1, 635 BGB Nacherfüllung verlangen. Der Sachverständige muss also nach seiner Wahl den Mangel beseitigen oder das Gutachten neu erstellen. Hat der Besteller dem Sachverständigen (Unternehmer) fruchtlos eine angemessene Frist zur Nacherfüllung gesetzt, kann er nach § 637 BGB den Mangel selbst beseitigen, d.h. einen anderen Gutachter beauftragen und Ersatz der dafür erforderlichen Aufwendungen verlangen. Nach §§ 636, 326 Abs. 5 BGB kann der Besteller auch vom Vertrag (Gutachtenauftrag) zurücktreten oder aber nach § 638 BGB die Vergütung mindern. Voraussetzung ist, dass eine Frist zur Nacherfüllung erfolglos verstrichen ist. Schließlich kann der Besteller unter den Voraussetzungen der §§ 636, 280, 281, 283 und 311 a BGB Schadensersatz verlangen, sofern der Sachverständige die Mängel zu vertreten hat.

4.4 Verjährung

Nach § 634 a Abs. 1 Nr. 3 BGB verjähren die Gewährleistungsansprüche in der kurzen Frist des § 195 BGB. Hat sich das Ergebnis des Gutachtens in einem Bauwerk „verkörpert" oder hängt das Ergebnis des Gutachtens eng und unmittelbar mit dem Mangel eines Bauwerks zusammen (z.b.: Sanierungs- und Statikgutchten) [15], gilt nach § 634 a Abs. 1 Nr. 2 BGB eine Frist von fünf Jahren.

5 Haftung des Schiedsgutachters

Eine Besonderheit stellt die Haftung des Schiedsgutachters dar. Inhalt und Umfang der Tätigkeit werden durch den Auftrag bestimmt, die Sorgfaltspflichten sind dieselben, als wenn der Gutachter im Einzelauftrag tätig wird. [16] Allerdings haften Schiedsgutachter nur, wenn ihre Pflichtverletzung dazu führt, dass ihr Gutachten wegen offenbarer Unrichtigkeit unverbindlich ist. [17] Das hängt damit zusammen, dass der Schiedsgutachter nach § 317 Abs. 1 BGB die Bestimmung der Leistung in seinem Gutachten nach billigem Ermessen zu treffen hat. Die Bestimmung der Leistung durch ihn, d. h. sein Gutachten, ist für die Vertragsparteien nicht verbindlich bei offenbarer Unrichtigkeit. Ist das Gutachten zwar nicht frei von Fehlern, weist es aber andererseits keine offenbare Unrichtigkeit auf, so ist es für die Vertragsparteien maßgebend. Die Parteien, die einen Schiedsgutachter beauftragen, müssen wissen, dass die Bestimmungen des Schiedsgutachters für sie verbindlich sind, es sei denn, sie sind offensichtlich unrichtig. Daraus folgt, dass sie den Schiedsgutachter wegen etwaiger Fehler, die die Verbindlichkeit des Gutachtens nicht in Frage stellen, nicht in Anspruch nehmen können. [18]

Literatur

[1] Brückner/Neumann, MDR 2003, 906
[2] Vogel, in *Thode/Wirth/Kuffer, Praxishandbuch Architektenrecht, § 18 Rdn 12*
[3] BGH Urt. v. 20.5.03 – VI ZR 312/02 = NJW 2003, 2825; Rixecker, in *Geigel, Der Haftpflichtprozess, 24.Aufl., 35. Kapitel Rdn 1*
[4] Rixecker, in *Geigel, Der Haftpflichtprozess, 24.Aufl., 35. Kapitel Rdn 2*
[5] Palandt-Sprau, *BGB, 63. Aufl., § 839a Rdn 2*
[6] OLG Hamm Beschluss v. 17.7.1997 – 13 W 1/96 = NJW-RR 1998, 1686; Wagner, in *Münchener Kommentar, BGB, 4. Aufl., § 839a Rdn 17*

[7]   Brückner/Neumann, MDR 2003, 906, 908

[8]   Wagner, in *Münchener Kommentar, BGB, 4.Aufl., § 839a Rdn 20;* Brückner /
      Neumann, MDR 2003, 906, 908

[9]   BGH Urt. v. 15.11.01 – I ZR 182/99 = NJW-RR 2002, 1108, 1109

[10] Wagner, NJW 2002, 2049, 2062; Rixecker, in *Geigel, Der Haftpflichtprozess,
      24. Aufl., 35.Kapitel Rdn 6*

[11] Rixecker, in *Geigel, Der Haftpflichtprozess, 24. Aufl., 35. Kapitel Rdn 10*

[12] Wagner, in *Münchener Kommentar, BGB, § 839a Rdn 10;* Wagner, NJW 2002,
      2049, 2063

[13] Wagner, in *Münchener Kommentar, BGB, § 839a Rdn 10*

[14] BGH Urt. v. 19.11.1964 – VII ZR 8/63 = BGHZ 42, 313, 316 = NJW 1965, 298

[15] Brückner/Neumann, MDR 2003, 906, 911

[16] Vogel, in *Thode/Wirth/Kuffer, Praxishandbuch Architektenrecht, § 18 Rdn 56*

[17] BGH Urt. v. 22.4.1965 – VII ZR 15/65 = BGHZ 43, 374 = NJW 1965, 1523

[18] Vogel, in *Thode/Wirth/Kuffer, Praxishandbuch Architektenrecht, § 18 Rdn 56*

Mediation im Bauwesen

I. Fortmann
Wien

Zusammenfassung

Die herkömmlichen Konfliktlösungsverfahren wie Zivil-, Verwaltungs- und Strafprozesse erfüllen oft nicht die erwünschten Anforderungen von komplexen Streitigkeiten. Meist werden nur Teilprobleme gelöst, welches bei allen Beteiligten zur Unzufriedenheit führt. Häufig stehen die Parteien nach "geschlagener Schlacht" sogar als Verlierer da, da bei einem Vergleich die Anwalts- und Gerichtskosten von allen getragen werden.

Die Mediation eröffnet den verschiedenen Interessensgruppen, Bauherren, Nachbarn, Bauunternehmern und politischen Entscheidungsträgern neue Möglichkeiten für die Schlichtung von Streitigkeiten, vor allem im öffentlich rechtlichen Bereich. Mediation ist eine auf Win Win Lösungen orientierte Konfliktlösungsmethode, bei der - mit Hilfe eines neutralen, allparteilichen Mediators - eine für die Beteiligten faire Streitbeilegung angestrebt wird. Es handelt sich um ein außergerichtliches Verfahren, das zum Ziel hat, den streitenden Parteien zu einer Einigung aus freiem Willen zu verhelfen. Die Parteien haben die Möglichkeit, eigenverantwortliche Lösungen unter Wahrung ihrer Würde und unter Berücksichtigung ihrer Interessen zu finden.

Besonders in langfristigen Geschäftsverbindungen und bei vertrackten Auseinandersetzungen ist die Mediation eine echte Alternative zu langwierigen Prozessverfahren. Die Klienten erreichen durch den Mediationsprozess eine deutliche Verbesserung ihrer Konfliktkompetenz - das wirkt sich auch generell auf eine positive Kommunikationsfähigkeit im Konfliktverhalten aus.

1   Einführung

Im Zuge von Projektausführungen und Betriebsverfahren ergeben sich häufig unvorhergesehene Probleme, beispielsweise durch Interessensunterschiede, technische Schwierigkeiten, Behinderungen durch andere Auftragnehmer, missverständliche Planung oder differente Auffassungen.

Diese Umstände führen zu Konflikten, die das ursprünglich gute Einvernehmen der Beteiligten beeinträchtigen und im schlimmsten Fall nur mehr sehr kostenintensiv durch Anwälte vor Gericht ausgetragen werden können. Mediation bietet für diese Fälle ein professionelles, auf Kooperation der Parteien basierendes Instrument zur Konfliktlösung an, das traditionelle Gerichts- und Behördenverfahren ersetzen, ergänzen oder erheblich verkürzen kann.

Innerhalb des Mediationsprozesses haben die Parteien die Möglichkeit, eigenverantwortliche Lösungen unter Berücksichtigung ihrer Interessen zu finden. Dies ist vor allem im Rahmen langfristiger Geschäftsverbindungen und bei komplexen Fragestellungen von entscheidender Bedeutung.

2   Geschichte und Entwicklung der Mediation

Konfliktbewältigung im Sinne der Mediation ist keine Erfindung der Neuzeit, sondern geht auf eine Jahrtausende alte Tradition zurück. Bereits der griechische Philosoph Solon (640 - 560 v. Chr.) legte zu seiner Zeit ein eindrucksvolles Zeugnis für den mediativen Gedanken ab. Auch im neuen Testament (Vgl. Bibel Matthäus 5,9; 1. Timotheus 2,5; 1. Korinther 6,1-6) sind Hinweise auf die christlich-abendländische Kultur der vermittelnden, einvernehmlichen Konfliktlösung zu finden.

In Europa wurde erstmals 1648 ein militärischer Konflikt - der 30-jährige Krieg - letztendlich durch vermittelnde Tätigkeit eines Vertreters der Republik Venedig, Alvise Conarini, beendet.

Auch in östlichen Kulturen wie China und Japan spielt die alternative Konfliktbehandlung seit jeher eine große Rolle. Sie wurde dort bereits vor 2000 Jahren angewendet und ist bis heute ein fester Bestandteil in der Abwicklung von Streitfällen im privaten und öffentlichen Bereich. Einen Kompromiss zu erreichen wird in diesen Ländern weit höher bewertet, als sein persönliches Recht durchzusetzen (Konfuzianismus). So ersetzt gegenwärtig die Mediation in China nahezu die Justiz. Mediatoren vermitteln dort jährlich 7 bis 8 Millionen Konflikte, die zu 90 % erfolgreich gelöst werden.

Chinesische Einwanderer waren es dann auch, die Mitte der 60er Jahre die ersten Mediationszentren in den USA gründeten. 1980 wurde in Kalifornien ein Gesetz eingeführt, das die Vermittlung in allen strittigen Sorge- und Besuchsrechtsverfahren obligatorisch machte. In den 80er Jahren weitete sich die Mediation zunehmend auch auf die Bereiche der Wirtschaft aus und spätestens seit den 90er Jahren existiert Me-

diation als eigenes Berufsbild mit eigenständiger Ausbildung und verbreiteter Anwendung in der Wirtschaft, im Nachbarrecht, im öffentlichen Bereich etc.

Nach Europa kam die professionelle Mediation in den 70er Jahren. In Schweden entstanden damals mediative Verfahren für sorgerechtliche Konflikte. In England wird
Mediation seit 1976 empfohlen, ist aber kein verpflichtender Bestandteil des Rechts-
systems.

In Deutschland wurde Mediation durch amerikanische Vertreter wie John Haynes in
den 80er Jahren eingeführt. Seit etwa 10 bis 15 Jahren wird Mediation im Rahmen
der Familienmediation bei Trennung und Scheidung und beim Täter- Opfer-
Ausgleich angewendet. Somit wurde in Deutschland der englische und schwedische
Ansatz übernommen. Hierzu fand sich fruchtbarer Boden, da in strafprozessualen
sowie in familienrechtlichen Angelegenheiten die gerichtlichen Verfahren für alle
Parteien - auch für die Organe der Rechtspflege - wenig zufriedenstellend verliefen.
Es kam zwar zu einem sachgerechten Ergebnis, diese entsprachen jedoch oft nicht
dem Gerechtigkeitsgefühl der Beteiligten und provozierten somit Folgetaten und wei-
tere Konflikte.

In Österreich setzte sich ein erstes mediatives Verfahren Mitte der 80er Jahre in Form
des außergerichtlichen Tatausgleiches (ATA) im Jugendstrafrecht durch. Seit Anfang
der 90er Jahre wird dieser Modellversuch auch im allgemeinen Strafrecht für Er-
wachsene mit großem Erfolg angewendet. Mittlerweile ist Mediation bereits einer
breiten Bevölkerungsschicht bekannt und wird in den verschiedensten Bereichen angewendet (vgl. auch Th. Flucher et al., 2002: Mediation im Bauwesen, Verlag Ernst
& Sohn).

3   Was ist Mediation?

Nach der in Österreich geltenden gesetzlichen Definition ist Mediation eine auf Freiwilligkeit der Parteien beruhende Tätigkeit, bei der ein fachlich ausgebildeter, neutra-
ler Vermittler (Mediator) mit anerkannten Methoden die Kommunikation zwischen
den Parteien systematisch mit dem Ziel fördert, eine von den Parteien selbst verant-
wortete Lösung ihres Konfliktes zu ermöglichen (BGBl Nr. 29, Teil 1, Jg. 2003).

In Deutschland ist die Mediation nicht gesetzlich verankert. Die Richtlinien werden
im Wesentlichen von den großen Verbänden, wie z.B. dem Bundesverband Mediation e.V., der Centrale für Mediation etc. erstellt. Die im folgenden angeführten
Grundsätze stammen aus den österreichischen gesetzlichen Vorgaben, stimmen jedoch mit den Richtlinien der großen deutschen Verbände im Großen und Ganzen ü-
berein.

Freiwilligkeit

Die Parteien und der Mediator unterziehen sich freiwillig dem Mediationsprozess.
Ein Ausstieg ist jederzeit möglich.

Parteienverantwortlichkeit

Der Mediationsprozess liegt grundsätzlich in der Verantwortung der Konfliktparteien. Sie bestimmen Beginn, Verlauf und Ende. Die Parteien entscheiden auch, welche Streitpunkte behandelt werden sollen und welche nicht.

Vertraulichkeit

Informationen aus dem Mediationsverfahren sind vertraulich. Sie dürfen vom Mediator ohne Einwilligung aller Parteien auch in eventuellen späteren Gerichts- oder Schiedsverfahren nicht preisgegeben werden. Der Mediator kann und darf nach Abschluss der Mediation nicht als Zeuge, Gutachter oder Anwalt für eine Partei tätig werden.

Hemmung von Fristen

Um durch den Mediationsprozess keinen juristischen Nachteil zu erleiden, regelt das österreichische Gesetz unter anderem auch die entsprechende Aussetzung rechtlicher Abläufe und Fristsetzungen.

"Der Beginn und die gehörige Fortsetzung einer Mediation durch einen eingetragenen Mediator hemmen Anfang und Fortlauf der Verjährung sowie sonstiger Fristen zur Geltendmachung der von der Mediation betroffenen Rechte und Ansprüche."
Die Parteien können schriftlich vereinbaren, dass die Hemmung auch andere zwischen ihnen bestehende Ansprüche, die von der Mediation nicht betroffen sind, umfasst." (BGBl. Nr. 29, Teil 1, § 22; Jg. 2003)
Dieser Punkt ist in Deutschland nicht geregelt.

4   Der Mediator

Die Tätigkeit des Mediators konzentriert sich darauf, die Kommunikation zwischen den Konfliktparteien (wieder)herzustellen bzw. aufrechtzuerhalten und den Konfliktparteien bei der Klärung und beim Ausgleich ihrer Interessen zu helfen, ohne im Konflikt selbst Partei zu ergreifen oder zur Partei zu werden. Er hilft den Konfliktparteien, sich über ihre Gefühle und Interessen klar zu werden und sie zu artikulieren. Er sorgt für den Ausgleich des Machtgefälles und achtet auf die Realisierbarkeit von Vereinbarungen. Um dies leisten zu können, muss der Mediator Sachwissen bezüglich des Konfliktgegenstandes besitzen und über professionelle kommunikative Kompetenz verfügen. Er muss den Respekt und das Vertrauen der Konfliktparteien gewinnen und von ihnen für fähig gehalten werden, zu einer fairen Problemlösung beizutragen. Er darf kein eigenes Interesse an einem bestimmten Ausgang des Prozesses haben und sollte weder Partei ergreifen noch Wertungen und Urteile abgeben.

Der Mediator ist verantwortlich für den Gang der Gespräche, jedoch nicht für deren Ergebnis. Seine Aufgabe ist es, klare Strukturen zu schaffen und den Weg für einen konstruktiven Lösungsprozess zu ebnen. Dazu gehört insbesondere, den Ablauf des Mediationsverfahrens transparent zu gestalten, die eigene Rolle als Mediator klar zu definieren, Regeln für die Kommunikation aufzustellen und auf deren Einhaltung zu achten.

Ausbildung des Mediators

DEUTSCHLAND

In Deutschland gibt es keinen einheitlichen Ausbildungsstatus, jedoch Richtlinien der großen Verbände. Diese Richtlinien entsprechen im Wesentlichen den im Österreichischen Gesetz verankerten Anforderungen.

Der eigentliche Begriff MediatorIn ist, wie in Österreich, nicht geschützt. Die großen Verbände haben daher für die Qualitätssicherung und zum Nachweis einer fundierten Ausbildung Zusätze wie z.B. BM, BAFM BMWA je nach Ausbildungsinstitut und Verein als geschützte Bezeichnung eingeführt. So führt z.B. ein beim Bundesverband Mediation e.V. ausgebildeter Mediator die geschützte Bezeichnung "MediatorIn BM".

ÖSTERREICH

Das österreichische Ministerium für Justiz hat im Jahr 2003 das Zivilrechts-Mediations-Gesetz erlassen. In diesem Gesetz sind unter anderem Standards zur Regelung und Sicherung von Qualitätskriterien für die Mediation verankert, so auch für die Ausbildung. Zur Zeit umfasst die gesetzlich geregelte Ausbildung zum eingetragenen Mediator ca. 200 Stunden und ist in einer vom Ministerium für Justiz anerkannten Ausbildungseinrichtung zu absolvieren. Nach Abschluss des Lehrganges kann beim Ministerium um Eintrag in die Liste angesucht werden. Nur Mediatoren mit dem Zusatz "eingetragener Mediator" unterliegen somit auch den gesetzlichen Anforderungen und Bestimmungen.

Allparteilichkeit des Mediators

Gegenüber den Streitparteien ist der Mediator strikt allparteilich. Aufgrund dieses Prinzips kann ein Mediator nicht zuerst Teil einer Partei sein und später die Mediatorenrolle übernehmen. Umgekehrt ist es einem Mediator auch verwehrt, nach dem Mediationsverfahren die eine oder andere Partei - z.B. als Anwalt oder Gutachter - zu vertreten.

5   Der Mediationsvertrag

Über die Durchführung eines Mediationsverfahrens existieren keine gesetzlichen Regelungen. Die Beteiligten können den Prozess daher frei gestalten. Gleichzeitig machen es fehlende gesetzliche Bestimmungen aber erforderlich, Vereinbarungen über Rechte und Pflichten der Beteiligten und der Mediatoren zu treffen und die Gestaltung des Verfahrens schriftlich festzulegen.

Die folgende Aufzählung soll einen groben Überblick geben, welche Punkte im Rahmen einer Mediation im wirtschaftlichen Bereich berücksichtigt werden sollten. Die Liste erhebt keinen Anspruch auf Vollständigkeit und muss von Fall zu Fall individuell gekürzt oder ergänzt werden.

Rahmenbedingungen
- Vertragsparteien
- Vorhaben
- Vertragsgegenstand
- Bestandteile des Vertrages
- Pflichten der Mediatoren
- Pflichten der Beteiligten
- Sicherung der Unparteilichkeit der Mediatoren und der Vertraulichkeit
- Ort, an dem die Mediation durchgeführt werden soll
- Kündigung des Mediationsvertrages
- Honorar
- Haftung der Mediatoren
- Sonstige Bestimmungen

Verfahrensablauf
- Anwendungsbereich
- Beginn des Verfahrens
- Grundsätze des Verfahrens
- Zeitlicher Modus des Verfahrens
- Vertretung der Beteiligten im Verfahren
- Art der Ergebnispräsentation
- Beendigung des Verfahrens
- Hemmung von Fristen

6   Vorteile der Mediation

Zeitfaktor:
Der Mediationsprozess kann kurzfristig eingeleitet werden und ist in seinem Ablauf nicht durch äußere Verfahrensregeln bestimmt; der zeitliche Ablauf hängt nur von

den Parteien ab. Nachteile durch zeitliche Verzögerungen, wie etwa im Zuge eines Gerichtsprozesses, sind damit vermeidbar.

Kostenfaktor:

Das Mediationsverfahren ist mit vergleichsweise geringem finanziellem Aufwand verbunden und greift dadurch die materiellen Ressourcen der Parteien nicht unnötig an. Hohe Kosten für Gerichte und Anwälte können vermieden werden.

Unbürokratischer Ablauf:

Die Struktur des Mediationsprozesses kann der Problemstellung angepasst werden und ist bezüglich der Zahl und der formellen Parteienstellung der Teilnehmer offen, während gerichtliche Verfahren dafür häufig enge und dem Lösungsprozess hinderliche Grenzen setzen.

Individuelle Lösungen:

Das Ergebnis der Mediation kann im Einvernehmen der Parteien frei festgelegt werden und bietet damit im Gegensatz zu gerichtlichen Entscheidungen mehr Spielraum für individuelle Regelungen, die die jeweiligen Interessenslagen optimal berücksichtigen und ausgleichen können. Die Parteien verpflichten sich vertraglich zur Einhaltung der gemeinsamen Beschlüsse, können diese aber beim Auftreten neuer Gesichtspunkte eventuell im weiteren noch einvernehmlich modifizieren.

Schaffung eines Konsensklimas:

Eine erfolgreiche Mediation mündet in eine von allen Beteiligten getragene Konsenslösung und lässt damit weder Gewinner noch Verlierer zurück. Die Gesprächsbasis zwischen den Parteien bleibt damit auch auf der psychologischen Ebene erhalten und kann vielleicht sogar verbessert werden, sodass für die Lösung eventueller weiterer Probleme günstige Voraussetzungen geschaffen werden.

7 Mediation im Bauwesen

Mediation im Bauwesen dient der Optimierung des Projektablaufes, indem sie entweder

- als projektbegleitende Maßnahme bereits bei Vertragsabschluss festgelegt wird
- in der Phase sich abzeichnender Konflikte einsetzt wird oder
- erst bei bereits bestehenden Konflikten herangezogen wird und diese vermittelt, so dass keine der beteiligten Parteien als Verlierer aus den Verhandlungen hervorgeht ("win-win-Lösung")

Bauprojekte zeichnen sich dadurch aus, dass viele Beteiligte zur Erstellung einer Baumaßnahme beitragen. Je mehr Menschen an der Umsetzung vorgegebener oder selbst gestellter Aufgaben mitwirken, desto höher ist aber auch die Komplexität der Abläufe und die Anfälligkeit für Konflikte. Bauprojekte sind daher Paradebeispiele für alle möglichen Konfliktmuster. Hinzu kommt, dass verschiedene Bereiche des privaten und öffentlichen Rechts tangiert werden und die Bearbeitungsfelder kaufmännische, technische und juristische Aspekte aufweisen.

Der lange und oft steinige Weg der Bauabwicklung fördert nicht selten neue und unerwartete Gegebenheiten zu Tage und macht damit flexible Handhabung der Projektrealisation notwendig. Über die klassische Bauabwicklung hinaus erfasst die Mediation aber auch die Projektentwicklung von der Planung über die Betreibung des Genehmigungsverfahrens bis hin zum Projektabschluss durch die Nutzung des Objektes in Form von Miete, Leasing etc. Häufig treten gerade in diesen Phasen massive Interessensgegensätze auf, die eines professionellen Managements bedürfen. So hat eventuell der zukünftige Nutzer völlig andere Vorstellungen und Anforderungen an die Immobilie als z.B. der betroffene Nachbar. Die resultierenden Konflikte führen nicht selten zu heftigen Auseinandersetzungen, die nicht nur zeitliche und finanzielle Ressourcen strapazieren, sondern auch zu erheblichen psychischen Belastungen der betroffenen Personen führen. Häufig wird in diesem Zusammenhang Problemen, die sich bereits abzeichnen, im Hinblick auf unangenehme persönliche oder juristische Auseinandersetzungen zu lange ausgewichen. Daraus entwickeln sich letztlich kaum mehr reparable atmosphärische und materielle Schäden, die durch das Angebot der niederschwelligen mediativen Konfliktbearbeitung vermeidbar wären

Ziele der Baumediation sind demnach:

- Vermeidung von langwierigen und kostspieligen Behörden- und Gerichtsverfahren
- Konstruktive Gespräche zwischen den Parteien und Verhinderung von Konflikteskalation
- Wechselseitiges Verständnis und Ausgleich der Interessen
- Gemeinsames Bemühen um nachhaltige Lösungen mit möglichst guter ökonomischer, ökologischer und sozialer Verträglichkeit
- Wiederherstellung einer vorbestehenden Gesprächsbasis und Erhalt bisher funktionierender Geschäftsbeziehungen zwischen den Parteien über den Konfliktfall hinaus

Literatur

[1]   Bundesverband Mediation e.V. (BM), *Standards und Ausbildungsrichtlinien 2004*

[2]   Th. Flucher et al., 2002, *Mediation im Bauwesen*, Verlag Ernst & Sohn

Hygrothermisches Verhalten von Holzbalkenköpfen in Außenwänden nach erfolgter Innendämmung

S. Gnoth, P. Strangfeld
Cottbus

K. Jurk
Dresden

Zusammenfassung

Wärmeschutztechnische Verbesserung von Außenwänden bei Erhalt ihrer ursprünglichen Fassade mit Hilfe einer Innnendämmung bewirkt beim Vorhandensein von im Mauerwerk eingebetteten Holzbalkenköpfen stets aufs Neue eine oft kontrovers geführte Diskussion über das mit den innen applizierten Wärmedämmschichten verbundene feuchteschutztechnische Schadensrisiko. Vorschläge in Form des Eintrags zusätzlicher, sorptiv wirkender Materialien in den Balkenkopfzwischenraum oder des Einbindens der Balkenköpfe in einen mit Bitumen ausgegossenen verrottungsresistenten Schaumglasmantel zur Vermeidung potenzieller Schäden beleben eher die Diskussion als dass sie eine praktikable Lösung bilden. Die Wirkung gezielt geführter Heizrohrleitungen und das Einbringen sog. passiver oder aktiver Wärmestäbe auf das hygrothermische Verhalten der Balkenköpfe wird nachfolgend sowohl rechnerisch als auch messtechnisch im Nutzungszustand untersucht und dargestellt. Dabei erweist sich die numerische Simulation der gekoppelten hygrothermischen Vorgänge unter Vorgabe verschiedener klimatischer Randbedingungen als ein probates Mittel, wenngleich nicht verschwiegen werden soll, dass beim rechnerischen Erfassen der in den Balkenkopfzwischenräumen stattfindenden Luftströmungen im Zusammenhang mit den stattfindenden hygrischen und thermischen Transportprozessen in den angrenzenden Materialien noch erhebliche physikalisch-mathematische Lücken existieren. Insbesondere die Behandlung der Schnittstellen zwischen den verschiedenen Rechenprogrammen, die dieses Gebiet tangieren, bedürfen einer für die Praxis anwendbaren Aufarbeitung.

1   Einführung und Problemstellung

Erstaunlicherweise bewegen sich trotz einer Vielzahl neuer Produkte und technologischer Möglichkeiten einige Problemstellungen der Sanierungspraxis kaum von der Stelle. Hierzu gehört beispielsweise die Behandlung von Balkenköpfen bei einer Innendämmung von Außenwänden, die unter denkmalpflegerischen Restriktionen oftmals die einzige Möglichkeit darstellt, den Ansprüchen der Nutzer sowie administrativen Vorgaben gerecht zu werden und auch hinsichtlich der „Vergrünung" von Fassaden gegenüber der Außendämmung besser abschneidet. [1] Die angebotenen Lösungsvorschläge zur Begrenzung der Holzfeuchten im Balkenkopfbereich sind widersprüchlich und manchmal – wie im Falle der vorgegebenen Schaumglaseinbindung mit Bitumenverguss durch ein führendes Institut auf den Gebieten nachhaltigen Wohnens [2] kaum praktikabel. Die Folge ist häufig die Inanspruchnahme der Möglichkeiten des Bestandsschutzes durch die planende Institution zum Schaden der Nutzer und der Allgemeinheit, d.h. man bleibt auf der „sicheren Seite" und verzichtet auf eine zusätzliche Wärmedämmung von Außenwänden mit denkmalgeschützter Fassade. Im Zusammenhang mit den trotzdem verwendeten neuen wärmeschutzverglasten, dichteren Fenstern sind dann allerdings die Folgeprozesse programmiert, wozu eine sichtbare Schimmelbildung im Laibungsbereich der Fenster noch zu den kleineren Übeln zählt. Dagegen können langandauernde Falschlufteinträge in den Balkenkopfbereich gravierende Schädigungen in Gang setzen, die sich dort anfangs kaum bemerkbar machen. Eine andere „Lösung", die infolge wirtschaftlicher Zwänge immer mehr um sich greift, ist das Wegrationalisieren sinnstiftender, erhaltenswerter Fassaden, wodurch sich die ohnehin z.T. schwach ausgeprägte Identifikation mit dem baulichen Umfeld noch weiter reduziert [3] mit den in der Folge bekannten sozialen Problemen. Auch hierin spiegelt sich die Komplexität der Thematik wider:

2   Holzbalkendecken und erhaltenswerte Fassaden

2.1   Konstruktive Lösungen

Unsere Altvordern wussten offensichtlich um die Problematik der im Mauerwerk eingebundenen Balkenköpfe und begegneten Ihr durch konstruktive Lösungen mit einer Konsole als Balkenkopfauflage oder – wie man heute noch in historischen Gebäuden sehen kann – durch Mauerabsätze in einer nach oben sich verjüngenden Außenwand. Letzteres erfordert dann allerdings Wandstärken im unteren Bereich, die heute kaum als praktikabel empfunden werden; obwohl sie während sommerlicher Schönwetterperioden selbst in Mitteleuropa ihren Bewohnern durchaus zum Vorteil gereichen.

2.2   Eingebettete Balkenköpfe

Das Bild 1 zeigt den Feuchteverlauf im Wandquerschnitt einer innengedämmten Außenwand unter Klimarandbedingungen des deutschen Binnentieflandes bei größerer,
historisch bedingter Mauerwerksstärke ohne Verwendung einer spezifischen Dampfbremse im eingeschwungenen Zustand mit den wirkenden klimatischen Randbedingungen. In diesem Fall, wie auch bei schlagregensicherer Fassade ist das Au-
genmerk auf Kondensatfeuchten zu richten. Die klassische Dampfbremse bei einer
Innendämmung bedeutet nicht nur Zeit- und Materialaufwand und erfordert hand-
werkliches Können, sondern beeinflusst negativ das Trocknungspotential der Konstruktion und ist daher allgemein und insbesondere im Zusammenhang mit Holzbalkendecken mit innengedämmten Außenwänden nicht zu empfehlen.
Es existieren die unterschiedlichsten Vorschläge, um die Materialfeuchte der Balkenköpfe
möglichst gering zu halten. Das Spektrum reicht vom Einstreu verschiedener Stoffe mit
sorptiven oder funguziden Eigenschaften [4] über gezieltes Belüften bis zum vorstehend
aufgeführten gasdichten Einhüllen mittels Schaumglas und Bitumenverguss. Nachfolgend
wird die Wirkung gezielter, trocknender bzw. die Feuchte begrenzender Wärmeeinträge
rechnerisch, laborativ und experimentell vor Ort untersucht und quantifiziert. [5]

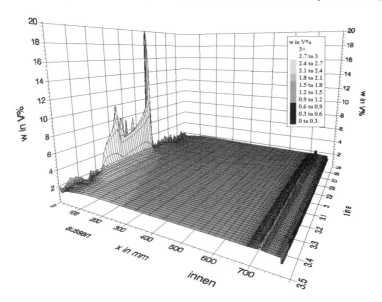

Bild 1:   70 cm sichtiges Ziegelmauerwerk mit 50 mm Porenbeton Innendämmung.
Innenklima: harmonische Funktion, 21°C+-1K bzw. 55% +-10%. Außenklima: TRY Essen, Westfassade

3   Heizrohrgestützte Innendämmung

Es bietet sich an, die heute noch üblicherweise, längs der Außenwände geführten Heizrohrleitungen einer kontinuierlichen Heizung für trockene Wärmeeinträge in den Balkenkopfbereich zur Vermeidung überhöhter Feuchten zu nutzen. Bewusst oder unbewusst entspricht dies praktischen Gepflogenheiten; ein Beleg für die Wirkung und quantitative Aussagen stehen aber noch aus.

3.1   Voruntersuchungen mittels numerischer Simulation

Als probates Mittel, den experimentellen Aufwand auf ein Mindestmaß zu begrenzen, hat sich die numerische Simulation erwiesen. Auch wenn noch Lücken bei der Kopplung hygrothermischer Randbedingungen mit den strömungstechnischen Vorgängen im Balkenkopfbereich bestehen und die Stoffkennwertfunktionen nicht immer vollständig vorliegen [6], lassen sich durch die Variation der Stoffparameter Tendenzen und Einflüsse erkennen und deren Größenordnung abschätzen. Die Berechnung der in den Bildern 2 bis 9 auszugsweise dargestellten Ergebnisse des hier angesetzten, zweidimensionalen gekoppelten Wärme- Feuchtentransportes erfolgt unter Zuhilfenahme des Rechenprogramms DELPHIN. [7]

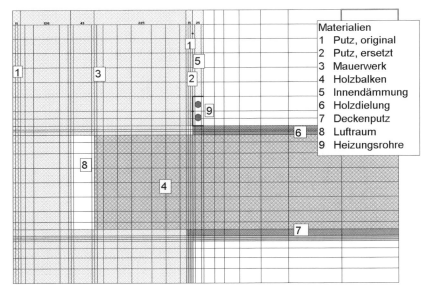

Bild 2:   Schematische Darstellung der Ortsdiskretisierung einschließlich der Anordnung von Messfühlern an einem Balkenkopf des Testhauses in Brieske für die messtechnische Überprüfung der numerisch simulierter Ergebnisse

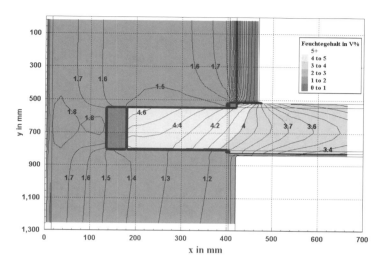

Bild 3: Verlauf der Isohygren am 29. Januar bei einer vollflächigen, 50mm dicken Calciumsilikat-Innendämmung. Klimatische RB außen: TRY Essen, West-fassade, innen: 20°C; 50%

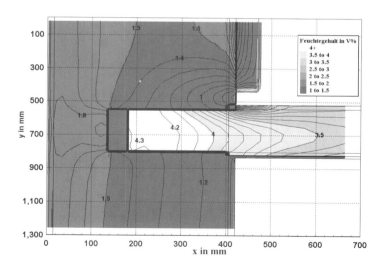

Bild 4: siehe Bild 3 Variante „Heizkanal", Heizung aktiviert: im Kanal Lufttemperatur 35°C, Wasserdampfpartialdruck 1170Pa

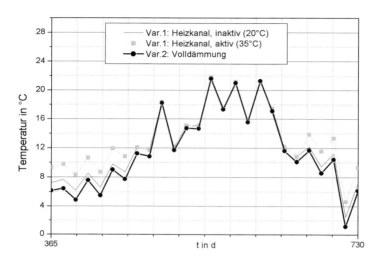

Bild 5: Temperaturverlauf am äußeren Balkenkopfende oben, 182mm von der Fassadenoberfläche entfernt. Klimatische RB: siehe Bilder 3, 4

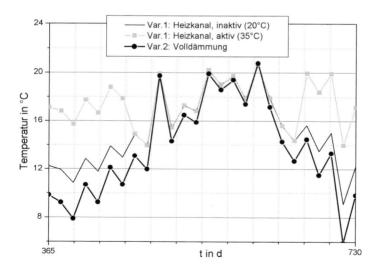

Bild 6: Temperaturverlauf im Einbindebereich des Balkens oben, 337mm von der Fassadenoberfläche entfernt. Klimatische RB: siehe Bilder 3, 4

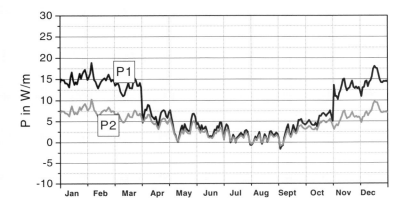

Bild 7: Auswirkung der Heizrohrführung im Heizkanal auf den Heizleistungs-verlust im Jahresgang. Bezug: Wandhöhe 52 cm, Wandbreite 1m, (P_1–P_2 : zusätzlicher Wärmestrom/ 1m Wandlänge)

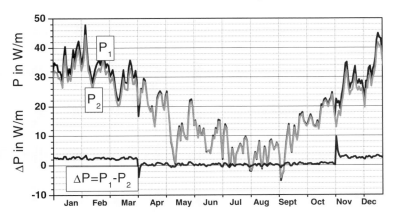

Bild 8: Auswirkung der Heizrohrführung im Heizkanal auf den Heizleistungs-verlust im Jahresgang. Bezug: Geschosshöhe 2,40 m, Wandbreite 1m.

3.2   Experimentelle Ergebnisse in Testhäusern

Gefördert durch das BMVBW sind sowohl in Wohn- und Büroräumen von Gebäuden in Brieske, Senftenberg und Cottbus unter Nutzungsbedingungen als auch im Labor-betrieb an der FH Lausitz umfangreiche, messtechnische Untersuchungen an Balken-köpfen vorgenommen worden, deren Ergebnisse hier nur ausschnittsweise dargestellt

werden können. Der experimentelle Aufwand und körperliche Einsatz für das sachgerechte Installieren der Sensorik ist beträchtlich, siehe auch Bilder 9, 10.

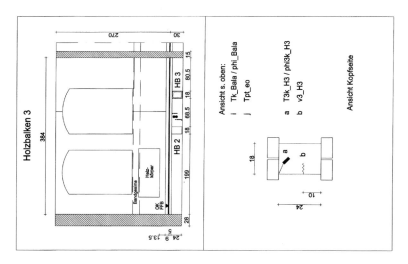

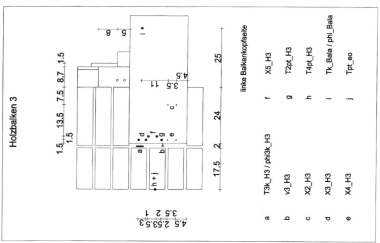

Bild 9-10: Schematische Darstellung der Anordnung von Messfühlern am Balkenkopf 3 im Testhaus Senftenberg

Für die Erfassung der hygrothermischen Zustände in den Balkenkopfzwischenräumen einschl. der dortigen Luftbewegungen sind Doppelmantelthermoelemente zum Einsatz gelangt. [8] Nachfolgend werden einige Messergebnisse kurz mitgeteilt.

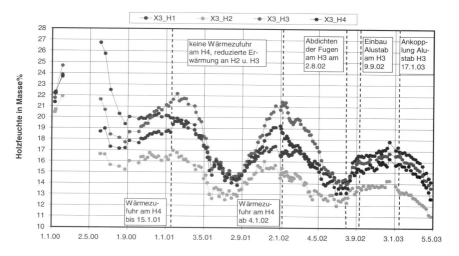

Bild 11: Jahresgänge der Holzfeuchten von 4 Balkenköpfen H1..4 im Testhaus Senftenberg mit Heizkanal unter Nutzungsbedingungen nach einer Grundsanierung mit Innendämmung der erhaltenswerten Spiegelputzfassade

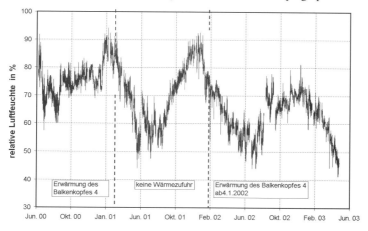

Bild 12: Verlauf der rel. Luftfeuchtigkeit im Balkenkopfzwischenraum am Balken 4 (Testh. Senftenberg) als Reaktion der Vorlauftemperaturänd. am 4.1.02

4   Wärmestäbe

Dieser Begriff umfasst hier thermische Kurzschlüsse in Form metallischer Verbindungen zwischen den außenliegenden Balkenköpfen und dem Innenraum, die bei vorliegenden Temperaturunterschieden zwischen diesen Raumbereichen passiv temperaturausgleichend wirken und so in der kalten Jahreszeit die Wärmezufuhr fördern oder im Falle aktiver Stäbe im Zusammenhang mit Heizrohrführungen bzw. installierter Fußbodenheizung gezielt Wärmeeinträge vornehmen. Sowohl die passive als auch die aktive Variante besitzt einen Selbstdrosselungseffekt, d.h. die Wirkungsintensität ist selbstregulierend an den Bedarfsfall gekoppelt. In beiden Fällen führt eine Temperaturerhöhung zu einer Reduzierung der Holzfeuchte, wobei es gilt, die damit verbundenen Wärmeverluste über Wärmebrückeneffekte zu minimieren. Die Wärmestäbe sind zudem so auszuführen und zu installieren, dass bei geringem Arbeitszeitaufwand die Wärmeenergie vorzugsweise in den Balkenkopfbereich „injiziert" wird und die Gefahr einer Falschluftzufuhr ausgeschlossen bleibt.

4.1   Untersuchungen mittels numerischer Simulation

Mit den Bildern 13 bis 15 lässt sich die Wirkung eines installierten, passiven Wärmestabes als thermischer Kurzschluss innerhalb des Balkenkopfbereiches gut erkennen. Ohne Einschränkung der Aussagen sind die Berechnungen der gekoppelten, quasidreidimensionalen Temperatur-Feuchtefelder im Interesse des Rechenaufwandes entsprechend dem 10mm dicken, rotationssymmetrischen Wärmestab mit einem kreisförmigen Querschnitt der Balkenköpfe ausgeführt worden.

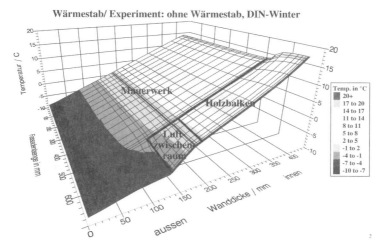

Bild 13: Temperaturfeld im Balkenkopfbereich ohne Wärmestab. Klimatische RB Außen: -10°C/ 80%, innen: 20°C/ 60%

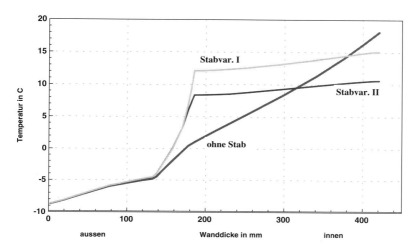

Bild 14: Temperaturprofil längs der Symmetrieachse des Balkens mit der Wärme-stabvariante 2 (einfacher Alustab) und Variante 1 (Stab mit Teller auf der Warmseite). Klimatische RB siehe Bild 13

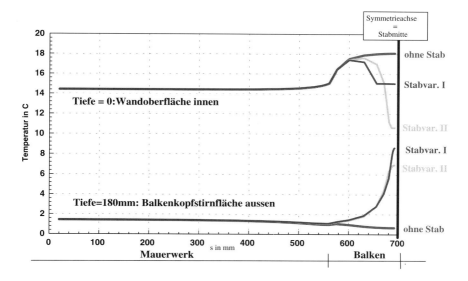

Bild 15: Temperaturverlauf in den Ebenen innere Wandoberfläche und parallel dazu am äußeren Balkenkopfende. Klimatische RB siehe Bild 13

4.2   Messergebnisse

Hier können aufgrund der Manu-Vorgabe nur die Ergebnisse, gewonnen an einem Laborprüfstand, kurz mitgeteilt werden:

- Passive Stäbe: Ihre Wirkung beschränkt sich auf einen lokalen Bereich und erfasst bei einem Stabdurchmesser bis 12 mm nicht den gesamten Balkenkopfquerschnitt. Eine Reaktion auf den hygrothermischen Zustand der Luft im Balkenkopfzwischenraum bleibt unter der messtechnischen Nachweisgrenze.
- Aktive Stäbe: Die Ergebnisse sind ermutigend. Sie bedürfen noch ergänzender Messungen und Untersuchungen hinsichtlich der Dimensionierung bzw. Anzahl der Stäbe und ihrer Anschlussverbindungen an die Heizungstechnik.

Die Messungen im Nutzungszustand beschränken sich derzeit auf Raumklimata von Büroräumen und sollten auf kritische Raumluftzustände erweitert werden.

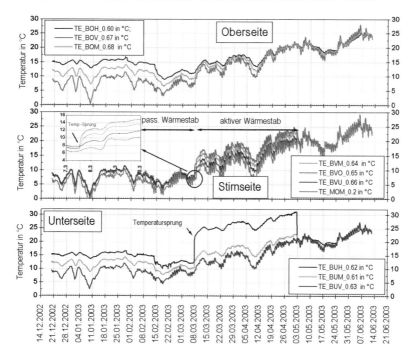

Bild 16: Balkenkopfprüfstand: Verlauf der Temperaturen an Ober-, Stirn- und Unterseite des Balkenkopfes in Abhängigkeit verschiedener, installierter Wärmestäbe

Literatur

[1]   H. Stopp, P. Strangfeld, *Energy saving and the hygrothermal performance of buildings*. Conference proceedings, III. Latin American Conference on Comfort and Energy Efficiency in Buildings, Curitiba, Brazil, November 2003

[2]   E. Hinz, W. Eicke-Hennig u.a., *Wärmedämmung von Außenwänden mit der Innendämmung, Materialien für Energieberater*. Institut Wohnen und Umwelt, Darmstadt, Februar 1997.

[3]   H. Stopp, P. Strangfeld, *The hygrothermic performance of external walls with inside insulation*. Conference proceedings, Performance of exterior envelopes of whole buildings VIII: Integration of building envelopes. Clearwater Beach FL, U.S.A., Dec.2001.

[4]   J. Blaich; EMPA Dübendorf, *Die Innenwanddämmung - ein Prinzip mit Fragezeichen,* Der schweizerische Hauseigentümer Nr. 10/ 1991.

[5]   H. Stopp, P. Strangfeld u. a. *Heizungstechnisch gestützte kapillaraktive Innendämmung bei Holzbalkendecken*. F 2431 ISBN 3-8167-6008-2, Fraunhofer IRB Verlag, 2004.

[6]   P. Häupl, H. Fechner u.a., Bestimmung der Kapillarwasserleitfähigkeit aus dem Wasseraufnahmekoeffizienten. Konferenzberichte 10. Bauklimatisches Symposium, TU Dresden, S.483, Sept. 1999.

[7]   J.Grunewald, *Diffusiver und konvektiver Stoff- und Energietransport in kapillarporösen Baustoffen*. PhD thesis, TU Dresden, Germany, 1996.

[8]   H. Stopp, P. Strangfeld, *In situ measurement of moist material by means of lambda-needle probe*. Proceedings of the 10th Bauklimatisches Symposium of the Technical University of Dresden, pp. 463,. Dresden/Germany. Sept 1999

Wärmedämmverbundsysteme
mit keramischen Bekleidungen

S. Himburg
Berlin

Zusammenfassung

Wärmedämmverbundsysteme mit keramischen Bekleidungen stellen eine rationelle und kostengünstige Alternative zur Ausführung von keramischen Außenwandbekleidungen mit bewehrtem Unterputz nach DIN 18515-1 dar. Sie können im Rahmen der Fassadeninstandsetzung auch zur Sanierung und Erneuerung historischer keramischer Außenwandflächen verwendet werden. Die bautechnische Regelung von Wärmedämmverbundsystemen (WDVS) mit keramischen Bekleidungen erfolgt über allgemeine bauaufsichtliche Zulassungen. Für die baupraktische Anwendung dieser hygrothermisch hoch beanspruchten Systeme gelten definierte Anforderungen an die Systemkomponenten und das Gesamtsystem, deren Einhaltung die grundsätzliche Voraussetzung für die Dauerhaftigkeit darstellt. Schäden an keramischen Außenwandbekleidungen sind häufig auf die Wahl ungeeigneter Materialien zurückzuführen. Insbesondere Fliesenablösungen sind jedoch vermeidbare Bauschäden. Auch die Diffusion stellt entgegen der weitverbreiteten Meinung nicht das vorwiegende Problem dieser Bauausführung dar. Vielmehr ist die Feuchteaufnahme von außen zu minimieren und die Systeme dürfen nicht auf feuchte Untergründe aufgebracht werden. Aufgrund des vorhandenen schubweichen Verbundes wird weiterhin eine Anordnung von Fugen in größeren Bekleidungsflächen erforderlich. Die Anforderungen an keramische Fliesen und Platten selbst werden mit der DIN EN ISO 10545 als Prüfnorm und der DIN EN ISO 13006 (bzw. DIN EN 14411) als Produktnorm neu geregelt.

1   Ausführung von keramischen Außenwandbekleidungen

Keramische Fliesen und Platten werden bereits seit Jahrhunderten erfolgreich als Außenwandbekleidungen eingesetzt. Die herausragende Eigenschaft keramischer Oberflächen ist neben optischen Vorzügen ihre hohe Widerstandsfähigkeit und Dauerhaftigkeit. Für die Ausführung keramischer Außenwandbekleidungen bestehen folgende Möglichkeiten, deren Anwendung in [1] ausführlich dargestellt werden:

- Angemörtelte keramische Bekleidungen nach DIN 18515
- Hinterlüftete keramische Bekleidungen nach DIN 18516
- Wärmedämmverbundsysteme mit keramischen Bekleidungen

Angemörtelte Fliesen und Platten werden durch DIN 18515-1 [2] geregelt. Hierbei können an die Außenwand unmittelbar angesetzte Außenwandbekleidungen im Dickbett mit einer mittleren Mörtelschichtdicke d = 15 mm oder mit geeigneten Dünnbettmörteln im Dünnbettverfahren (d ≥ 3 mm) vermörtelt werden. Bei dieser Ausführung handelt es sich um Verbundbeläge, weshalb sich die Untergründe nur begrenzt verformen dürfen. Aufgrund der im Regelfall bestehenden Anforderungen an den energiesparenden Wärmeschutz wird die Herstellung von Ansetzflächen für Fliesen und Platten auf Wärmedämmschichten der weitaus häufigere Anwendungsfall sein. In diesem Fall sieht die normgerechte Ausführung die Verwendung eines bewehrten Unterputzes mit einer Dicke von d = 25 mm bis 30 mm vor. Die Bewehrung ist über tragfähige Anker aus nichtrostendem Stahl in der Tragschicht der Außenwand zu verankern. Nach DIN 18515-1 sind Dehnungsfugen in Form von Feldbegrenzungsfugen in Abständen von 3,0 m bis 6,0 m anzuordnen. Die Wirtschaftlichkeit von Ansetzflächen für Fliesen und Platten auf Wärmedämmschichten entsprechend dieser klassischen Ausführung ist aufgrund der hohen konstruktiven Anwendungen im Vergleich zu anderen Ausführungsvarianten häufig nicht mehr gegeben.

Hinterlüftete Außenwandbekleidungen werden hinsichtlich der Anforderungen und Standsicherheitsnachweise in DIN 18516-1 [3] allgemein geregelt. Für die einzelnen Systeme liegen allgemeine bauaufsichtliche Zulassungen vor. Die Ausführung hinterlüfteter keramischer Bekleidungen auf tragenden Metallunterkonstruktionen stellt eine in bauphysikalischer Hinsicht bewährte Bauweise dar. Die Klassifizierung in die Schlagregenbeanspruchungsgruppe III ist auch bei offenen Fugen zwischen den Bekleidungsplatten gewährleistet. Ein Nachweis des Tauwasserschutzes ist in der Regel nicht erforderlich. Hinterlüftete Außenwandbekleidungen ermöglichen in optimaler Weise die Abfuhr von Feuchtebeanspruchungen. Für die Unterkonstruktion ist ein Standsicherheitsnachweis zur Abtragung der einwirkenden Vertikal- und Horizontallasten erforderlich. Im Regelfall erfolgt eine Ausführung mit großformatigen Platten, wobei diese mit sichtbaren oder unsichtbaren Befestigungselementen an der Metallunterkonstruktion befestigt werden.

Wärmedämmverbundsysteme mit keramischen Bekleidungen stellen eine rationelle und kostengünstige Alternative zu der Ausführung mit bewehrtem Unterputz nach DIN 18515-1 dar. Die grundsätzliche Eignung dieser Bauweise wurde im Rahmen eines Forschungsvorhabens an der TU-Berlin [4] eingehend untersucht. Hierbei wurde deutlich, dass eine Ausführung von Wärmedämmverbundsystemen (WDVS) mit keramischen Bekleidungen möglich ist, sofern bestimmte Anforderungen an die Materialien und das Gesamtsystem eingehalten werden. WDVS mit keramischen Bekleidungen werden seit Mitte der 90er Jahre über allgemeine bauaufsichtliche Zulassungen geregelt. Die Zulassungsprüfung der Systeme erfolgt durch künstliche Bewitterung auf Grundlage der EOTA-Richtlinien. [5]

2   Systemaufbau von WDVS mit keramischen Bekleidungen

Der grundsätzliche Systemaufbau erfolgt wie bei Putzsystemen, wobei der Oberputz durch eine im Dünnbettmörtel angesetzte keramische Bekleidungsschicht ersetzt wird (Bild 1). Die keramische Bekleidung besteht dabei aus trockengepressten Fliesen bzw. strangextrudierten Platten, oder aber aus Produkten der Ziegelindustrie (Ziegel- bzw. Klinkerriemchen). Nach Aushärten des Ansetzmörtels erfolgt eine abschließende Verfugung mit einem geeigneten Fugenmörtel. Insbesondere an diese äußeren Systemschichten wie auch an den Unterputz werden definierte Anforderungen gestellt, die nachfolgend aufgeführt werden sollen. Die Systeme sollen geklebt und zusätzlich durch das Gewebe hindurch verdübelt ausgeführt werden. WDVS mit keramischen Bekleidungen sind schubweiche Systeme und damit vom Verformungsverhalten den schwimmenden Belägen ähnlich. Aus diesem Grund werden im Gegensatz zu den direkt auf den Untergrund aufgebrachten Bekleidungen (Verbundbelägen) Dehnungsfugen in regelmäßigen Abständen erforderlich.

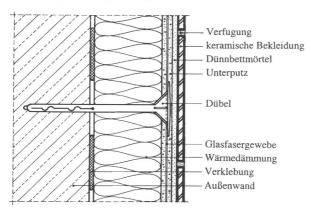

Verfugung
keramische Bekleidung
Dünnbettmörtel
Unterputz

Dübel

Glasfasergewebe
Wärmedämmung
Verklebung
Außenwand

Bild 1:   WDVS mit keramischer Bekleidung

3   Systembeanspruchungen

Außenwandbekleidungen müssen einen dauerhaften Witterungsschutz gewährleisten. Die thermisch-hygrischen Beanspruchungen werden in der Regel deutlich höher sein als bei Bekleidungen im Innenbereich. Insbesondere WDVS mit keramischen Bekleidungen weisen aufgrund der thermischen Entkopplung der äußeren Bekleidungsschichten große und schnelle Temperaturwechsel-Beanspruchungen auf. In Freiversuchen in einem Berliner Wohngebiet wurden bei einer dunkelblauen keramischen Bekleidung Oberflächentemperaturen von $\theta \geq 75°C$, sowie tageszeitliche Temperaturwechsel von $\Delta T \geq 60$ K innerhalb von nur drei Stunden gemessen (Bild 2).

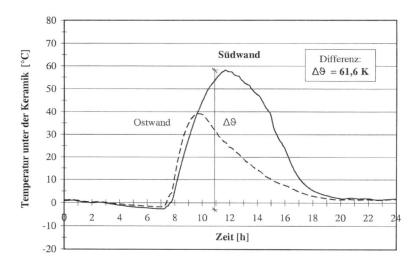

Bild 2:   Temperaturverlauf der Prüfwand im Freiversuch am 05.11.1995

Gemäß DIN 4108 können keramische Außenwandbekleidungen hinsichtlich des Schlagregenschutzes von Wänden bei entsprechender Ausführung von wasserabweisenden Mörtelfugen in die hohe Beanspruchungsgruppe III - starke Schlagregenbeanspruchung klassifiziert werden. Bei WDVS mit keramischen Bekleidungen ist hierbei die Minimierung der Feuchteaufnahme von außen von besonderer Bedeutung für die Dauerhaftigkeit des Gesamtsystems. Die äußeren Bekleidungsschichten werden im Winter durch Frost-Tauwechsel beansprucht. Für WDVS mit keramischen Bekleidungen wird weiterhin ein Nachweis des Tauwasserschutzes (Diffusion) erforderlich. Aufgrund der hohen hygrothermischen Beanspruchungen sind nicht alle Systemkombinationen für die Ausführung geeignet. Es werden höhere Anforderungen als an WDVS mit Putzsystemen gestellt.

4   Systemprüfung

Die Prüfung von WDVS mit keramischen Bekleidungen erfolgt durch künstliche Bewitterung auf Grundlage der EOTA-Richtlinien [5]. Hiernach sind eine definierte Anzahl von Hitze-Regen- und Hitze-Kälte-Zyklen durchzuführen. In den Untersuchungen nach [4] wurde weiterhin deutlich, dass insbesondere ergänzende Frost-Tauwechsel-Zyklen (25-facher 8h Wechsel von +20°C / -20°C mit zwischenzeitlicher Beregnung) Aufschlüsse über die Dauerhaftigkeit der Systeme geben können. Die EOTA-Prüfung erfolgt als Systemprüfung an definierten Probewänden (Bild 3). Anschließend werden Haftzugfestigkeitsuntersuchungen durchgeführt, die Feuchteaufnahme geprüft und die Prüffläche auf Schäden bzw. Rissbildungen untersucht.

Bild 3:   Versuchsstand der TU-Berlin zur künstlichen Bewitterung von Prüfwänden

5   Anforderungen an die Systemkomponenten

Für die baupraktische Anwendung dieser hygrothermisch hoch beanspruchten Systeme gelten definierte Anforderungen an die Systemkomponenten und das Gesamtsystem, deren Einhaltung die grundsätzliche Voraussetzung für die Dauerhaftigkeit darstellt. Die grundlegenden Anforderungen werden in [4] ausführlich beschrieben und sind in Tabelle 1 zusammengefasst worden. Sowohl in der Baupraxis auch als in zahlreichen Bewitterungsversuchen wurde festgestellt, dass die Feuchte- und Frostbeständigkeit der äußeren Bekleidungsschichten (Keramik, Fugenmörtel, Ansetzmörtel und Unterputz) maßgeblich für die Dauerhaftigkeit der Systeme ist. Der Einfluss der Diffusion ist dagegen eher gering und wird in der Praxis oft überschätzt.

Tabelle 1:   Materialanforderungen an WDVS mit keramischen Bekleidungen

Material	Anforderung
Keramische Fliesen und Platten (Frostbeständig)	Porenvolumen $V_p \geq 20$ mm³/g Porenradienmaximum $r_p > 0{,}20$ µm für normale Ansetzmörtel; Sonst hochvergütete Klebemörtel verwenden. Wasseraufnahme nach DIN EN 99: $E \leq 3{,}0$ % (Niedrige Wasseraufnahme) bei Mineralfaser-WDVS $E \leq 6{,}0$ % (Mittlere Wasseraufnahme) bei Polystyrol-WDVS
Ansetzmörtel (Dünnbettmörtel)	Haftfestigkeit nach DIN EN 1348: $f_a \geq 0{,}50$ N/mm² (Frost-Tauwechsel) Kombiniertes Ansetzverfahren (Floating-Buttering-Verfahren)
Fugenmörtel	Wasseraufnahmekoeffizient: $w_t \leq 0{,}10$ kg/m²h$^{-0,5}$ (hydrophobierte Fugenmörtel) Fugenanteil $\geq 4\%$
Unterputz	Wasseraufnahmekoeffizient: $w_t \leq 0{,}50$ kg/m²h$^{-0,5}$ (wasserabweisend) Querzugfestigkeit nach EOTA-Test: $f_a \geq 0{,}10$ N/mm² (Leichtputze sind nicht geeignet)
Glasfasergewebe (Putzbewehrung)	Zugfestigkeit Porosilikatglas-Gewebe: $F_z \geq 1300$ N/50mm (E-Glas); Zugfestigkeit Zirkonsilikatglas-Gewebe: $F_z \geq 1000$ N/50mm (AR-Glas) Anwendung von AR-Glas empfohlen, Prüfung nach DIBt-Richtlinie.
Wärmedämmung (stets verklebt)	Mineralfaser-Dämmplatten (Typ HD): Abreißfestigkeit nach EOTA-Test: $f_a \geq 7{,}5$ kN/m² Scherfestigkeit bei 40% Verklebung: $f_v \geq 7{,}5$ kN/m² Polystyrol-Dämmplatten: Abreißfestigkeit nach EOTA-Test: $f_a \geq 32{,}0$ kN/m² Scherfestigkeit bei 40% Verklebung: $f_v \geq 40{,}0$ kN/m²
Verdübelung	Gemäß Statik bzw. Zulassung Durch das Gewebe hindurch gedübelt

In der Vergangenheit haben Ablösungen von keramischen Außenwandbekleidungen zu einer allgemein kritischen Haltung gegenüber dieser Konstruktion geführt. Häufig traten diese Schäden erst nach mehrjähriger Standzeit und Ablauf von Gewährleistungsfristen auf. Hierbei handelt es sich jedoch um vermeidbare Bauschäden. Ablösungen der keramischen Bekleidungsstoffe vom Ansetzmörtel (Adhäsionsbrüche) sind zunehmend dadurch begründet, dass die Tendenz zur Verwendung von immer dichteren und damit auch weniger gut haftenden keramischen Produkten besteht. Moderne Feinsteinzeugfliesen können sehr glatte Rückseiten aufweisen, die der Qualität von Glasplatten nahe kommen. Auf Oberflächen mit ungünstigen Hafteigenschaften kann jedoch keine dauerhafte Vermörtelung erfolgen (Bild 4). Eine Vermörtelung mit herkömmlichen Ansetzmörteln gewährleistet in diesem Fall keinen dauerhaften Haftverbund. Fliesen und Platten mit ungünstigen Hafteigenschaften müssen daher mit hochvergüteten, kunststoffmodifizierten Dünnbettmörteln verklebt werden. Mit der letzten Neuauflage der DIN 18515-1 im Jahre 1998 wurden Anforderungen an die Porengrößenverteilung von Fliesen und Platten festgelegt, die eine Abgrenzung von vermörtelbaren und zu verklebenden Produkten gestatten (vgl. Tabelle 1). Fliesenablösungen lassen sich durch eine geeignete Materialauswahl stets vermeiden. Alle keramischen Bekleidungen können dauerhaft befestigt werden.

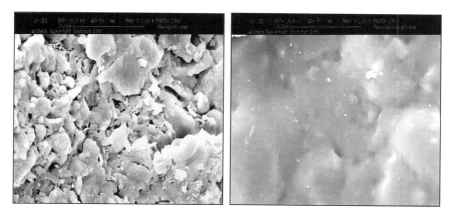

Bild 4: REM-Aufnahmen von Fliesenrückseiten - Gute (li.) und schlechte Haftfläche

Die weiteren Anforderungen an keramische Fliesen und Platten werden mit der DIN EN ISO 10545 [6] als Prüfnorm und der DIN EN ISO 13006 (bzw. DIN EN 14411) [7] als Produktnorm aktuell neu geregelt. Eine Sanierung denkmalgeschützter Fassaden mit keramischen Bekleidungen stellt eine anspruchsvolle Aufgabe dar, da die alten Fliesen oder Platten häufig nicht mehr erhältlich sind. Die keramische Bekleidung muss dann hinsichtlich der Farbe und gegebenenfalls auch nach der Form, - eventuell auch nach dem Formgebungsverfahren C als Formfliese, nachproduziert werden.

Eine weitere wichtige Funktion der keramischen Bekleidung ist der Witterungsschutz der innenliegenden Bauteilschichten. Hierzu wurde die Wasseraufnahme der Bekleidung in Abhängigkeit des Materials der Wärmedämmung beschränkt. Ziegel- oder Klinkerriemchen mit hoher Wasseraufnahme sind nicht für diese Bauausführung geeignet, wie auch bereits untersuchte Bauschäden in der Praxis zeigen.

Die Wasseraufnahme der Bekleidungsschicht wird weiterhin durch Anforderungen an die Fugenmörtel und Ansetzmörtel begrenzt (vgl. Tabelle 1). Sowohl unter EOTA-Bewitterung als auch an ausgeführten Objekten wurde ein direkter Zusammenhang zwischen der Wasseraufnahme und der Dauerhaftigkeit festgestellt. Es sind daher wasserabweisende Ansetzmörtel und Fugenmörtel zu verwenden. Die Ausführung der Verfugung soll stets sorgfältig ohne Fehlstellen und mit den nach DIN 18515-1 angegebenen Fugenbreiten erfolgen. Leichtputze sind aufgrund der geringen Querzugfestigkeit als Unterputze für keramische Bekleidungen nicht geeignet. Von außen eingedrungene Feuchtigkeit kann insbesondere bei Verwendung von Mineralfaserdämmung die Haftfestigkeit zwischen der Bekleidungsschicht und den Dämmplatten nachhaltig schädigen (Bild 5). Folglich werden auch Anforderungen an die Wärmedämmschicht gestellt. Eine zusätzliche Verdübelung durch das Gewebe hindurch ist bei Mineralfaser-Dämmplatten stets vorgeschrieben. Die verwendeten Glasfasergewebe im Unterputz sollen eine nachgewiesene Alkalibeständigkeit aufweisen. Empfohlen wird hierzu die Verwendung von Zirkonsilikatglas (AR-Glas).

Bild 5:   Standsicherheitsgefährdung durch sich ablösende Bekleidung

6 Fugenanordnung

Keramische Außenwandbekleidungen sind witterungsbedingt erheblichen Temperaturdifferenzen ausgesetzt, die zu entsprechenden Verformungen oder Zwangsbeanspruchungen führen können. Diese Beanspruchungen müssen bei direkt aufgebrachten Verbundbelägen aufgenommen werden und bei Belagschichten auf Wärmedämmstoffen oder auf verformungsfähigen Unterkonstruktionen durch Dehnungsfugen auf ein unschädliches Maß reduziert werden. Bei WDVS mit keramischen Bekleidungen sind zur Begrenzung der Zwangsbeanspruchung in der Bekleidungsschicht und der entstehenden Schubbeanspruchung der Wärmedämmung Dehnungsfugen anzuordnen. Grundsätzlich werden an Gebäudekanten und Anschlüssen Dehnungsfugen erforderlich. Die Nichtbeachtung kann zu Rissbildungen führen (Bild 6).

Bild 6: Rissbildung bei einem WDVS mit Keramikbekleidung

Weiterhin sind Feldbegrenzungsfugen in regelmäßigen Abständen anzuordnen. Die Fugenabstände können hierzu nach Tabelle 2 abgeschätzt werden. Eine genaue Ermittlung der erforderlichen Fugenabstände in Abhängigkeit des Systemaufbaus kann nach [4] erfolgen. Die Fugen sind mit geeigneten Fugendichtstoffen zu schließen.

Tabelle 2: Empfehlungen für Fugenabstände von WDVS mit Keramikbekleidung

Material der Wärmedämmung	Erforderlicher Fugenabstand
Mineralfaser-Dämmplatten Typ HD	3,0 m bis 6,0 m
Polystyrol-Dämmplatten	5,0 m bis 7,0 m
Mineralfaser-Lamellenplatten (Dübel ø 8 mm)	7,0 m bis 9,0 m

7   Tauwasserschutz

Für WDVS mit keramischen Bekleidungen wird ein Nachweis des Tauwasserschutzes erforderlich. Entgegen der weitverbreiteten Meinung stellt die Diffusion jedoch nicht das vorwiegende Problem dieser Bauausführung dar, sofern ein Fugenanteil der Belagschicht > 4% vorhanden ist und keine diffusionsdichten Fugenmörtel verwendet werden. Eine Diffusion findet auch bei nahezu diffusionsdichter Keramik über die Mörtelfugen statt. Unter normalen Randbedingungen verbleibt in der Regel kein Tauwasser im Bauteil. Der wirksame Diffusionswiderstand der Bekleidungsschicht kann für Berechnungen nach Bild 7 angesetzt werden. Problematisch ist hingegen das Aufbringen der Systeme auf feuchte Außenwände. Bei der anschließenden starken und im Vergleich zur Dampfdiffusion relativ schnellen Austrocknung der Massivwände wirken die Bekleidungsschichten als Dampfbremse und können durchfeuchten. Außenwandbekleidungen mit dampfbremsenden Eigenschaften dürfen grundsätzlich nicht auf feuchte Untergründe aufgebracht werden.

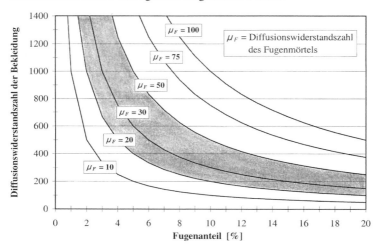

Bild 7:   Rissbildung bei einem WDVS mit Keramikbekleidung

Systeme mit Mineralfaser-Dämmschichten verhalten sich hinsichtlich des Tauwasserschutzes ungünstiger als Systeme mit Polystyrol-Wärmedämmung. Ungleich wichtiger als die Diffusion von innen ist eine Minimierung der Feuchteaufnahme durch Niederschläge von außen. Es dürfen keine Bekleidungen mit hoher Wasseraufnahme verwendet werden. Die Fugenmörtel müssen wasserabweisend sein. Die durch Niederschläge über einen längeren Zeitraum aufgenommene Feuchte kann sonst direkt das System schädigen, oder aber über Umkehrdiffusion im Sommer zu innenliegenden Bauteilschichten transportiert werden, bevor eine Austrocknung möglich ist.

Literatur

[1] S. Himburg, *Keramische Beläge und Bekleidungen*, Bauphysik-Kalender 2004, Verlag Ernst & Sohn, Hrsg. E. Cziesielski, S.48-82

[2] DIN 18515-1: *Außenwandbekleidungen - Angemörtelte Fliesen und Platten*, Grundsätze für die Planung und Ausführung. Ausgabe 1998-08

[3] DIN 18516-1: *Außenwandbekleidungen, hinterlüftet*; Anforderungen, Prüfgrundsätze. Ausgabe 1999-12

[4] S. Himburg, *Zur Standsicherheit und Langzeitbeständigkeit von Wärmedämmverbundsystemen mit keramischen Bekleidungen.* Dissertation. Technische Universität Berlin 1999

[5] EOTA: European Organisation for Technical Approvals, *Guideline for European Technical Approval of External thermal insulation systems with rendering.* ETAG No 004, 2000-03

[6] DIN EN ISO 10545: *Keramische Fliesen und Platten.* Prüfnorm, Teile 1 bis 17. Ausgabe 1997-12

[7] DIN EN ISO 13006: *Keramische Fliesen und Platten* - Definitionen, Klassifizierung, Eigenschaften und Kennzeichnung. Ausgabe 1998-12 bzw.:

[8] DIN EN 14411: *Keramische Fliesen und Platten* - Begriffe, Klassifizierung, Gütemerkmale und Kennzeichnung. (ISO 13006: 1998, modifiziert)

Trockene WDVS-Fassaden - Schutz vor Mikroorganismenbefall

R. Fürstner
Kriftel

Zusammenfassung

Die Besiedelung von Baustoff-Oberflächen, insbesondere von Fassaden, mit Algen und Pilzen hat in den letzten Jahrzehnten stark zugenommen. Verantwortlich hierfür sind unter anderem die zunehmenden Dämmstoffstärken, welche zu einer verstärkten Feuchtebelastung der Fassade führen, sowohl durch die Verzögerung der Trocknung beregneter Fassadenflächen als auch durch die nächtliche Tauwasserbildung.

Untersuchungen haben nun gezeigt, dass die Beschichtung von Fassaden mit einer extrem Wasser abweisenden (d.h. superhydrophoben) Fassadenfarbe einen erhöhten Schutz gegen den Befall mit Algen und Pilzen bietet. Derartige Flächen werden durch Regen nicht benetzt.

Um auch die Feuchtebelastung durch Tauwasser zu minimieren, werden zur Zeit weitere Produkte entwickelt, welche die nächtliche Abkühlung der Fassade verzögern sollen: Latentwärmespeicher-Materialien erhöhen die Fähigkeit von Putzen bzw. Spachtelmassen, die Wärme während des Tages zu speichern. Infrarotselektive Fassadenfarben strahlen nachts weniger Wärme ab. Durch die Kombination dieser Wirkmechanismen mit dem Lotus-Effekt® kann die Feuchtebelastung von Fassaden minimiert werden; auf diese Weise wird auch bei hoch gedämmten Gebäuden ein natürlicher Schutz gegen Algen- und Pilzbefall möglich.

1   Einführung

Eine Grundvoraussetzung für das Wachstum von Algen und Pilzen auf Fassaden ist das Vorhandensein von Wasser. Deshalb sollte bei der Entwicklung neuer Fassadenbeschichtungen und Wärmedämmverbundsystemen die Minimierung der Oberflächenfeuchtigkeit ein wesentliches Ziel sein.

Superhydrophobe, selbstreinigende Fassadenbeschichtungen haben hier zwei entscheidende Vorteile: Zum einen bleibt die Fassade bei einem Regenschauer trocken; zum anderen werden mit dem Regen Schmutzpartikel entfernt, welche für Algen und Pilze ein Substrat bzw. eine Nahrungsquelle darstellen könnten.

Neben dem Regen spielt Tauwasser eine wichtige Rolle für den Feuchtehaushalt einer Fassade. Bei Wärmedämmverbundsystemen mit den heute üblichen Dämmstoffstärken ist der Wärmestrom vom innen nach außen vernachlässigbar klein, was unter energetischen Gesichtspunkten sicherlich sehr sinnvoll ist; gleichzeitig sinkt aber nachts die Oberflächentemperatur stark ab, teilweise sogar unter die der Umgebung, was zu einer erhöhten Tauwasserbelastung führt und die Gefahr eines mikrobiellen Befalls erhöht.

2   Erhöhter Schutz gegen Algen- und Pilzbefall durch Superhydrophobie

Dass eine superhydrophobe Fassadenfarbe einen erhöhten Schutz gegen Mikroorganismenbefall bietet, konnte in einer Untersuchung am Fraunhofer-Institut für Bauphysik in Holzkirchen gezeigt werden. Dort wurden 36 Monate lang fünf verschiedene WDVS-Testflächen bewittert; davon war je eine mit einer Dispersionssilikatfarbe, einer Dispersionsfarbe, einer Silikonharzfarbe und mit Lotusan beschichtet. Dabei zeigte sich, dass die Belastung der Fassadenfläche mit Lotus-Effekt® mit Pilzkeimen (mesophile Pilze) um den Faktor 16-24 geringer war als bei den Testflächen, die mit anderen Fassadenfarben gestrichen worden waren (Bild 1). Diese Fläche blieb im Versuchszeitraum auch als einzige frei von Algen.

3   Infrarotselektive Fassadenfarben

Es ist eine alltägliche Erfahrung, daß man nach einer klaren Nacht sein Kraftfahrzeug oftmals betaut vorfindet. Die Ursache hierfür ist nicht nur die Abkühlung des Autos durch die kalte Luft; sondern die Karosserie strahlt auch relativ ungehindert (wenn es wolkenlos ist) Wärmenergie in den kalten Weltraum ab, so dass die Temperatur des Bleches unter die Lufttemperatur sinken kann, insbesondere auch, weil es nur eine geringe Wärmekapazität aufweist. Sinkt seine Temperatur unter die Taupunkttemperatur, fällt Tauwasser aus.

Ähnliches tritt auch auf hoch wärmegedämmten Fassaden auf. Deren Putzschicht weist einerseits ebenfalls nur ein geringes Wärmespeichervermögen auf, während andererseits ein Wärmefluss aus dem beheizten Gebäudeinnern weitestgehend unterbunden ist.

Eine Lösung dieses Problems könnte die Minimierung der nächtlichen Wärmeabstrahlung von Fassaden durch eine spezielle infrarotselektive Fassadenbeschichtung (im folgenden oftmals als „IR-Fassadenfarbe" bezeichnet) sein.

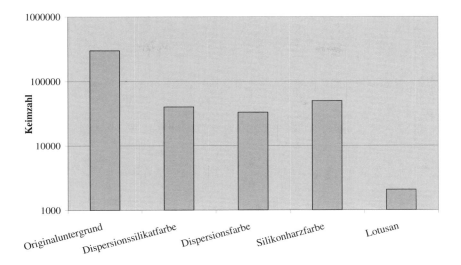

Bild 1: Mikrobiologische Untersuchung von Fassaden-Testflächen in Holzkirchen (IBP) nach einer 3-jährigen Freibewitterung: Anzahl von Keimen mesophiler Pilze pro 1 g Fassadenmaterial

Wie stark ein Körper Wärme in Form langwelliger Infrarotstrahlung abgibt, wird durch den sogenannten Emissionsgrad ε bestimmt. Ein Emissionsgrad von 1 bedeutet eine ideale Wärmeabgabe; der Fachmann spricht hier von einem „schwarzen Strahler". Ein Emissionsgrad von 0 würde heißen, dass keinerlei Wärmestrahlung abgegeben wird; dies ist näherungsweise bei polierten Metalloberflächen der Fall.
Herkömmliche Fassadenfarben hingegen haben einen ε-Wert von ca. 0,9; dies ist unabhängig vom optisch wahrnehmbaren Farbton und gilt damit auch für weiße Fassadenflächen. Durch eine spezielle Wahl des Bindemittels, der Füllstoffe und der Pigmente gelingt es, den Emissionsgrad auf Werte bis zu 0,5 abzusenken. Auf derartig beschichteten Fassaden wird die Taupunkttemperatur seltener unterschritten und somit die Bildung von Tauwasser deutlich reduziert.

4   WDVS mit integrierten Latentwärmespeichermaterialien

Ein zweiter Ansatz ist die Erhöhung der Wärmekapazität der Putzschicht – insbesondere die der Armierung – durch den Einsatz von Latentwärmespeichermaterialien, welche auch als PCM (engl. Phase-Change-Materials) bezeichnet werden.
Ein Latentwärmespeicher kann bei einer bestimmten Temperatur Wärme aufnehmen oder abgeben, ohne dass seine eigene Temperatur sich verändert. Die Aufnahme bzw.

Abgabe der Wärme bewirkt stattdessen eine Änderung des Aggregatzustands der PCM. Typische „Phasenwechselmaterialien" sind Paraffine oder Salzhydrate.

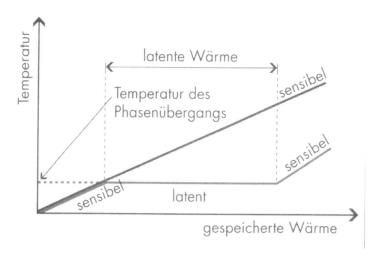

Bild 2:   Vergleich der Wärmespeicherung durch sensible und latente Wärme

Damit man solche Materialien in Baustoffen einsetzen kann, ohne dass z.B. flüssiges Wachs austritt, hat die BASF Paraffin-gefüllte Mikrokapseln entwickelt, die als iner- ter Füllstoff zugegeben werden können. Auf diese Weise kann man Armierungs- spachtelmassen entwickeln, welche der Putzschicht auf einem Wärmedämmverbund- system eine deutlich erhöhte Wärmekapazität verleihen.

Die Funktionsweise ist wie folgt: Am Tag wir der Speicher „geladen"; die Erwär- mung der Fassade – durch ausreichend hohe Umgebungstemperaturen bzw. durch Sonnenlicht – führt zu einem Schmelzen des Wachses in den Mikrokapseln. Nachts findet die „Entladung" statt: Fällt die Temperatur der Fassade unter die Erstarrungs- temperatur des Latentwärmespeicher-Wachses, wird dieses wieder fest und gibt dabei die am Tag aufgenommene Wärmemenge als sogenannte Erstarrungswärme wieder ab. Diese Wärmeabgabe verzögert die Abkühlung der Außenwandflächen; die Bil- dung von Tauwasser wird folglich minimiert.

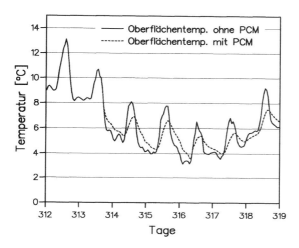

Bild 3:   Simulation der Oberflächentemperaturen auf einem Wärmedämmverbundsystem mit einer dickschichtigen Armierung – mit und ohne PCM-Zusatz

Dieses konnte auch mit Hilfe einer Computersimulation gezeigt werden. Dort wurden
die Temperaturverläufe an einer Fassade mit einem dickschichtigen Armierungsputz
– mit bzw. ohne PCM – für sieben Novembertage berechnet (Bild 3). Liegt die Oberflächentemperatur oberhalb der Schmelztemperatur des Wachses, unterscheiden sich
die beiden Temperaturverläufe nicht (bis etwa Tag 314). Bei den darauffolgenden
Tagen kann man erkennen, wie nachts die Oberflächentemperatur des WDVS mit
PCM stets über der des Standard-WDVS liegt. Am Tag hingegen, wo der Speicher
aufgeladen wird, hat die Außenwandoberfläche beim WDVS mit PCM stets eine geringere Temperatur als die Referenzfläche.

5   Innovatives WDVS mit minimaler Feuchtebelastung

Alle die oben beschriebenen physikalischen Mechanismen, wie z.B. der Lotus-
Effekt®, reduzierte Wärmeabstrahlung bzw. Latentwärmespeicherung, können jeweils
einen nennenswerten Beitrag zur Reduzierung von Feuchtefilmen leisten; sie unterliegen jedoch unterschiedlichen produkt- und/oder systemtechnischen Limitierungen.
Deshalb wurde ein innovatives Wärmedämmverbundsystem konzipiert, in welchem
alle diese Mechanismen zum Einsatz kommen (Bild 4): Auf der Wärmedämmung
wird eine 8 mm dicke Armierung mit integriertem PCM aufgetragen; darauf kommt
ein Oberputz, der mit einer IR-Fassadenfarbe mit Lotus-Effekt® beschichtet wird.

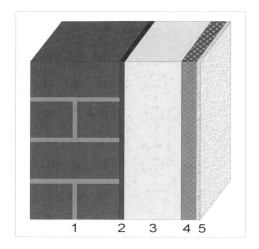

Bild 4: Aufbau eines innovativen Wärmedämmverbundsystems:
  1: Mauerwerk
  2: Verklebung
  3: Dämmung
  4: Dickschichtige Armierung mit integrierten PCM-Mikrokapseln
  5: Deckputz, beschichtet mit einer IR-Fassadenfarbe mit Lotus-Effekt®

An einer Testfläche mit einem derartigen WDVS wurde die Zeitdauer der Taupunktunterschreitungen bestimmt und verglichen mit einer Referenzfläche (mit einer dünn-
schichtigen Armierung) sowie mit Testflächen, bei denen entweder nur eine IR-
Fassadenfarbe oder nur ein Armierungsspachtel mit PCM zum Einsatz kamen. Als
Dämmung wurde stets 100 mm Polystyrol verwendet; Alle Flächen haben den gleichen Farbton (hellgrau).
Wie Bild 5 zeigt, konnte im Untersuchungszeitraum von März bis Mai 2004 die Dauer der Taupunktunterschreitungen bei dem oben beschriebenen WDVS um über 60 %
reduziert werden. Im Vergleich dazu brachte die verminderte Wärmeabstrahlung der
IR-Fassadenfarbe allein nur eine Reduktion um 21% und eine Armierung mit integriertem Latentwärmespeicher eine Verkürzung der Taupunktunterschreitungen um 26
%.
Dies zeigt, dass die Kombination aller genannten Mechanismen die Möglichkeit eröffnet, die Bildung von Feuchtefilmen auf gedämmten Fassaden zu minimieren.

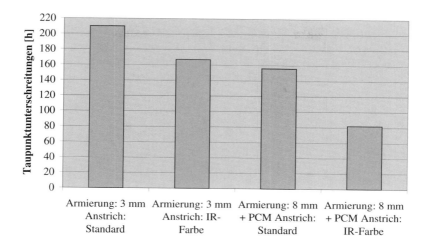

Bild 5: Bestimmung der Taupunktunterschreitungen an verschiedenen WDVS - Testflächen im Zeitraum zwischen März und Mai 2004.

6 Fazit

Die Lösung der Algen- und Pilzproblematik mit einem minimalen Einsatz an Bioziden ist ein Ziel, das die Sto AG mit größten Anstrengungen verfolgt. Innovative Wärmedämmverbundsysteme, in welchen die drei Mechanismen Lotus-Effekt®, verringerte Wärmeabstrahlung und Latentwärmespeicherung zur Minimierung der Feuchtebelastung genutzt werden, könnten in Zukunft einmal einen wichtigen Beitrag hierzu leisten.

Literatur

[1] W. Barthlott, C. Neinhuis, *Purity of the Sacred Lotus, or Escape from Contamination in Biological Surfaces*, Planta, Vol. 202, 1997, S. 1-8

[2] A. Born, J. Ermuth, *Copyright by nature – Neue Microsiliconharzfarbe mit Lotus-Effekt für trockene und saubere Fassaden*, Farbe & Lack, 2/1999, S. 96-104

[3] H. Mehling, *Latentwärmespeicher*, BINE Informationsdienst, Fachinformationsdienst Karlsruhe, Themeninfo IV/02

[4] H. Weber, *Biotop Fassade*, Der Maler und Lackiermeister, 11/2003, S. 50-53

Probleme und Strategien des Wärme- und Feuchteschutzes bei großen Dämmstoffdicken

K. Riesner, G.-W. Mainka
Rostock

Zusammenfassung

Seit Mitte der 90 Jahre werden in Niedrigenergie- und Passivhäusern Dämmstoffe in Dicken von $d \geq 20$cm eingesetzt. Untersuchungen zur Effizienz dieses hohen Wärmedämmstandards betrachten im allgemeinen die Material- und Energiekosten oder den Primärenergieverbrauch. In diesem Beitrag wird aufgezeigt, dass zusätzliche Untersuchungen zur Gebrauchstauglichkeit und zur Dauerbeständigkeit des Bauteils notwendig sind, da in hochdämmenden Bauteilen die einzelnen Anteile der Wärme- und Feuchtetransportmechanismen gegenüber herkömmlichen Konstruktionen verändert sind und damit bisher weitgehend unbekannte Effekte auslösen können.

Vorgestellt werden Ergebnisse für ein Außenwandgefach in Holztafel- oder Holzrahmenbauweise, in dem der Hohlraum zwischen innen- und außenseitiger Bekleidung sowie zwischen den oben und unten angrenzenden Riegeln mit einer 20 cm dicken offenporigen Dämmschicht ausgefüllt ist. Die Konstruktion ist nach dem Stand der Technik innenraumseitig mit einer funktionstüchtigen Luftdichtigkeitsschicht versehen.

Es wird gezeigt, dass in derartigen Wandaufbauten (siehe Bild 1) die natürliche Konvektion innerhalb des Dämmstoffs beim Wärme- und Feuchteschutz betrachtet werden sollte, um den Wärmedämmstandard und die Dauerbeständigkeit der Konstruktion zu beurteilen. Dazu werden die maßgeblichen Einflussfaktoren auf den gekoppelten Luft-, Wärme- und Feuchtetransport (WLF-T) durch natürliche Konvektion innerhalb offenporiger Dämmstoffe aufgezeigt. Computersimulationsergebnisse verdeutlichen das durch natürliche Konvektion initiierte Feuchteschadens-Risiko sowie die Wirksamkeit konstruktiver Maßnahmen zur Verhinderung derartiger Feuchteschäden. Die dargestellten Ergebnisse an losen Dämmstoffen lassen sich bei vergleichbaren Materialeigenschaften auf offenporige Dämmstoffmatten anwenden. Eine Übertragbarkeit der vorgeschlagenen konstruktiven Maßnahmen auf andere Bauteile ist nicht abgesichert, da der konvektive Wärme- und Feuchtetransport lageabhängig (Wand, Decke, Dach) und dimensionsabhängig (Verhältnis der Dämmstoffdicke zur Höhe eines Gefaches) ist. Ziel ist es, den Wärme- und Feuchtetransport in offenporigen Außenwanddämmungen bei ausgeprägter natürlicher Konvektion zu beschreiben und für das untersuchte Bauteil konstruktive Empfehlungen aufzuzeigen.

1   Einleitung

Die Forderungen zur Heizenergieeinsparung bei Gebäuden wurden in den letzten Jahren in einem hohen Maße mit zunehmenden Dämmstoffdicken erfüllt. So betrug in der Wärmeschutzverordnung '95 die äquivalente Dämmstoffdicke der Wärmeleitfähigkeitsgruppe WLG 040 noch 8 cm, bezogen auf den Wärmedurchgangskoeffizienten $U = 0,5$ W/(m^{2}K). Für ein Niedrigenergiehaus von 1995 mit $U = 0,2$ W/(m^{2}K) erhöhte sich die äquivalente Dämmstoffdicke auf 19 cm und liegt für ein Passivhaus bei 25–40 cm. Dieser Trend ist auch in angrenzenden europäischen Staaten zu beobachten. Dämmstoffdicken ab 20cm lassen sich konstruktiv einfach und effizient mit losen Dämmstoffen in Holztafel- oder Holzrahmenbauweisen realisieren. Lose Dämmstoffe werden in die fertig gestellten Gefache eingeblasen oder eingeschüttet bzw. in die innenraumseitig offenen Gefache aufgesprüht. Lose Dämmstoffe erhalten damit erst beim Einbau ihre endgültige Form.

Mit Zunahme der Dämmstoffdicke steigt der Einfluss der natürlichen Konvektion auf den Wärmetransport und auf eine Umleitung des Wasserdampftransports in offenporigen Dämmstoffen. Hierbei verändern sich die Anteile von Wärmeleitung, Wärmestrahlung, Konvektion und Latentwärme am sich verringernden Gesamtwärmetransport sowie die einzelnen Anteile zwischen den Feuchtetransportmechanismen Wasserdampfdiffusion, Wasserdampf-Massetransport durch Konvektion und Feuchtekapazität.

Systematische Langzeituntersuchungen zu derart hoch gedämmten Holzbauweisen liegen noch nicht vor, und es stellt sich die Frage, ob die bisher vernachlässigte natürliche Konvektion beim Wärme- und Feuchtetransport tatsächlich zu beachten ist.

Die Antriebskraft der natürliche Konvektion ist die Druckdifferenz aus thermischen Auftrieb, verursacht durch hohe Lufttemperaturunterschiede an der Innen- und Außenseite des Bauteils. Dies führt bei luftdichten Begrenzungen in einem mit Luft gefüllten Hohlraum, z.B. eines Zweischeiben-Zwischenraumes, zu einer walzenförmigen Luftzirkulation. Diese Luftwalze entsteht bei allseitig luftdichter Begrenzung auch innerhalb eines offenporigen Dämmstoffs. Die Strömungsgeschwindigkeiten im offenporigen Dämmstoff sind im Vergleich zu reiner Luft wesentlich geringer, da der Feststoffanteil des offenporigen Dämmstoffs als Strömungswiderstand wirkt. Ist das Gefach nicht allseitig luftdicht begrenzt, dann überlagern sich der Luftwalze aus natürlicher Konvektion weitere erzwungene Strömungen.

Nach eigenen experimentellen Untersuchungen [13] an einem allseitig luftdicht begrenzten Gefach wird davon ausgegangen, dass es innerhalb einer offenporigen Außenwanddämmung analog Bild 1 zu einer Luftzirkulation mit nur einer Walze kommt. Nahe dem kaltseitigen Dämmstoffrand sinkt die Luft im Dämmstoff durch die bei Abkühlung ansteigende Rohdichte der Luft nach unten. Am unteren Gefachrand kommt es zu einem Überschlag zur Warmseite, wo die Luft infolge sinkender Rohdichte bei Erwärmung bis zum Überschlag zur Kaltseite am oberen Gefachrand thermisch aufsteigt. Diese Luftzirkulation führt zu einer für natürliche Konvektion typischen Deformation des Temperatur- und Materialfeuchtefeldes, qualitativ dargestellt in Bild 1. Nahe den oberen und unteren Dämmstoffgrenzen bewirkt die horizontal strömende Luft jeweils eine Wärmebrücke. Eine örtliche Temperaturauslenkung kennzeichnet nach dem FOURIERschen Gesetz einen örtlich veränderten Wärmestrom. Die aus natürlicher Konvektion resultierenden Temperaturauslenkungen sind oberflächennah am geringsten und in halber Bauteildicke am größten. Da die warme im Dämmstoff langsam aufsteigende Luft eine höhere Wassermenge aus dem Dämmstoff aufnimmt als die kaltseitig absinkende Luft, kann es durch die Feuchtluftzirkulation an der oberen kalten Dämmstoffecke zum Tauwasserausfall kommen. Dieser Feuchtetransport aus natürlicher Konvektion ist dem aus Dampfdiffusion überlagert. Ein Flüssigwassertransport wird in den Untersuchungen nicht berücksichtigt, da die meisten Dämmstoffe nicht kapillaraktiv sind [5]. Eine Ausnahme können Zelluloseflocken bilden.

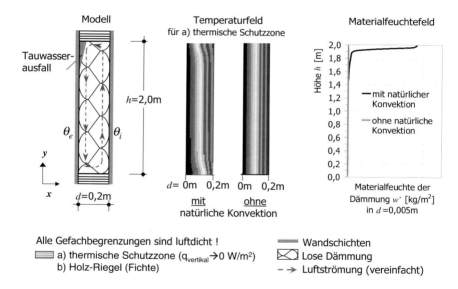

Bild 1: Untersuchungsgegenstand und Auswirkungen der natürlichen Konvektion auf den Wärme- und Feuchtetransport

2   Eigenschaften loser Dämmstoffe

Allgemeines
Lose Dämmstoffe haben hinsichtlich des Wärme- und Feuchtetransports Vorteile durch einen zumeist

- fugenlosen Einbau → keine Luftzirkulation um Fugen und um Spalten entlang der Außenkanten, siehe [2], [3], und damit Reduzierung des Bauschadensrisikos,
- guten Kontakt an angrenzende Bauteile (Installationen und schwindende Hölzer) → durch die Rieseleigenschaften von Schüttdämmstoffen und durch Rückstellkräfte von Einblasdämmstoffen.

Dies verringert den Anteil des konvektiven Wärmetransports um Spalten herum, der nach [2] und [3] an Wänden und Dächern, die mit Dämmstoffplatten ausgebildet sind, zu einer signifikanten Erhöhung des Gesamtwärmetransports führen kann. Nachteilig für den Wärme- und Feuchteschutz sind

- eine Setzungsneigung des losen Dämmstoffs, die am oberen Gefachrand zu Luftspalten oder sehr niedrigen Dämmstoffrohdichten führen sowie
- Rohdichteschwankungen, insbesondere niedrige Dämmstoffrohdichten nahe dem oberen und unteren Gefachrand.

Luftspalten in einem luftdicht begrenzten Gefach weisen ein stark erhöhtes Bauschadensrisiko auf und sollten deshalb vermieden werden. Die natürliche Konvektion im Luftspalt kann den Wärmetransport um ein Vielfaches erhöhen. Des Weiteren regt die Strömung des Luftspalts im angrenzenden offenporigen Dämmstoff den konvektiven Wärmetransport an, so dass sich auch im oberen Dämmstoffbereich der Wärmetransport erhöhen kann. In eigenen Messungen wurde zudem ein erheblicher Tauwasserausfall an der kaltseitigen Oberfläche des Luftspalts beobachtet, der zu Schimmelpilzbefall führen kann. Weitergehende Ausführungen sind [13] zu entnehmen.

Materialeigenschaften ausgewählter loser Dämmstoffe
Um Auswirkungen der natürlichen Konvektion auf den WLF-T in losen Außenwand-Dämmstoffen zu erfassen wurde ein breites Spektrum relevanter Materialeigenschaften betrachtet. Die zu Versuchszwecken getroffene Auswahl orientierte sich

- an unterschiedlichen Materialstrukturen und Körnungsgrößen (Variation in der Luftdurchlässigkeit k_L),
- am Ausgangsmaterial (organische und anorganische), um eine Varianz in deren Feuchteverhalten (Feuchtekapazität ξ, Diffusionswiderstandszahl μ) und Wärmetransport (Wärmeleitfähigkeit λ, volumenbezogene Wärmespeicherkapazität $\rho\, c$) zu erreichen sowie
- an der Einbauqualität und an den Einbauverfahren (Maschinen betriebenes Einblasen oder Einschütten von Hand).

Die Untersuchungen beinhalten

- eingeschüttete Materialien (expandierte Polystyrolkugeln, Blähtonkugeln, expandiertes Korkgranulat, zwei expandierte mineralische Schüttungen) sowie
- Einblasdämmungen aus verschiedenen Mineralfasern und aus Zellulosefasern.

Die Materialeigenschaften der untersuchten losen Dämmstoffe werden als isotrop angenommen, da eine gerichtete Anordnung von Partikeln bei den Einbauverfahren und der sorgfältigen Einbauqualität nicht beobachtet wurden. Die Materialeigenschaften Luftdurchlässigkeit $k_L = f(\rho)$ [m²], Wärmeleitfähigkeit $\lambda = f(u, \rho)$ [W/(m·K)], Feuchtekapazität $\xi = du/d\phi$ [kg / kg] mit dem massebezogenen Dämmstoff-Feuchtegehalt u [kg / kg], der relativen Luftfeuchte ϕ [%] mit $d\phi \sim 5$ % r.F., die Diffusionswiderstandszahl μ [-] und die Rohdichte ρ [kg/m³] wurden im Labor gemessen. [13]

Da ein Einbau der losen Dämmstoffe mit absolut gleicher Rohdichte nicht möglich ist, können Rohdichteschwankungen die Luftdurchlässigkeit $k_L = f(\rho)$ beeinflussen und ggf. den Konvektionseinfluss in der Dämmung lokal erhöhen. Dies bestätigte sich mehrfach in Laborversuchen an Außenwand-Versuchskörpern analog Bild 1, die in einer Doppelklimakammer einem stationären Innen- und Außenklima ausgesetzt wurden. In der Auswertung der Versuche zeigte der Vergleich der Messergebnisse mit Simulationen, dass der konvektive Wärmetransport in den Messungen wesentlich ausgeprägter war. Die Ursache konnte nur in einer anderen Luftdurchlässigkeit k_L des Dämmstoffs liegen. Gründe für diese Annahme sind, dass

- örtlich um bis zu 40% niedrigere Rohdichten in Gefachen gemessen wurden und
- die Luftdurchlässigkeit als Haupteinfluss auf den konvektiven Wärmetransport erheblich von der Rohdichte abhängt.

Daher wurde in Simulationen so lange die Luftdurchlässigkeit verändert, bis Messung und Simulation übereinstimmten. Der Nachweis von Rohdichteschwankungen in losen Dämmstoffen erfolgte somit indirekt. Die Ergebnisse zeigen fast immer eine Erhöhung des konvektiven Wärmetransports. Insbesondere am oberen Rand gab es niedrigere Rohdichten und kleinste Luftspalten. [13] Die Ergebnisse dieser Untersuchungen sind in Tabelle 1 als korrigierte Luftdurchlässigkeit ($k_{L, korr}$) ausgewiesen.

3   Einflussfaktoren auf den WLF-T aus natürlicher Konvektion

Der von natürlicher Konvektion beeinflusste Wärme- Luft- und Feuchtetransport (WLF-T) in offenporigen Materialien lässt sich durch miteinander gekoppelte Differentialgleichungen 2. Ordnung beschreiben. Aus diesem Gleichungssystem wurden vor dem Einsatz der Rechentechnik dimensionslose Ähnlichkeitszahlen abgeleitet, die bei Einhaltung des physikalischen Modells in Geometrie und Randbedingungen anwendbar sind und zugleich die Einflussfaktoren auf die natürliche Konvektion verdeutlichen.

Tabelle 1:   Materialeigenschaften der untersuchten losen Dämmstoffe

Nr.	Material	Wärmeleit-fähigkeit)² $\lambda_{15°C}$ [W/(m·K)]	Roh-dichte)² ρ [kg/m³]	Luftdurch-lässigkeit)² k_L, $(k_{L,korr})$ [10⁻¹⁰ m²]	Diffusions-widerstandszahl μ [-]	Wärme-kapazität)⁴ c [J/(kg·K)]
1a 1b	Zelluloseflocken	0,040	63	3 (75)	2	)¹	1944
2a 2b	Mineralfasern	0,040	55	41 (110)	1)¹	850
3a 3b	Mineralfasern	0,038	66	15 (32,5)	1)¹	850
4a 4b	Glasfasern	0,036	26	35 (100)	1)¹	850
5	EPS-Kugeln, 2/4mm)⁵	0,037	22	125	3)²	1470
6	exp. Korkschrot 2/5mm	0,041	80	205	3)²	1880
7	Blähtonkugeln 4/16mm	0,084	440	500	5)³	1000
8a 8b	Porenbetongranulat, 0/4mm	0,079	390	60 (90)	3)¹	840
9	Hyperlite, 0/4mm	0,053	145	5	3)³	1000

)¹ Produktinformation   )² eigene Messungen   )³ [9]   )⁴ IEA, Annex XIV, Vol.3   )⁵ Korngröße

Tabelle 2:   Feuchtekapazität der untersuchten losen Dämmstoffe

Nr.	Material	$\xi=du/d\phi$)⁵ 100 · [kg/kg] ϕ=10%	20%	50%	80%	90%	98%	100%)²
(1)	Zelluloseflocken	2,980	4,210	7,810	14,00	18,50	27,90	34,20
(2)	Mineralfaser	0,070	0,100	0,165	0,243	0,317	0,505	0,561
(3)	Mineralfaser	0,034	0,047	0,076	0,126	0,165	0,239	0,267
(4)	Glasfaser	0,102	0,138	0,225	0,426	0,701	2,030	2,880
(5)	EPS-Kugeln, 2/4mm)¹	0,040	0,060	0,220	0,400	0,581	0,980	1,120
(6)	exp. Korkschrot, 2/5mm	0,715	1,140	2,210	3,190	3,570	4,080	4,250
(7)	Blähtonkugeln, 4/16mm	0,001	0,001	0,013	0,081	0,155	0,432	0,567
(8)	Porenbetongranulat, 0/4mm	0,874	1,070	1,550	2,380	3,690	8,290	10,00
(9)	Hyperlite, 0/4mm	0,001	0,016	0,213	0,632	1,280	3,220	3,940

)¹ Korngröße   )² Extrapolation zu einer relativen Luftfeuchte von ϕ=100% als Eingabewert für das Computersimulationsprogramm WINHAM2D   )³ massebezogener Dämmstoff-Feuchtegehalt u [kg/kg], relative Luftfeuchte ϕ [%]

Die modifizierte RAYLEIGH-Zahl Ra^* [-] ist hierbei die wichtigste und umfassendste Ähnlichkeitszahl zur Beschreibung der wesentlichen Einflussgrößen.

$$Ra_d^* = \frac{\beta g (\rho c_p)_f}{\nu} \cdot \frac{d k_L \Delta\theta}{\lambda_{por}} \tag{1}$$

β - isobarer Volumenausdehnungskoeffizient von Luft in 1/K
g - Erdbeschleunigung in m/s^2
$(\rho c_p)_L$ - volumenbezogene Wärmekapazität der Luft in J/(m^3 K)
ν_L - kinematische Viskosität der Luft in m^2/s
d - Schichtdicke in m
k_L - Luftdurchlässigkeit in m^2
$\Delta\theta$ - Lufttemperaturdifferenz in K
λ_{por} - Wärmedurchlässigkeit des porösen Stoffs in W/(m K)

Die NUSSELT-Zahl Nu [-] zeigt den Anteil der natürlichen Konvektion am Wärmetransport an, wenn Strahlung innerhalb der Dämmung vernachlässigt werden kann. Sie ist abhängig von der modifizierten RAYLEIGH-Zahl Ra^*, dem geometrischen Verhältnis h/d und den Randbedingungen.

$$Nu = \frac{q_{\text{Wärmeleitung + Konvektion}}}{q_{\text{Wärmeleitung}}} \tag{2}$$

Als Anfangskriterium für den Wärmetransport aus natürlicher Konvektion in vertikal gedämmten Gefachen gilt nach [1]

$$Ra_{d,krit}^* > 4 \cdot \frac{h}{d} \cdot \tag{3}$$

Ist $Ra_{d,krit}^* \leq Ra_d^*$, dann wird für die Dämmung des gesamten Gefachs $Nu > 1$. Danach erhöht sich der Einfluss der natürlichen Konvektion auf den Wärmetransport, wenn Ra_d^* steigt und das geometrische Verhältnis von Höhe zu Dicke h/d sinkt. Zur Charakterisierung des Wärmetransports aus natürlicher Konvektion wird der Einfluss der einzelnen Variablen auf Ra_d^* für das folgende Beispiel abgeleitet:

- Geometrie der Dämmung: Dicke d = 0,2 m, die Höhe h ist variabel,
- Klima und Materialeigenschaften nach Tabelle 3 und Tabelle 4.

Tabelle 3: Einfluss von Dämmstoff-Materialeigenschaften und Klima auf den Wärmetransport bei natürlicher Konvektion

Parameter nach Gl. (1)	Wertebereich mit steigendem Einfluss	Anstieg von Ra^* um den Faktor
Luftdurchlässigkeit k_L	$3 \cdot 10^{-10}$ → $600 \cdot 10^{-10}$ m²	1 → 200
Wärmeleitfähigkeit λ_{por}	0,082 → 0,035 W/(m K)	1 → 2,3
Lufttemperaturdifferenz $\Delta\theta$	10 → 60 K	1 → 6,0
Mitteltemperatur θ_m,	40 → 0 °C	1 → 1,69
charakterisiert mit $\dfrac{\beta g (\rho c_p)_f}{\nu}$	2,058 → 3,474·10⁶ W/(m⁴K²)	

In den untersuchten Dämmstoffen (Bild 1, Tabelle 1 und Tabelle 3) ist das Anfangskriterium der natürlichen Konvektion mit $Ra_d^*/Ra_{d,krit}^*$ >1 überschritten, wenn für 3 Dämmstoffe (5, 6, 7) die Gefach-Innenabmessungen $h \times d$ = 0,2m × 0,2m betragen. Nach eigenen Berechnungen kann sich in diesem Fall der Wärmetransport durch natürliche Konvektion um bis zu 50% erhöhen, d.h. die NUSSELT-Zahl liegt bei Nu = 1,5 [-] bezogen auf die Dämmung im gesamten Gefach. Experimente und vergleichende Simulationen zeigen für die ausgewiesenen Dämmstoffe bei sorgfältiger Einbauqualität und für Gefach-Innenabmessungen von $h \times d$ = 2,0m × 0,2m eine Erhöhung des Wärmetransports um weniger als 3% bezogen auf die gesamte Gefachdämmung an. Nahe den Riegeln erhöhte sich der Wärmetransport im Dämmstoff lokal um bis zu 53%. Bauschadensrisiken sind aus diesem veränderten Temperaturfeld jedoch nicht zu erwarten. [13]

Tabelle 4: Einschätzung zum konvektiven Wärmetransport in Dämmstoffen mit dem Anfangskriterium $Ra_d^*/Ra_{d,krit}^*$ >1 [13]

Dämmstoff	Luftdurchlässigkeit k_L [m²]	Wärmeleitfähigkeit $\lambda^*_{10°C}$ [W/(m K)]	Lufttemperaturen θ_i / θ_e [°C]	$Ra_d^*/Ra_{d,krit}^*$ bei $h \times d$ 2×0,2 [m]	1×0,2 [m]	0,2×0,2 [m]
Dämmstoffe (1)–(4)	≤ 35·10⁻¹⁰	≥ 0,035	45 / -15	≥ 0,1	≥ 0,2	≥ 0,8
(5) expandierte Polystyrolkugeln	125·10⁻¹⁰	0,035	25 / +5	0,1	0,2	1,0
			45 / -15	0,3	0,6	2,9
(6) expandiertes Korkschrot	205·10⁻¹⁰	0,040	25 / +5	0,2	0,3	1,7
			45 / -15	0,4	0,9	4,3
(7) Blähmineralien	500·10⁻¹⁰	0,082	25 / +5	0,2	0,3	1,7
			45 / -15	0,5	1,0	5,1
(8) Porenbetongranulat	60·10⁻¹⁰	0,078	45 / -15	0,1	0,1	0,7
(9) Blähmineralien	5·10⁻¹⁰	0,052	45 / -15	0,0	0,0	0,1

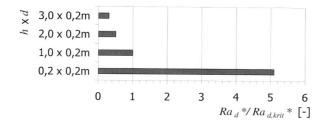

Bild 2: Konvektiver Wärmetransport in Dämmstoffen in Abhängigkeit von den Gefachabmessungen $h \times d$ (Zusammenfassung aus Tabelle 4)

Natürliche Konvektion kann zu einer Erhöhung der Materialfeuchte in der oberen kalten Wandecke eines gedämmtes Gefaches führen.

Für offenporige Außenwanddämmungen analog Bild 1 sind für mittel- und nordeuropäische Jahresklimaverhältnisse als kritisch anzusehen

- ein hohes Feuchteangebot im Dämmstoff durch
  - hohe Einbaufeuchten u_A,
  - große Gefachgrößen $h \times d$ (Fläche für Diffusion $h \times b$, Einbaufeuchte),
  - eine hohe Feuchtekapazität ξ des Dämmstoffs,
  - eine niedrige diffusionsäquivalente Luftschichtdicke s_{di} der innenraumseitig angrenzenden Bauteilschichten,
  - eine niedriges Verhältnis von s_{di} / s_{de}
- hohe Strömungsgeschwindigkeiten durch natürliche Konvektion im Dämmstoff, maßgeblich bestimmt durch
  - eine hohe Luftdurchlässigkeit k_L,
  - ein geringes Verhältnis der Gefachabmessungen ($h/ d \rightarrow 1$) und
  - eine hohe Differenz zwischen den innenraum- und außenseitigen Lufttemperaturen bei niedriger Mitteltemperatur,
- ein hoher Wasserdampfdiffusionsstrom durch eine niedrige Diffusionswiderstandszahl μ des Dämmstoffs,
- hygrothermische Verhältnisse, die Tauwasserausfall ermöglichen, thermisch beeinflusst durch die Wärmeleitfähigkeiten und Wärmespeicherfähigkeit der Dämmung und der angrenzenden Schichten.

Diese Faktoren beeinflussen sich gegenseitig. Bereits eine geringfügige Variation der Materialeigenschaften und Randbedingungen kann den konvektiven Feuchtetransport erheblich beeinflussen. Ein Feuchteschadens-Risiko sollte daher für den konkreten Fall nachgewiesen werden. Eine weitere Möglichkeit sind Parameterstudien, die zu einer Wichtung der Einflussparameter beitragen oder für definierte Bauteilkonstruktionen unter praxisüblichen Randbedingen Grenzwerte für Einflussparameter ausweisen.

**3   Fallstudie zum jahreszeitlichen Tauwasserrisiko in losen Außenwand-
dämmungen durch natürliche Konvektion durch Simulationsrechnungen**

Ziel, Annahmen und Abgrenzungen
Betrachtet werden soll nur der Materialfeuchtegehalt in losen Außenwanddämmungen, die nicht kapillaraktiv sind. Die Holzfeuchte der oben und unten an das Gefach
angrenzenden Fichte-Riegel ($h \times d$ = 60mm × 200mm) wird nicht untersucht und ein
Feuchtetransport zwischen der Fichte und der Dämmung wird ausgeschlossen. Des
weiteren wird ein idealer Kontakt ohne Luftspalten zwischen der Dämmung und angrenzenden Bauteilschichten angenommen.

Das Ziel einer ersten Fallstudie ist eine stichpunktartige Untersuchung, ob die
DIN4108-3 (2001) unter Anwendung der GLASER-Methode ein praxisrelevantes
Risiko von Tauwasserausfall durch natürliche Konvektion in Dämmstoffen mit abdeckt. Die lose Dämmung ist in ein luftdicht begrenztes Außenwandgefach in Holzrahmenbauweise eingebaut, die einen praxisüblichen Schichtenaufbau, wie nachfolgend beschrieben, hat. Der Nachweis nach DIN 4108-3 ist erfüllt, wenn

- die rechnerische flächenbezogene Tauwassermenge $m_{W,T}$ [kg/m^2] über die Jahres-
  bilanz kleiner ist als die rechnerische flächenbezogene Verdunstungsmenge $m_{W,T}$
  [kg/m^2] und des weiteren
- die Grenzwerte der flächenbezogenen Tauwassermenge $m_T \leq 0{,}5$ kg/m^2 an kapillar
  nicht wasseraufnahmefähigen Schichten und i.d.R. $m_T \leq 1{,}0$ kg/m^2 in der gesamten Wand- und Dachkonstruktion eingehalten sind (für Holzbauteile gelten weitere
  Forderungen, die nicht betrachtet werden).

Die Untersuchungsergebnisse ermöglichen eine erste Empfehlung zur Verhinderung
einer schadensträchtigen Materialfeuchteerhöhung im Dämmstoff durch natürliche
Konvektion. Die Ergebnisse sind auf den Untersuchungsgegenstand begrenzt.

Computersimulationsprogramm
Der durch natürliche Konvektion hervorgerufene Wärme-, Luft- und Feuchtetransport
in Dämmstoffen lässt sich mit 2D-Simulationsprogrammen, die sich auf übliche und
messbare Materialeigenschaften beziehen, simulieren. Zu diesen Programmen zählt
z.B. CHConP für die Berechnung des Wärme- und Lufttransports und WINHAM2D
für den Wärme-, Luft- und Feuchtetransport, beide in Schweden entwickelt.
Die Simulationen werden mit WINHAM2D [10] für einen Jahresklimazyklus nach
[4] (siehe auch [13]) durchgeführt. Da sich in WINHAM2D einzelne Wärme- und
Feuchtetransportmechanismen für die Berechnung auswählen lassen, werden über
Differenzbildung von je zwei Simulationen mit *bzw.* ohne natürliche Konvektion der
Einfluss der natürlichen Konvektion für die einzelnen Wandaufbauten mit der jeweils
zu untersuchenden Wärmedämmung separiert.

Beschreibung der untersuchten Konstruktion

Betrachtet wird ein einzelnes Gefach einer typischen 2D-Holzrahmen-Außenwand. [7] Dieses Gefach ist in Anlehnung an Bild 1 umlaufend luftdicht an den Außenflächen ausgeführt und besteht aus einer wärmedämmenden Ausfachung der Dicke $d = 0,2$ m sowie ober- und unterseitig an die Ausfachung angrenzenden Querhölzern der Höhe $h = 0,05$ m (Riegel). Untersuchungsgegenstand ist nur die Gefachdämmung.

Die Wand hat von innen nach außen folgenden Schichtenaufbau:
- Gipskartonplatte ($d = 0,0125$m, $\lambda = 0,21$ W/(m·K), $\rho = 900$ kg/m³, $\mu = 8$),
- vertikale geschlossene Luftschicht ($d = 0,03$m),
- Dampfbremse ($\mu \cdot d = 0,5$m),
- Holzwerkstoffplatte ($d = 0,010$m, $\lambda = 0,130$ W/(m·K), $\rho = 600$ kg/m³, $\mu = 100$),
- lose Dämmung ($d = 0,2$m), siehe Tabelle 1 und
- Holzwerkstoffplatte ($d = 0,016$m, $\lambda = 0,072$ W/(m·K), $\rho = 600$ kg/m³, $\mu = 8$).

Dieser Wandaufbau (*Wand 1*) hat innenseitig der Dämmung eine diffusionsäquivalente Luftschichtdicke $s_{di} = \sum \mu \cdot d = 1,63$ m und außenseitig der Dämmung einen Wert von $s_{de} = \sum \mu \cdot d = 0,128$ m.

Vergleichend dazu werden Berechnungen mit einem diffusionsoffenen Wandaufbau (*Wand 2*) durchgeführt, in dem die inneren und äußeren diffusionsäquivalenten Luftschichtdicken $s_{di} = s_{de} = \sum \mu \cdot d = 0,128$m gleich sind. Der Schichtenaufbau von innen nach außen ist:
- Holzwerkstoffplatte ($d = 0,016$m, $\lambda = 0,072$ W/(m·K), $\rho = 600$ kg/m³, $\mu = 8$),
- lose Dämmung ($d = 0,2$m), siehe Tabelle 1,
- Holzwerkstoffplatte ($d = 0,016$m, $\lambda = 0,072$ W/(m·K), $\rho = 600$ kg/m³, $\mu = 8$).

Beschreibung der Parameterstudien

Fall A): Es wird an bis zu 9 lose Dämmstoffen in einem diffusionsoffenen Wandaufbau und an einem Wandaufbau mit innenseitiger Dampfbremse
a) der jeweilige Einfluss der natürlichen Konvektion aufgezeigt,
b) ein Vergleich von Ergebnissen nach DIN 4108-3:2001 (GLASER-Verfahren) mit WINHAM2D-Simulationen (Berücksichtigung der Feuchtekapazität der Materialien und teilweise Berechnung der natürlichen Konvektion im Dämmstoff) durchgeführt und damit die Eignung der DIN 4108-3:2001 für Wandaufbauten betrachtet, in denen mit einem Feuchtetransport aus natürlicher Konvektion bei Dämmdicken $d \geq 20$cm zu rechnen ist sowie
c) ein thermisch-hygrisches Schimmelpilz-Wachstumsrisiko innerhalb des Dämmstoffs anhand von ausgewählten Isoplethen nach [11] untersucht.

Annahmen für Fall A):

Es wird Feuchtetransport im Dämmstoff betrachtet. Der Materialfeuchtegehalt und die Feuchtekapazität der innen- und außenseitig an die Dämmung angrenzenden Schichten ist nach dem Stand der eigenen Untersuchungen zunächst nicht berücksichtigt (extrem lange Rechenzeiten). Ein Feuchtetransport zwischen der Dämmung und den oben und

unten angrenzenden Holzprofilen (Riegel in der Holzrahmen- bzw. Holztafelkonstruktion) wird durch Anordnung einer Dampfsperre im Fall A ausgeschlossen.
Fall B): Es wird für Zellulose (1b) mit $k_{L,korr} = 75 \cdot 10^{-10}\,m^2$ und den Annahmen von Fall A) die Zunahme des konvektiven Feuchtetransports mit zunehmender Dämmstoffdicke aufgezeigt.

Ergebnisse der Parameterstudie, Fall A)
Wand 1
Die Ergebnisse von WINHAM 2D für den lokal und jahreszeitlich bedingt höchsten Dämmstoff-Feuchtegehalt sind in Bild 3 ausgewiesen und werden zudem mit Berechnungsergebnissen nach DIN 4108-3:2001 verglichen. Der Zeitraum und die Lage des maximalen Feuchtegehaltes variieren in den untersuchten Dämmstoffen in Abhängigkeit von den Materialeigenschaften. Die Ergebnisse für die *Wand 1* (mit Dampfbremse) zeigen

- Die Forderungen der DIN 4108-3:2001 sind für alle untersuchten Dämmstoffe eingehalten. Nach DIN 4108-3:2001 tritt in dieser Konstruktion kein Tauwasserausfall auf.
- Die Simulationen mit WINHAM2D zeigen einen lokalen und zeitlich begrenzten Tauwasserausfall nahe der oberen kalten Gefachecke. Die Tauwassermenge ist niedriger als der obere Grenzwert von 0,5 kg/m^2 nach DIN 4108-3:2001 für angrenzende nichtkapillaraktive Materialien. Ein klarer Einfluss von natürlicher Konvektion auf den Feuchtetransport ist gegeben in der hoch hygroskopischen Zellulose mit einer Luftdurchlässigkeit von $k_{L,korr} = 75 \cdot 10^{-10}\,m^2$ (1b). Der konvektiv bedingte Materialfeuchtegehalt ist in den untersuchten Dämmstoffen mit mittlerer Feuchtekapazität geringer (8a, 8b: $k_L \le 90 \cdot 10^{-10}\,m^2$) als in Zellulose. Ein wesentlicher Einfluss der natürlichen Konvektion tritt in allen Dämmstoffen mit einer Luftdurchlässigkeit von $k_L \ge 125 \cdot 10^{-10}\,m^2$ auf.

Berechnung nach DIN 4108-3:2001
Wand 2 (diffusionsoffener Wandaufbau)
Dieser Wandaufbau ist nach DIN 4108-3:2001 nicht zulässig

- für die zwei Mineralfaserdämmungen (2, 4), da die Forderung für Tauwasserausfall an kapillar wasseraufnahmefähigen Schichten (Dämmstoff an Holzwerkstoffplatte) von $m_{W,T} = w' \le 1,0$ kg/m^2 nicht eingehalten ist,
- für Zellulose (1) und Polystyrolkugeln (5), wenn sie an kapillar nicht wasseraufnahmefähige Schichten (Unterspannbahn, Windsperre) angrenzen, da die Forderung für Tauwasserausfall von $m_{W,T} = w' \le 0,5$ kg/m^2 nicht eingehalten ist.

WINHAM2D-Simulationen ohne natürliche Konvektion und mit Berücksichtigung der Feuchtekapazität beim Wasserdampftransport
In zwei Mineralfasern (2, 4) ist der Tauwasserausfall wesentlich höherer als nach DIN 4108-3:2001 berechnet. Bei *Wand 2* weist die vereinfachte Berechnung nach DIN 4108-3 nur für die Zellulose (1a, 1b) eine höhere berechnete Tauwassermenge

aus und liegt damit auf der "sicheren Seite". Das bedeutet, dass die vereinfachte Berechnung nach DIN 4108-3:2001 für hoch gedämmte Wände mit kapillar nicht aktiven Materialien ohne Anordnung einer Dampfbremse <u>nicht</u> sicher genug ist.

a) Wand 1: s_{di} = 1,63m, s_{de} = 0.128m

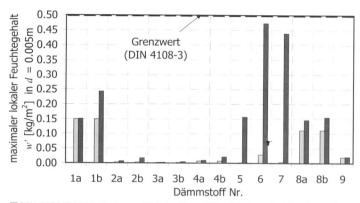

b) Wand 2: s_{di} = s_{de} = 0.128m

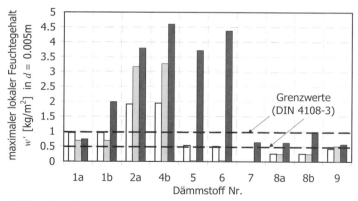

Bild 3: Maximaler lokaler Dämmstoff-Feuchtegehalt, nach DIN 4108-3:2001 berechnet und simuliert mit WINHAM2D (Berechnung: mit / ohne natürliche Konvektion), Gefach-Innenabmessungen $h \times d$ = 2.0m $\times$ 0.2m

WINHAM2D-Simulationen <u>mit</u> natürliche Konvektion und mit Berücksichtigung der Feuchtekapazität beim Wasserdampftransport
Die natürliche Konvektion erhöht die lokale Feuchteanreicherung in allen untersuchten Dämmstoffen. Bild 4 zeigt eine jährliche Dauer des Tauwasserausfalls von bis zu 230 Tagen in hoch luftdurchlässigen Dämmstoffen durch natürliche Konvektion in diffusionsoffenen hoch gedämmten Wandaufbauten. Das ausgefallene Tauwasser kann in den Sommermonaten verdunsten, so dass es in allen untersuchten Fällen zu keiner Feuchteakkumulation über mehrere Jahre kam.

a) Wand 1: $s_{di} = 1{,}63m$, $s_{de} = 0.128m$

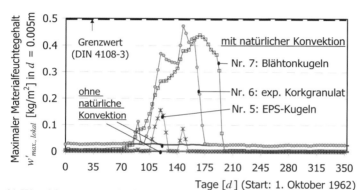

b) Wand 2: $s_{di} = s_{de} = 0.128m$

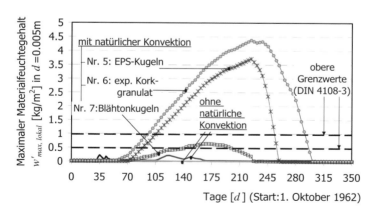

Bild 4:   Maximaler lokaler Materialfeuchtegehalt über ein Jahr für drei Dämmstoffe, simuliert mit WINHAM2D (Berechnungsmodus: mit / ohne natürliche Konvektion), Gefach-Innenabmessungen $h \times d = 2.0m \times 0.2m$

Thermisch-hygrisches Schimmelpilz-Wachstumsrisiko innerhalb von Bauteilen
Schimmelpilzbefall auf und innerhalb von Bauteilen ist hinsichtlich der Wohnhygie-
ne und der erstrebten Langlebigkeit von Holzhauskonstruktionen durch bauphysikalisch sinnvolle Bauteilaufbauten zu vermeiden. In Bauforschung und Baupraxis ist
aufgrund von Schadensfällen der sichtbare Schimmelpilzbefall von Bauteiloberflächen ein viel betrachtetes Problem, ein von außen nicht sichtbarer Schimmelpilzbefall
im Bauteilinneren wurde bisher zumeist nicht beachtet.
Nach eigenen experimentellen Untersuchungen an offenporigen Dämmstoffen in Außenwandgefachen in einer Doppelklimakammer [13] und belegt durch einen Praxis-
schadensfall ist auch Schimmelpilzbefall innerhalb von Bauteilen möglich, siehe Bild
5a und 5b.
Ein wesentlicher Grund ist der Feuchtetransport aus natürlicher Konvektion innerhalb
von offenporigen Dämmungen, der zu einer deutlichen Feuchteumverteilung im
Dämmstoff und zu einer lokalen Feuchtekonzentration an der oberen kalten Ecke von
Außenwandgefachen führt. [12], [13] Vereinfachend dargestellt kann gesagt werden,
dass der an sich unschädliche natürliche Feuchtegehalt einer offenporigen Gefachdämmung durch die infolge unterschiedlicher Oberflächentemperaturen angeregte
Luftwalze in die obere kalte Ecke gepumpt wird, dort ausfällt und Schimmelpilzbildung veranlassen kann.

Bild 5:   a) Schimmelpilzbefall in einem Außenwandgefach nach einem Versuch in
einer Doppelklimakammer [13]
b) Schimmelpilzbefall in der Außenwand eines Passivhauses

Für Fall A) wurde mit WINHAM2D das thermisch-hygrische Schimmelpilz-
Wachstumsrisiko anhand ausgewählter Schimmelpilz-Wachstumsbedingungen nach
[11] für den höchsten lokalen Feuchtegehalt im Dämmstoff untersucht. Die Simulati-
onsergebnisse für die 2 betrachteten Wandkonstruktionen sind in Bild 6 ausgewiesen.
Bei Berücksichtigung der natürlichen Konvektion in der Simulation lag der höchste
Dämmstoff-Feuchtegehalt in der oberen kalten Ecke. Das Schimmelpilz-
Wachstumsrisiko steigt für die untersuchte Konstruktion, wenn

- der Dämmstoff eine hohe Luftdurchlässigkeit k_L und / oder eine hohe Feuchte-kapazität ξ aufweist und / oder
- keine raumseitige Dampfbremse in mittel- und nordeuropäische Regionen ange-ordnet wird.

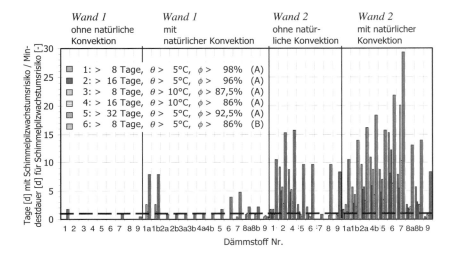

Bild 6: Maximaler lokaler Dämmstoff-Feuchtegehalt, berechnet nach DIN 4108-3:2001 und simuliert mit WINHAM2D (Berechnungsmodus: mit / ohne na-türliche Konvektion), Gefach-Innenabmessungen $h \times d = 2.0\,\text{m} \times 0.2\,\text{m}$

Nach ersten Parameterstudien in [13] kann für eine Wandkonstruktion mit den Dämmstoffabmessungen $h \times d$ von 2,0 m × 0,2 m das hygrothermische Schimmel-pilz-Wachstumsrisiko durch natürliche Konvektion an den Dämmstoffen 1-9 (siehe Tabelle 1 und Tabelle 2) vermieden werden, wenn die Bedingungen

- $s_{di} / s_{de} \geq 50$ und $k_L \leq 50 \cdot 10^{-9}\,\text{m}^2$ oder
- $s_{di} / s_{de} \geq 10$ und $k_L \leq 1 \cdot 10^{-9}\,\text{m}^2$

eingehalten sind.

Ergebnisse der Parameterstudie, Fall B)
In Voruntersuchungen wurde ermittelt, ab welcher Dämmdicke mit einem nennens-werten Einfluss der natürlichen Konvektion auf eine Feuchteumverteilung in Zellulo-se mit der Luftdurchlässigkeit $k_{L,korr} = 75 \cdot 10^{-10}\,\text{m}^2$ (1b) zu rechnen ist.

Die Ergebnisse in Tabelle 5 und Bild 7 zeigen für die kalte Jahreszeit und bis in die Frühjahrsmonate hinein, dass natürliche Konvektion am oberen Rand der kaltseitigen Schichtgrenze des Dämmstoffs zu einer Erhöhung der Materialfeuchte führt. Mit zunehmender Dämmstoffdicke steigt durch den ansteigenden Tauwasserausfall das Bauschadensrisiko in Holzhauskonstruktionen.

Tabelle 5: Computersimulationsergebnisse zum maximalen temporären und lokalen Feuchtegehalt in Zellulose mit $k_{L,korr} = 75 \cdot 10^{-10} m^2$ und $\rho = 63$ kg/m^3 (1b) in Abhängigkeit von der Dämmstoffdicke d bei einer Gefachhöhe von $h = 2$m unter einem Jahresklimazyklus nach [4] und [13]: a) bei Berücksichtigung von natürlicher Konvektion $w'_{max,\,nat.\,Konvektion}$ [kg/m^2] und b) ohne natürliche Konvektion $w'_{ohne\,nat.\,Konvektion}$ [kg/m^2] zum Zeitpunkt von $w'_{max,\,nat.\,Konvektion}$

Dämmstoff-dicke d [m]	maximale Dämmstofffeuchte		$\dfrac{w'_{max,\,nat.\,Konvektion}}{w'_{ohne\,nat.\,Konvektion}} \cdot 100$ [%]
	$w'_{max,\,nat.\,Konvektion}$ [kg/m^2] (M.-%)	$w'_{ohne\,nat.\,Konvektion}$ [kg/m^2] (M.-%)	
0,10	0,140 (22,2)	0,120 (19,0)	1,167
0,15	0,168 (26,7)	0,130 (20,6)	1,292
0,16	0,183 (29,0)	0,127 (20,2)	1,441
0,18	0,216 (34,3)	0,132 (21,0)	1,636
0,20	0,243 (38,6)	0,150 (23,8)	1,620
0,25	0,443 (70,3)	0,122 (19,4)	3,631
0,30	0,794 (126)	0,122 (19,4)	6,508
0,40	1,206 (191)	0,102 (16,2)	11,824

a) mit natürlicher Konvektion

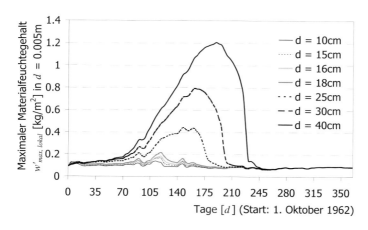

b) ohne natürliche Konvektion

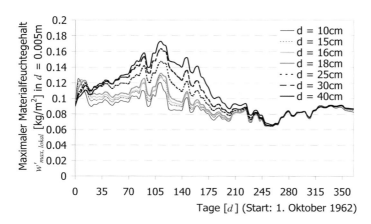

Bild 7: Maximaler lokaler Dämmstoff-Feuchtegehalt w' [kg/m^2] über 1 Jahr (ab 01.10.62), simuliert mit WINHAM2D für Fall C: Zellulose mit $k_{L,korr} = 75 \cdot 10^{-10}$m^2, $h = 2.0$m , $s_{di} = 1{,}63$m, $s_{de} = 0.128$m, a) berechnet mit natürlicher Konvektion, b) berechnet ohne natürliche Konvektion

4   Schlussfolgerungen

Natürliche Konvektion verursacht einen nennenswerten gekoppelten Luft-, Wärme- und Feuchtetransport in offenporigen Dämmstoffen, wenn die Luftdurchlässigkeit des Dämmstoffs k_L größer als $1 \cdot 10^{-9}$m^2 ist und die Dämmstoffdicke d auf ≥ 20 cm ansteigt.

Der Wärmetransport aus natürlicher Konvektion kann bei sorgfältiger Einbauqualität nur für Außenwanddämmungen der Dicke $d \geq 20$ cm und bei geringer Gefachhöhe von Bedeutung sein. Hierbei ist nicht mit Bauschadensrisiken zu rechnen. Voraussetzung ist jedoch, dass nachträgliche Setzungen des losen Dämmstoffs im Gefach sowie maßgebliche Rohdichteschwankungen und Lufthohlräume nicht gegeben sind.

Natürliche Konvektion initiiert eine Feuchteumverteilung innerhalb des Dämmstoffs von gedämmten Holzrahmenbau-Gefachen mit möglichem Tauwasserausfall und einem thermisch-hygrischen Schimmelpilz-Wachstumsrisiko in der oberen kalten Ecke einer Außenwanddämmung.

Die Forderungen der DIN 4108-3:2001 sind nicht für jeden Fall sicher genug, um Schadensrisiken aus Tauwasserausfall an kapillar nicht wasseraufnahmefähigen Schichten (nicht kapillaraktiver offenporiger Dämmstoff - Unterspannbahn) in hoch gedämmten Außenwandgefachen zu vermeiden, wenn natürliche Konvektion zu einer Feuchteansammlung in der oberen kalten Gefachecke führt. Diese Risiken können vermieden werden durch möglichst trocken eingebaute Dämmstoffe mit niedriger Luftdurchlässigkeit k_L und / oder einem hohen s_{di} / s_{de} -Verhältnis der an den Dämmstoff innen und außen angrenzenden trocken eingebauten Schichten. Für andere Dämmstoffeigenschaften, andere Schichtenaufbauten und andere Klimabedingungen sind weitere Risikoanalysen zum Feuchtetransport aus natürlicher Konvektion notwendig. Es empfiehlt sich für Produktentwicklungen von hoch gedämmten Außenbauteilen, den Feuchtetransport aus natürlicher Konvektion mit zu berücksichtigen. In künftigen Untersuchungen sollten kapillaraktive Materialien mit betrachtet und Simulationsprogramme für den gekoppelten Luft-, Wärme- und Feuchtetransport weiterentwickelt werden.

Literatur

[1] D. Fournier, S. Klarsfeld, *Some Recent Experimental Data on Glass Fiber Insulation Materials and their Use for a Reliable Design of Insulations at Low Temperatures.* ASTM STP 544, American Society for Testing and Materials, 1974, pp. 223-242

[2] J. Lecompte, *Untersuchungen zu wärmegedämmten, zweischaligem Mauerwerk,* Wksb 26, S. 36-41

[3] H. Hens, *Luft- und Winddichtigkeit von geneigten Dächern – Wie sie sich wirklich verhalten,* Bauphysik 14 (1992), H.6, S. 161-174

[4] C.-E. Hagentoft, E. Haderup, *Reference Years for Moisture Calculations,* IEA, Annex 24 "HAMTIE". Report T2-S-93/01, 1993

[5] H. M. Künzel, *Verfahren zur ein- und zweidimensionalen Berechnung des gekoppelten wärme- und Feuchtetransports in Bauteilen mit einfachen Kennwerten.* Dissertation. Stuttgart, Universität, Fakultät Bauingenieur- und Vermessungswesen, 1994

[6] C.-E. Hagentoft, *CHConP – Convection Heat CONduction Program.* Göteborg, Sweden, Chalmers University of Technology, 1995

[7] H. Petrik, H. Müller-Balz, C. Hubweber, M. Schefzik, J. Batzdorfer, *Entwicklung von Konstruktionsdetails für Niedrigenergiehäuser in Holzbauweise,* Forschungsbericht F2337, Stuttgart: IRB. - ISBN 3-8167-4810-4, 1998

[8] J. Wang, *Simplified Analysis of Combined Heat, Air and Moisture Transport in Building Components – Mathematical Model and Calculation Strategies,* Proceedings of the 5th Symposium on Building Physics in the Nordic Countries, Göteborg, 1999

[9] C. Bauer, A. Blanz, H. Heinrich, K. W. Usemann, *Nachwachsende Rohstoffe im Bauwesen.* In: Gesundheits-Ingenieur – Haustechnik – Bauphysik – Umwelttechnik 121 (2000), H. 3, S. 143-170

[10] J. Wang, C.-E. Hagentoft, *WINHAM2D – Windows Heat Air Moisture 2Dimensional,* Göteborg, Sweden, Chalmers University of Technology, 2000

[11] K. Sedlbauer, *Vorhersage von Schimmelpilzbildung auf und in Bauteilen.* Stuttgart, Universität, Fakultät Bauingenieur- und Vermessungswesen, Diss., 2001

[12] K. Riesner, J. WANG, C.-E. HAGENTOFT, G.-W. Mainka, *Combined Heat, Air and Moisture Transport in a Loose-Filled Insulation – Experiment and Simulation.* In: Proceedings of the 8th conference "Thermal Performance of the Exterior Envelopes of Buildings", Clearwater Beach, Florida / USA, 2001. - ISBN 1-883413-96-6

[13] K. Riesner, *Natürliche Konvektion in losen Außenwanddämmungen – Untersuchungen zum gekoppelten Luft-, Wärme- und Feuchtetransport,* Dissertation. Rostock, Universität, Ingenieurwissenschaftliche Fakultät, 2003

Das Caparol Clean Conzept „CCC"
Erfahrungen aus der Freibewitterung

E. Bagda
Ober-Ramstadt

Zusammenfassung

Von einer Fassadenbeschichtung wurde schon immer erwartet, dass sie den Untergrund durch Feuchtestau nicht schädigt, nicht abblättert, nicht reißt und nicht kreidet. Heute sind zu diesen funktionellen, technischen Ansprüchen auch optische Ansprüche hinzugekommen. Das sind insbesondere an weiße Fassaden, dass sie möglichst lange sauber, d.h. hell bleiben. Die Verschmutzung/Vergrauung von Fassaden ist neben Ablagerungen aus der Troposphäre auch auf das Wachstum von Algen- und Pilzkolonien zurück zu führen. Es soll unter dem Begriff Caparol Clean Conzept (CCC) der Stand der Technik zu diesem Thema erläutert werden.

Das CCConzept

- Damit Beschichtungen nicht verschmutzen ist es wichtig, dass die Bindemittel weder durch Wärme, noch durch Feuchte weich und klebrig werden. [1], [2], [3] Beim CCC werden nur thermisch und hygrisch stabile Bindemittel verwendet.
- Damit Beschichtungen nicht verschmutzen, dürfen Hilfsstoffe aus der Beschichtung nicht an die Oberfläche ausschwimmen und zu keiner Klebrigkeit führen. [3], [4] Das ist besonders wichtig bei hydrophoben Beschichtungen. Gelangen Hilfsstoffe für die Hydrophobie, wie z.B. Wachse oder Siliconöle an die Oberfläche, führen diese zu klebrigen Oberflächen und damit zu starken Verschmutzungen. Beim CCC werden nur Hilfsstoffe verwendet, die zu keiner Oberflächenklebrigkeit führen.
- Es ist unvermeidbar, dass auf Fassadenbeschichtungen aus der Troposphäre sich ölige Substanzen im Nanobereich ablagern. [5] Spezielle Pigmente, insbesondere TiO_2 können diese Ablagerungen in Verbindung mit Feuchte photokatalytisch abbauen. Beschichtungen mit CCC haben Pigmente, die den fotokatalytischen Abbau fördern, ohne dass eine nachmessbare Kreidung eintritt. Deshalb sind Produkte nach dem CCC-Prinzip besonders weiß und möglichst dauerhaft weiß.
- Fassaden können durch Kolonien von Algen und Pilzen schwarz/grau/braun/grün verschmutzt wirken. [6] Bei Beschichtungen mit CCC werden nur solche Bindemittel, Additive, Füllstoffe und Pigmente verwendet, die möglichst keine Nährböden für Pilze und Algen darstellen. So wird erreicht, dass auf Produkten mit CCC, auch ohne Verwendung von Algiziden und Fungiziden bei normaler Belastung Algen und Pilzen keine Kolonien bilden.
- Für die Verschmutzung, Algen- und Pilzbefall ist die Oberflächenhydrophobie, gemessen am Abrollwinkel eines Tropfens, oder der Randwinkel eines Tropfens nicht ausschlaggebend. [4] Wichtig ist, dass Beschichtungen mit geringem s_D-Wert in der Nähe der Kritischen Pigment Volumen Konzentration (KPVK) kapillarhydrophob sind, damit durch die Kapillaren kein Wasser in den Untergrund gelangt. Bei Beschichtungen mit geringer Pigment Volumen Konzentration, d.h. mit hohem Bindemittelanteil ist die Hydrophobie unbedeutend, solange die Beschichtung durch Quellen nicht zu viel Wasser aufnimmt. Produkte mit CCC haben einen exzellenten Feuchteschutz des Untergrundes nach DIN EN 1062 Teil 1 mit w-Werten $< 0,1$ kg/m^2/h^{0,5}.

Das CCConcept wurde auf Bewitterungsständen, wie bereits 2003 berichtet [7], an folgenden Standorten untersucht:

- In Istanbul gerichtet nach NW auf dem Dach eines 5 Stockwerke hohen Gebäudes, an einer Ausfallstrasse mit extrem hohem Verkehr und umgeben mit höheren Gebäuden aus deren Schornsteinen in der Heizperiode relativ viel Ruß emittiert wird.

- In Ernsthofen im Odenwald auf einer Waldaue, gerichtet nach Westen. Hier ist der Infektionsdruck insbesondere mit Pilzen sehr hoch, da das Grundstück schattig und sehr feucht, umgeben von Landwirtschaft liegt.

Die Proben wurden mit 60° und 90° Neigung ausgelegt.

Ergebnisse

Die Proben wurden in Abständen von ca. 8 Wochen visuell und im Zweifelsfall mit einer 10x Lupe begutachtet. So weit die Proben nicht von Algen und Pilzen befallen waren, wurde die Vergrauung als Maß der Verschmutzung genommen. Hierfür wurde die Helligkeit L* der Proben nach DIN 5033 gemessen und die Abnahme der Helligkeit ΔL^* im Vergleich zu den nicht bewitterten Proben als Vergrauung ermittelt. Im Bild 1 ist die Vergrauung von vier verschiedenen Kunstharzputzen (KD1, KD2, KD3 und KD4) und einem Mineralputz bei 60° Bewitterung in Istanbul im Zeitraum von April 2002 bis April 2004 wiedergegeben. Es ist zu sehen, dass der Mineralputz am wenigsten und die vier Kunstharzputze stärker vergrauen. Die geringe Vergrauung des Mineralputzes ist auf einen Abbau an der Oberfläche zurück zu führen. Im Bild 2 ist die Vergrauung dieser Putze bei 90° Bewitterung dargestellt. Hier ist die Vergrauung weniger und die Rangfolge die gleiche wie bei der 60° Bewitterung. Im Bild 4 ist die Vergrauung von 9 Fassadenbeschichtungen bei 60° Bewitterung dargestellt. Alle haben ein Bindemittel mit einer Tg >20°C. Die Beschichtungen M1 und M2 enthalten kein Silikonharz und die Beschichtungen S1, S2, S3, S4, S5, S6 und mit Lotus-Effekt Silikonöle oder Siliconharze unterschiedlicher Provinienz und Zusammensetzung. Es ist zu sehen, dass die Fassadenbeschichtungen mit Siliconharzen bzw. Siliconölen bei 60° Bewitterung stärker vergrauen als die beiden Fassadenfarben M1 und M2 ohne Siliconharz, ohne Siliconöl und ohne Hydrophobie. Im Bild 5 sind die gleichen Farben bei 90° Bewitterung dargestellt. Hier sehen wir, dass alle 9 Fassadenbeschichtungen sich mehr oder minder in einer Kurvenschar bewegen und eine Unterscheidung zwischen besser und schlechter nicht sinnvoll ist. Das zeigt, dass bei einer Tg >20°C in der Vergrauung Fassadenbeschichtungen sich nicht wesentlich unterscheiden, wenn Additive und Pigmente optimal ausgewählt sind.

Die ersten mikroskopischen Untersuchungen der in Ernsthofen bewitterten Proben haben gezeigt, dass die Pilz- und Algenkolonien sich an einzelnen Stellen (Spots) vermehren. Diese Spots sind z.T. Kot von Käfern, Mücken, Fliegen und Bienen, sowie von Vögeln. Die Anzahl der Spots sind nicht von der bioziden Ausrüstung abhängig. Im Lauf der Bewitterung verkleinern und vergrößern sich diese Spots in Abhängigkeit des Wetters. Im sehr trockenen Jahr 2003 haben sich die Spots verkleinert oder sind verschwunden.

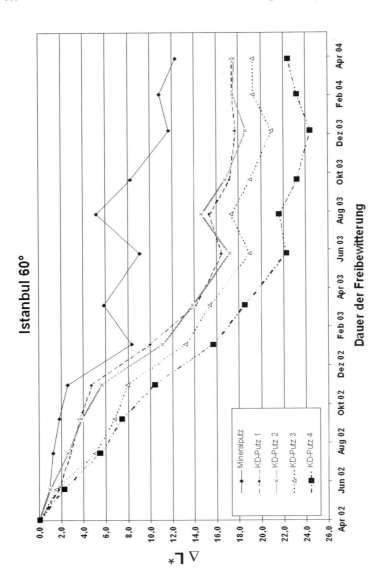

Bild 1:   Die Vergrauung ΔL* von verschiedenen Putzen mit der Zeit bewittert
in Istanbul mit einer Neigung von 60°

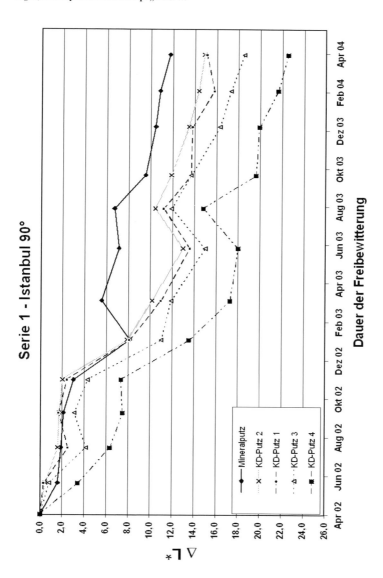

Bild 2: Die Vergrauung ΔL* von verschiedenen Putzen mit der Zeit bewittert in Istanbul mit einer Neigung von 90°

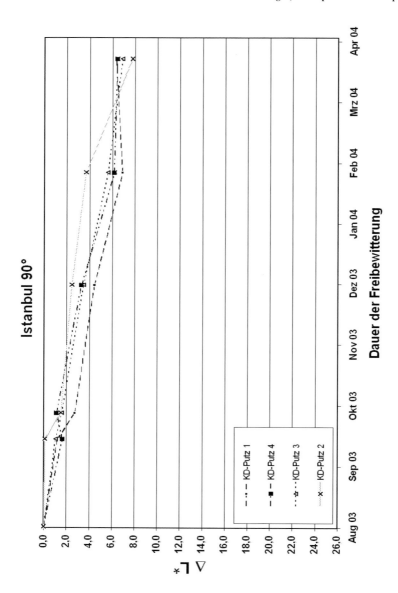

Bild 3: Die Vergrauung ΔL* einiger der Putze in Bild 1 und Bild 2 ausgelegt in die Freibewitterung in Istanbul 1 Jahr später

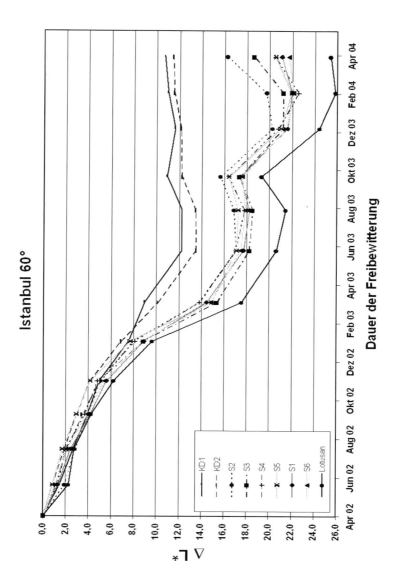

Bild 4: Die Vergrauung ΔL* von verschiedenen Fassadenbeschichtungen bewittert in Istanbul mit einer Neigung von 60°

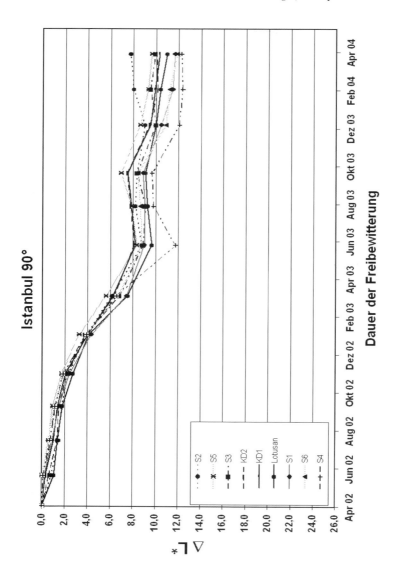

Bild 5: Die Vergrauung ΔL* von verschiedenen Fassadenbeschichtungen bewittert in Istanbul mit einer Neigung von 90°

Alle Kunstharzputze waren fungizid und algizid ausgerüstet. Diese Proben zeigen nach 2 Jahren Freibewitterung in Ernsthofen weder bei 60° noch bei 90° einen Befall. Lediglich der nicht biozid ausgerüstete Mineralputz zeigte bei 60° in den Rissen und Poren einen Befall. Bei den Fassadenbeschichtungen sind die nicht biozid ausgerüsteten Proben M1, M2 und die Fassadenbeschichtung mit dem Lotus-Effekt bei 60° Bewitterung gleichmäßig von Algen und Pilzen befallen. Die bei 90° bewitterten Proben waren nicht befallen. Unter Befall verstehen wir das Sehen von dunklen Stellen mit dem unbewaffneten Auge von ca. 1 m Entfernung bei diffusem Licht.

Es wurde der Biozidgehalt in den Kunstharzputzen in Abhängigkeit der Bewitterung analysiert, um festzustellen, wie die Biozide abgebaut werden und ob korrespondierend mit diesem Biozidgehalt, ein Algen- oder Pilzbefall auftritt. Aus diesen Versuchen wollen wir die Erkenntnis gewinnen, bei welchen Rezepturen, welche Biozide, wieviel abgebaut werden.

Photokatalyse

Unter Photokatalyse versteht man, dass durch Einwirkung von Licht eine Substanz chemische Reaktionen auslöst, ohne sich selber zu verbrauchen. Als Photokatalysator ist neuerdings TiO_2 im Vordergrund, da TiO_2 bei Einwirkung von UV-Strahlen aus H_2O OH-Radikale bildet. Die OH-Radikale greifen organische Substanzen an und zerstören sie. Die Wirkung der OH-Radikale ist ähnlich denen des Sauerstoffes, nur energiereicher, weshalb in Gegenwart von TiO_2 und Feuchte bei Einwirken von UV-Licht der Wellenlänge <370 nm organische Substanz die entstehenden Radikale zerstören laut Prof. Bahnemann sowohl oxidativ als auch reduktiv. TiO_2 als Anatas ist diesbezüglich wesentlich effektiver als Rutil. Deswegen wird in Fassadenbeschichtungen nicht nur wegen des höheren Brechungsindexes (bessere Kontrastlöschung) sondern auch wegen der geringeren Radikalbildung TiO_2 mit Rutilstruktur eingesetzt. Aber da auch das TiO_2 mit Rutilstruktur zu UV aktiv ist, wird das TiO_2 mit Al_2O_3, SiO_2 und ZrO Mischungen beschichtet. So wird die Kreidung verhindert. Kreidung tritt auf, wenn um das TiO_2 das Bindemittel abgebaut wird und das TiO_2 sowie die anderen Füllstoffe sich mechanisch wie Kreide von der Tafel abreiben lassen. Sind die zur Vergrauung führenden Partikel organischer Natur, so ist es naheliegend diese photokatalytische Eigenschaft des TiO_2 zum Abbau der „Verschmutzung" zu benutzen. Hierfür haben wir Fassadenbeschichtungen mit PVK 35 und PVK 70, sowie eine organo Silikatfarbe mit 1 %, 3 %, 5 % und 10 % Anatas sowie unbehandelten Rutil rezeptiert und bei 90° und 45° in Ernsthofen bewittert.

Wie schon in den 60er Jahren beobachtet, ist die photokatalytische Wirkung von TiO_2 mit Anatasstruktur, bereits bei Beimengungen von 1% so stark, dass auch Fassadenbeschichtungen mit modernen Bindemitteln im Bereich der KPVK, wie sie für Fassadenbeschichtungen mit s_D-Werten von <0,14 µm (Klasse I nach DIN EN 1062-Teil 1) üblich sind, zu stark kreiden. Auch Beschichtungen mit unbehandelten / unbeschichtetem Rutil haben zu einer Kreidung geführt, die nicht akzeptabel ist. So ist der Einsatz nanoskaligem TiO$_2$ aus unbehandeltem Rutil wohl wenig hilfreich, um der Vergrauung durch Photooxidation vorzubeugen, da die Kreidung dabei zu stark wird. Die Lösung ist das Optimieren der Verhältnisse von behandeltem und wenig unbehandeltem TiO$_2$ mit Rutilstruktur unter Verwendung von oxidationsstabilen Bindemitteln mit geringer Quellung, hoher Tg und geringer Thermoplastizität.

Und eins hat sich bei allen Serien herausgestellt: Photooxidation und damit Kreidung schützt nicht vor Algen- und Pilzbefall. Im Bild 7 ist eine Pilzkolonie auf einer extrem stark kreidender Silikatfarbe dargestellt. Anscheinend haben Pilzsporen und Algenzellen bei günstigem Umfeld einen so hohen Tack, dass sie auch auf kreidenden Flächen haften, sich vermehren und ausbreiten, wobei sowohl die photooxidative Wirkung des TiO$_2$ als auch die daraus resultierende Kreidung nicht ausreicht, um die Zellen zu töten bzw. ein Wachstum zu verhindern.

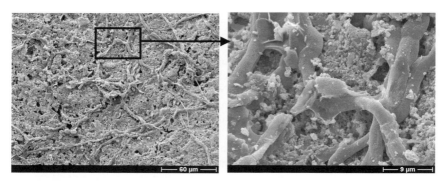

Bild 6: Pilzmyzelle auf einer Dispersionssilikatfarbe mit behandeltem Rutil TiO$_2$ ohne Kreidung nach 2 Jahren Freibewitterung

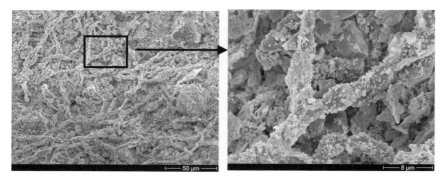

Bild 7: Pilzmyzelle auf einer Dispersionssilikatfarbe mit 3 % Anatas TiO$_2$ mit extrem starker Kreidung nach 2 Jahren Freibewitterung

Zusammenfassung

- Zwischen einzelnen Bewitterungsständen ist keine Vergleichbarkeit gegeben. Die Ergebnisse geneigt bewitterter Proben korrelieren, nicht immer mit den Ergebnissen der senkrecht bewitterten Proben.
- Die Wiederholbarkeit einer Serie der Freibewitterung ist nach dem Stand des Wissens nicht sicher gestellt.
- Kreidung verhindert einen Algen- bzw. Pilzbefall nicht.
- Die Photooxidation ist ein Ritt auf Messersschneide, die richtig dosiert die Vergrauung reduzieren kann, aber bei ungünstiger Konstellation zu einer galoppierenden Kreidung führt.

Literatur

[1] G.L. Holbrow, *Soiling of paint films*, Paint Research Association, Teddington, 1981

[2] O. Wagner, R. Baumstark, *How to Control Dirt Pick-Up of Exterior Coatings*; Macromol. Symp. 187 2002, S. 447-458, Wiley-VCH Verlag

[3] O. Wagner, *Sauber bleiben - Anschmutzungsverhalten von wässrigen Fassadenfarben*, Farbe + Lack 107 2001, S. 105-112 und S. 133-134

[4] E. Bagda, *Klebrige Fassaden vergrauen schneller,* Farbe + Lack 108 2002, S. 98-104

[5] E. Bagda, G. Spindler, *Warum Fassaden vergrauen*, Farbe + Lack 108 2002, S. 94-100

[6] Diverse Autoren, *Im Fokus Algen und Pilze*, Die Mappe 11/2002, S. 7 – 50

[7] E. Bagda, *Beschichtungen in der Freibewitterung Erfahrungen mit Bewitterungsständen,* Sonderheft Dahlberg-Kolloquium Altbauinstandsetzung 5/6 2003, S. 137-142

Die Beeinflussung des Wasserhaushalts von Fassaden durch Beschichtungssysteme

H. Weber
Ebersberg

Zusammenfassung

Unter dem Wasserhaushalt versteht man den sich im Zeitmittel einstellenden Wassergehalt von Baustoffen. Er wird von der Wasseraufnahme und der Wasserabgabe bestimmt. Durch Oberflächenschutzmaßnahmen kann der Wasserhaushalt beeinflusst werden. Auf diese Weise können z.B. objektspezifische Fassadenschutzmaßnahmen geplant und Feuchtigkeitsschäden vermieden werden.

Grundlegende Betrachtungen zum Bauten- und Fassadenschutz

Die wichtigsten Bauschäden werden durch Wasseraufnahme verursacht. Dabei ist besonders zu beachten, dass die Wasseraufnahme alleine nur bedingt Schäden bewirkt. Gravierender sind die Probleme, die durch Feuchtewechselbeanspruchung ausgelöst werden. Als Beispiele seien die Salzschäden durch Kristallisation und Hydratation sowie die Risseschäden durch hygrische Quell- und Schwinderscheinungen genannt. Die wichtigsten Schäden können wie folgt zusammengefasst werden:

- Durch Wasseraufnahme:
  - Frostschäden
  - Hygrisches Quellen und Schwinden
  - Reduktion der Wärmedämmung
  - Bewuchs mit Mikroorganismen

- Durch Wasseraufnahme und durch Aufnahme von Schadstoffen, die in Wasser gelöst sind (Schadstoffe sind lösliche Salze und Gase):
  - Kristallisationsschäden
  - Hydratationsschäden
  - Erhöhung der Gleichgewichtsfeuchte durch Hygroskopizität
  - Korrosion der Bewehrung im Stahlbeton, z.B. durch Chloridionen
  - Frosttausalzschäden
  - Chemische Umwandlung von Bindemitteln in lösliche Salze (z.B. Kalk in Gips)
  - Carbonatisierung des Stahlbetons

Um diese im Wesentlichen durch kapillare Wasseraufnahme bedingten Schäden zu reduzieren und zu vermeiden, müssen je nach Beanspruchung Bautenschutzmaßnahmen getroffen werden. Dabei ist vorrangig der konstruktive und dann der technologische Bautenschutz zu planen.

- Konstruktiver Bautenschutz:
  Wasserabführung vom Gebäude und Fassadenbereich durch
  - Regenrinnen
  - Abdeckungen
  - Verblechungen Dachüberstand

- Technologischer Bautenschutz:
  Reduktion der Wasser- und Schadstoffaufnahme durch
  - Oberflächenschutzmaßnahmen

Die Aufgaben des Oberflächenschutzes liegen dabei klar auf der Hand. Es müssen die Ursachen für die durch Feuchteaufnahme und Feuchtewechsel entstehenden Bauschäden ausgeschaltet werden.

- Aufgaben des Oberflächenschutzes:
  - Reduktion der Wasseraufnahme
  - Reduktion der Schadstoffaufnahme
  - Erhaltung oder Verbesserung der Wärmedämmung
  - Schutz vor Befall mit Mikroorganismen, wie z.B. Algen und Pilzen
  - Vermeidung feuchtebedingter oder feuchtewechselbedingter Bauschäden durch
    - Salzkristallisation
    - Temperaturwechsel (Frost)
    - Hygrisches und thermisches Quellen und Schwinden

Derartige Oberflächenschutzmaßnahmen können mit unterschiedlichen Beschichtungssystemen vorgenommen werden, z.B. durch:

- Mineralische Fassadenputze
- Kunstharzputze
- Schlämmen
- Beschichtungen (Anstriche)
- Lasuren
- Imprägnierungen

Die jeweiligen Systeme und Systembausteine müssen dabei bauphysikalisch auf den Untergrund und die jeweilige Beanspruchung abgestimmt werden. Dies bedeutet: Die Wasseraufnahme (Durchfeuchtung) und die Wasserabgabe (Trocknung) müssen optimiert werden. Auf diese Weise wird auch der Wasserhaushalt eingestellt und für die Beanspruchungsklasse optimiert.
Unter dem Wasserhaushalt versteht man den sich im Zeitmittel einstellenden Feuchtegehalt, der durch die Gesamtwasseraufnahme und Gesamtwasserabgabe bestimmt wird.

Forderung:

Der absolute Wert für den Wasserhaushalt soll möglichst klein uns stabil sein. Für den Fassadenschutz heißt dies:

Geringe kapillare Wasseraufnahme (w $\rightarrow$ 0)
Geringer Diffusionswiderstand (s_d $\rightarrow$ 0)

Dabei sind die Größen w und s_d wie folgt definiert:

Wasseraufnahmekoeffizient $w = \dfrac{W}{\sqrt{t}}$ kg/m²h^{0,5} (DIN 52617)

W - Wasseraufnahme in kg/m²
t - Zeit in Stunden h

Diffusionsgleichwertige Luftschichtdicke $s_d = \mu \cdot s$ in m (DIN 52615)

μ - Diffusionswiderstandszahl
s - Schichtdicke in m

Beispiele zur Klassifizierung des Wasserhaushalts:

<u>Wasserhaushalt hoch (wasserdurchlässig):</u>

w   → groß z.B. $w \gg 2,0$ kg/m²h^{0,5}
s_d → groß z.B. $s_d \gg 1,0$ m

<u>Wasserhaushalt mittel (wasserhemmend):</u>

w   <   2,0 kg/m²h^{0,5}
s_d <   1,0 m

<u>Wasserhaushalt niedrig (wasserabweisend):</u>

w   <   0,5 kg/m²h^{0,5}
s_d <   0,5 m

<u>Wasserhaushalt optimal (wasserundurchlässig):</u>

w   <   0,1 kg/m²h^{0,5}
s_d <   0,1 m

Einteilung der Beanspruchungsgruppen:

Die DIN 4108 teilt die Bundesrepublik Deutschland in Beanspruchungsgruppen ein. Diese orientieren sich an der Jahresniederschlagsmenge, der Lage und Höhe der Gebäude und sind einer sogenannten Regenkarte zu entnehmen (siehe Anhang A zur DIN 4108). Danach ergibt sich folgendes Bild:

Die Beanspruchung von Gebäuden oder von einzelnen Gebäudeteilen durch Schlag-regen wird durch die Beanspruchungsgruppen I, II oder III definiert. Bei der Wahl der Beanspruchungsgruppe sind die regionalen klimatischen Bedingungen (Regen, Wind), die örtliche Lage und die Gebäudeart zu berücksichtigen. Die Beanspru-chungsgruppe ist daher im Einzelfall festzulegen. Hierzu dienen folgende Hinweise:

Beanspruchungsgruppe I
Geringe Schlagregenbeanspruchung

Im Allgemeinen Gebiete mit Jahresniederschlagsmengen unter 600 mm sowie beson-ders windgeschützten Lagen auch in Gebieten mit größeren Niederschlagsmengen.

Beanspruchungsgruppe II
Mittlere Schlagregenbeanspruchung

Im Allgemeinen Gebiete mit Jahresniederschlagsmengen von 600 bis 800 mm sowie windgeschützte Lagen auch in Gebieten mit größeren Niederschlagsmengen. Hochhäu-ser und Häuser in exponierter Lage in Gebieten, die aufgrund der regionalen Regen- und Windverhältnisse einer geringen Schlagregenbeanspruchung zuzuordnen wären.

Beanspruchungsgruppe III
Starke Schlagregenbeanspruchung

Im Allgemeinen Gebiete mit Jahresniederschlagsmengen über 800 mm sowie wind-reiche Gebiete auch mit geringen Niederschlagsmengen (z.B. Küstengebiete, Mittel- und Hochgebirgslagen, Alpenvorland). Hochhäuser und Häuser in exponierter Lage in Gebieten, die aufgrund der regionalen Regen- und Windverhältnisse einer mittle-ren Schlagregenbeanspruchung zuzuordnen wären.

Für Putzfassaden bedeutet diese Einteilung, dass die Putze nach ihrer kapillaren Was-seraufnahme den Beanspruchungsgruppen zugeordnet werden. Die DIN 18550 teilt die Putze wie folgt ein:

Wasserhemmende Außenputze:
$w \leq 2,0 \ kg/m^2h^{0,5}$
$s_d \leq 2,0 \ m$
→ Gilt ohne Nachweis als erfüllt für Putze der Mörtelgruppe P II.

Wasserabweisende Außenputze:
$w \leq 0,5 \ kg/m^2h^{0,5}$
$s_d \leq 2,0 \ m$
$w \cdot s_d \leq 0,2 \ kg/m \ h^{0,5}$
→ Eigenschaft muss per Prüfzeugnis nachgewiesen werden.

Daraus ergibt sich folgende Zuordnung:

Beanspruchungsgruppe I
Geringe Schlagregenbeanspruchung
Jahresniederschlag < 600 mm
→ keine Anforderung an den Außenputz

Beanspruchungsgruppe II
Mittlere Schlagregenbeanspruchung
Jahreniederschlag zwischen 600 und 800 mm
→ Putz muss mindestens wasserhemmend ausgerüstet sein

Beanspruchungsgruppe III
Starke Schlagregenbeanspruchung
Jahresniederschlag > 800 mm
→ Putz muss wasserabweisend ausgerüstet sein

Konsequenzen für den allgemeinen Fassadenschutz

Diese Erkenntnisse und Richtlinien können auch auf den allgemeinen Fassadenschutz übertragen werden, also auf alle Arten der Oberflächenbehandlung. Legt man die Erfahrungen und Erkenntnisse der letzten Jahrzehnte zugrunde (z.B. die Fassadenschutztheorie nach Künzel oder die Einteilung der Beschichtungen nach DIN 1062) kann man folgende Zuordnung aufstellen:

Anforderungen an das Oberflächenschutzsystem

Wasserhaushalt hoch (wasserdurchlässig):
w → groß z.B. $w \gg 2{,}0 \ kg/m^2 h^{0,5}$
s_d → groß z.B. $s_d \gg 1{,}0 \ m$ Gruppe I: Jahresniederschlag < 600 mm

Wasserhaushalt mittel (wasserhemmend):

w < $2{,}0 \ kg/m^2 h^{0,5}$
s_d < $1{,}0 \ m$ Gruppe II: Jahresniederschlag 600 bis
                                                                   800 mm

Wasserhaushalt niedrig (wasserabweisend):

w < $0{,}5 \ kg/m^2 h^{0,5}$
s_d < $0{,}5 \ m$ Gruppe III: Jahresniederschlag > 800 mm

Wasserhaushalt optimal (wasserundurchlässig):

w $<$ $0,1$ kg/m²h^{0,5}

s_d $<$ $0,1$ m   Gruppe III: Jahresniederschlag > 800 mm
                                  (extreme Belastung, z.B. Turmfassaden)

Berücksichtigt man diese Zusammenhänge, lassen sich nach meiner langjährigen Erfahrung hervorragend haltbare und funktionale Fassadenschutzmaßnahmen planen und durchführen. Zusammengefasst werden können die Grundregeln für einen optimalen Fassadenschutz wie folgt:

- Der konstruktive Bautenschutz (Wasserführung) hat immer Vorrang vor dem technologischen Bautenschutz (Beschichtungen, Imprägnierungen).
- Es ist im Fassadenschutz immer eine möglichst kleine kapillare Wasseraufnahme anzustreben ($w \rightarrow 0$).
- Die kapillare Wasseraufnahme der im Fassadenbereich vorhandenen unterschiedlichen Baustoffe (Fugen, Mauersteine, Putze, Anstriche, usw.) sollte möglichst klein sein und ist durch technologische Maßnahmen gegebenenfalls anzugleichen.
- Bei aufeinander folgenden Schichten sollen die w- Werte keine großen Unterschiede aufweisen und außerdem nach außen hin abnehmen (z.B. $w_{Anstrich} < w_{Putz}$).
- Es ist im Fassadenbereich immer eine möglichst hohe Diffusionsfähigkeit (Trocknungsfähigkeit) anzustreben ($s_d \rightarrow 0$).
- Bei aufeinander folgenden Schichten muss der s_d- Wert nach außen hin abnehmen (z.B. s_d Anstrich $< s_d$ Putz).
- Es ist ein Wasserhaushalt auf möglichst niedrigem Niveau einzustellen (z.B. $w < 0,1$ und $s_d < 0,1$). Zumindest muss der Wasserhaushalt den Forderungen der DIN 4108, Teil 3 bezüglich der Schlagregenbeanspruchung entsprechen.

Dr. Eva-Maria Barkhofen,
Berlinische Galerie
Landesmuseum für Moderne Kunst,
Fotografie und Architektur
Alte Jakobstrasse 124-128, 10969 Berlin
www.berlinischegalerie.de
barkhofen@berlinischegalerie.de

Dipl.-Ing. F. Neuwirth
Ministerialrat im Bundesministerium für
Bildung, Wissenschaft und Kultur
Abteilung IV/3 Denkmalschutz, Wien
franz.neuwirth@bmbwk.gv.at

Univ.-Prof. Dr. Erich Cziesielski
Ingenieurgemeinschaft CRP GmbH
Max-Dohrn-Str. 10, 10589 Berlin
crp@crp-berlin.de

Prof. Dr. Dr. Helmuth Venzmer,
Dr.-Ing. Natalya Lesnych
Dipl.-Ing. Lev Kots
Dipl.-Ing. Julia von Werder
Dipl.- Biol. Anja Bretschneider
Dr. rer. nat. Petra Marten
Dipl.-Ing. Daniel Wiesenberg
Hochschule Wismar, Fachbereich
Bauingenieurwesen und Dahlberg-Institut
für Diagnostik und Instandsetzung
historischer Bausubstanz e.V.
www.dahlberg-Institut.de
h.venzmer@bau.hs-wismar.de

Dipl.- Ing. Klaus Panter,
Ingenieurbüro Klaus Panter
Brehmestraße 6, in 13187 Berlin
ing-panter@t-online.de

Prof. Dr.-Ing. Michael Ullrich,
Bauingenieur - Tragwerkplanung
und konstruktive Denkmalpflege
Papenbusch 67, 48159 Münster

Dr. Dirk Lukowsky,
Fraunhofer-Institut für Holzforschung,
Wilhelm-Klauditz-Institut (WKI)
Bienroder Weg 54E,
38108 Braunschweig
www.wki.fhg.de
lukowsky@wki.fhg.de

Richter G. Budde
Vorsitzender Richter am
Kammergericht Berlin
Koblenzer Str. 20, 10715 Berlin
gerald.budde@berlin.de

Architekt Oberingenieur Klaus Kempe
ö. b. u. v. Sachverständiger (IHK)
Schneewittchenweg 20, 04277 Leipzig
Tel./Fax: 0341-8612965

Dipl.-Ing. Rudolf Schäfer
BaumitBayosan GmbH & Co. KG
Reckenberg 12, 87541 Bad Hindelang
www.baumitbayosan.com
Rudolf.Schaefer@baumitbayosan.com

Prof. Dr.-Ing. Harald Garrecht
Fachhochschule Karlsruhe
Hochschule für Technik
IAF-Bereich Energetisches Bauen
Moltkestraße 30, 76133 Karlsruhe
www.energetischesbauen.de
harald.garrecht@fh-karlsruhe.de

Mag. Iris Fortmann,
Dipl. Umwelttechnikerin –
eingetragene Mediatorin
Österreichisches Forschungsinstitut für
Chemie und Technik
Arsenal Objekt 213
Franz Grill-Straße 5, A-1030 Wien
iris.fortmann@ofi.co.at
www.ofi.co.at

Prof. Dipl.-Ing. A. C. Rahn
Dipl.-Ing. M. Friedrich
Ingeneurbüro Axel C. Rahn
Binger Straße 36, 14197 Berlin
mail@-rahn.de

Dipl.-Ing. Stefan Albrecht
Hochschule für Technik,
Wirtschaft und Kultur Leipzig (FH)
Fachbereich Bauingenieurwesen
Karl-Liebknecht-Str. 132, 04277 Leipzig
salbrec1@fbb.htwk-leipzig.de

Dipl.-Ing. Carola Tiede
TU-Darmstadt, Fachbereich
Bauingenieurwesen und Geodäsie/
Fachgebiet Physikalische Geodäsie
Petersenstr. 13, 64287 Darmstadt
tiede@geod.tu-darmstadt.de

Dipl.-Ing. Dr. techn. Günther Fleischer
ofi Bauinstitut Wien
guenther.fleischer@ofi.co.at

Dr. habil. Dipl.-Chem. Engin Bagda
Deutsche Amphibolin-Werke
von Robert Murjahn Stiftung & Co KG
Roßdörfer Straße 50, 64372 Ober-Ramstadt
www.caparol.de, engin.bagda@daw.de

Prof. Dr.-Ing. Stefan Himburg
Technische Fachhochschule Berlin
Fachbereich Bauingenieur- und
Geoinformationswesen
Luxemburger Straße 10, 13353 Berlin
www.tfh-berlin.de
himburg@tfh-berlin.de

Dr.-Ing. Reiner Fürstner
STO AG, Abt. TIGF
Gutenbergstr. 6, 65830 Kriftel
www.sto.de
r.fuerstner@stoeu.com

Dr.-Ing. Gesa Haroske
Dipl.-Ing. (FH) Regina Brosin
Prof. Dr.-Ing. Ulrich Diederichs
Universität Rostock, Institut für
Bauingenieurwesen, Fachgebiet
Baustoffe, 18051 Rostock
www.uni-rostock.de
Dr.G.Haroske@web.de

Dr.-Ing. Katrin Riesner
Prof. Dr.-Ing. G.-W. Mainka
Universität Rostock, AUF, Institut für
Bauingenieurwesen
PF 1210, 23966 Wismar
www.bau.uni-rostock.de
katrin.riesner@bauing.uni-rostock.de
georg-wilhelm.mainka@uni-rostock.de

Dr-Ing. Peter Strangfeld
Dipl.-Ing. Steffen Gnoth
Dipl.-Ing. Karsten Jurk
Fachhochschule Lausitz, FB
Architektur- Bauingenieurwesen -
Versorgungstechnik Bauphysik,
PF 130233
pstrangf@bi.fh-lausitz.de
sgnoth@ve-fh-lausitz.de

Dipl.-Ing. Astrid Wendrich
Dr. Ch. Maierhofer
BAM Bundesanstalt für
Materialforschung und -prüfung,
Fachgruppe IV.4 - Zerstörungsfreie
Schadensdiagnose und
Umweltmessverfahren
Unter dem Eichen 87, 12205 Berlin
www.bam.de
astrid.wendrich@bam.de

Prof. Dr. rer. nat. Helmut Weber
Bürgermeister-Müller-Str. 21
85560 Ebersberg
kbb-weber@gmx.de

Dr. Georg Hilbert

Bereichleiter Baudenkmalpflege
Remmers Baustofftechnik GmbH
PF 1255, 49624 Löningen
remmerszoagh@t-online.de

I - Forschung / Lehre

Prof. Dipl.-Ing. Axel C. Rahn Ingenieurbüro Axel C. Rahn GmbH – Die Bauphysiker Rosenheimer Str. 20, 10779 Berlin Tel.: 030/8977470, Fax: 030/89774799 mail@ib-rahn.de www.ib-rahn.de	Prof. Dr. Dr. Helmuth Venzmer Hochschule Wismar Dahlberg-Institut e.V. Philipp-Müller-Str, PF 1210, 23952 Wismar Tel. 1: 03841/753231, Tel. 2: 03841/753226 Fax: 03841/753226 Handy: 0172/9508340 h.venzmer@bau.hs-wismar.de www.dahlberg-institut.de

II – Planer

Dipl.-Ing. Ralf Lindner Lindner Ingenieurbüro für Bauwerksdiagnostik Oberwall 65, 42289 Wuppertal Tel.: 0202/705160 Fax: 0202/7051617 Handy: 0173/2525119 rl@ing-buero-lindner.de www.ing.-buero-lindner.de	Dipl.-Ing. Michael Müller Ingenieurbüro Axel C. Rahn – Die Bauphysiker Rosenheimer Str. 20, 10779 Berlin Tel.: 030/8977470, Fax: 030/8977470 mail@ib-rahn.de www.ib-rahn.de
Prof. Dipl.-Ing. Axel C. Rahn Ingenieurbüro Axel C. Rahn GmbH – Die Bauphysiker Rosenheimer Str. 20, 10779 Berlin Tel.: 030/8977470, Fax: 030/89774799 mail@ib-rahn.de www.ib-rahn.de	Reuschlein, ö. b. u. v. Sachverständiger für Naturstein- und Betonsanierung, Feuchtigkeitsschäden Sachverständigenbüro Reuschlein & Partner Weinbergstr. 30, 97877 Wertheim Tel.: 09342/23116, Fax.: 09342/23122 Dorfstr. 43, 14959 Schönhagen Tel.: 033731/14575, Fax: 033731/70365 Bueroreuschlein@AOL.com www.Bueroreuschlein.com
Prof. Dr. Ernst-Joachim Völker IAB Institut für Akustik und Bauphysik Haus 2 23992 Zweihausen bei Wismar Tel.: 03841/252222 Fax: 06171/252222 Handy: 0175/7442121 kontakt@iab-zweihausen.de www.iab-zweihausen.de	

III – Sachverständige

Dipl.-Ing. Jörg Beck
Sachverständigenbüro für Feuchte- und
Abdichtungsschäden

Gäblerstr. 17, 13086 Berlin
Tel.: 030/9246960
Fax: 030/9246960 Handy: 0172/3011419
joergbeck@aol.com

Frank Deitschun
Architektur- und Bausachverständigenbüro

Hermann-Böse-Str. 17, 28209 Bremen
Tel.: 0421/249512, Fax: 0421/249516
BAU-V.DEITSCHUN@EWETEL.NET

Prof. Dr.-Ing. Gerd Förster
IBA-Institut für Baustoffprüfung, Bauzu-
standsanalyse und Bausanierungsplanung
Anhalt GmbH

Mohsstr. 21, 06848 Dessau
Tel.: 0340/611818, Fax: 0340/611819
Handy: 0163/5653556
gf@iba-dessau.de
www.IBA-Dessau.de

Dipl.-Ing. Volker Heinrichs
Ingenieur- und Sachverständigenbüro

Dorfstr. 2, 16818 Frankendorf
Tel. 1: 033924/70301
Fax: 033924/79063 Handy: 0172/3115433
volker-erwin@gmx.de
www.holzerwin.de

Dipl.-Ing. Franz-Josef Hölzen
Remmers Baustofftechnik GmbH

Bernhard-Remmers-Str. 13, 49624 Löningen
Tel.: 05432/83151
Fax: 05432/83740 Handy: 0170/9245290
fjhoelzen@remmers.de
www.remmers.de

Dipl.-Ing. Ralf Lindner
Lindner Ingenieurbüro für Bauwerksdiagnostik

Oberwall 65, 42289 Wuppertal
Tel.: 0202/705160, Fax: 0202/7051617
Handy: 0173/2525119
rl@ing-buero-lindner.de
www.ing.-buero-lindner.de

Dipl.-Ing. Michael Müller
Ingenieurbüro Axel C. Rahn – Die
Bauphysiker

Rosenheimer Str. 20, 10779 Berlin
Tel.: 030/8977470, Fax: 030/8977470
mail@ib-rahn.de, www.ib-rahn.de

Dipl.-Ing. Klaus Panter
Ingenieurbüro

Brehmestr. 6, 13187 Berlin
Tel. 1: 030/98606472, Tel. 2: 030/98606473
Fax: 030/98606474
ing-panter@t-online.de

Prof. Dipl.-Ing. Axel C. Rahn
Ingenieurbüro Axel C. Rahn GmbH – Die
Bauphysiker

Rosenheimer Str. 20, 10779 Berlin
Tel.: 030/8977470, Fax: 030/89774799
mail@ib-rahn.de
www.ib-rahn.de

Reuschlein, ö. b. u. v. Sachverständiger für
Naturstein- und Betonsanierung,
Feuchtigkeitsschäden

Sachverständigenbüro Reuschlein & Partner
Weinbergstr. 30, 97877 Wertheim
Tel.: 09342/23116 Fax.: 09342/23122
Dorfstr. 43, 14959 Schönhagen
Tel.: 033731/14575 Fax: 033731/70365
Bueroreuschlein@AOL.com
www.Bueroreuschlein.com

II – Sachverständige

Abdichtungstechnik M. Schmechtig
Ingenieurfachbetrieb für Abdichtungen

Steindamm 16, 39326 Gutenswegen
Tel. 1: 039202/8756 Tel. 2: 039202/6363
Fax: 039202/87589 Handy: 0171/4445096
wilhelmschmechtig@gmx.de
www.schmechtig.de

Prof. Dr. Ernst-Joachim Völker
IAB Institut für Akustik und Bauphysik

Haus 2
23992 Zweihausen bei Wismar
Tel.: 03841/252222
Fax: 06171/252222 Handy: 0175/7442121
kontakt@iab-zweihausen.de
www.iab-zweihausen.de

Dipl.-Ing. Klaus D. Weber,
von der HwK Berlin ö. b. u. v.
Sachverständiger für Holz- und Bautenschutz
Ingenieurbüro Weber

Plauener Str. 163-165 (Haus11)
13053 Berlin
Tel.: 030/9826263
Fax: 030/9826264 Handy: 0177/7303836
klaus-dweber@t-online.de

Dipl.-Ing. Alexander Zimmermann
Ingenieurbüro Zimmermann

Dorotheastr. 27, 10318 Berlin
Tel.: 030/50382659
Fax: 030/50176709 Handy: 0171/3727869
alexand.zimmermann@t-online.de
www.svb-sander.de

Prof. Dr. Dr. Helmuth Venzmer
Hochschule Wismar
Dahlberg-Institut e.V.

Philipp-Müller-Str, PF 1210, 23952 Wismar
Tel. 1: 03841/753231, Tel. 2: 03841/753226
Fax: 03841/753226 Handy: 0172/9508340
h.venzmer@bau.hs-wismar.de
www.dahlberg-institut.de

Torsten Völter
Bauhandwerk Völter und
Sachverständigenbüro

Zeppelinstr. 26
15370 Fredersdorf
Tel. 1: 033439/76205, Tel. 2: 033397/71001
Fax: 033439/76206 Handy: 0171/4162890
VOELTER@t-online.de

Dipl.-Ing. Friedrich Karl Weise
WEISE- Bausachverständigenbüro

Jahnstr. 24, 99423 Weimar
Tel.: 03643/86260
Fax: 03643/862623
info@weise-baugutachten.de
www.weise-baugutachten.de

IV- Ausführende

Alfred Buschek Bautenschutz Buschek Hoher Nussbaumweg 21, A- 7000 Eisenstadt Tel.: 0043-2682/64732 Fax: 0043-2682/64742 office@buschek.at www.feuchtmauerputz.info	**Frank Dressler** BWD Bauwerksabdichtung Dressler Warnowerstr. 34, 18249 Zernin Tel.: 038462/20346 Fax: 038462/20346 Handy: 0171/7735224 BWD-Dressler@web.de
Gert Kühnert Bausanierung Nossener Str. 5a 09662 Hainichen Tel. 1: 037202/3553 Fax: 037202/50468 Handy: 0173/3888710 KuehnertG@aol.com kuehnert-G.de	**Kerstin Meyer** Aqua-Stop Potsdam GmbH, techn. Bauaustrocknung Kastanienallee 2b 14548 Gem. Schielowsee, OT Caputh Tel.: 0331/747740 Fax: 0331/7477470 Handy: 0173/2326200 meyer0704@aol.com www.aqua-stop.de
Uwe Neisius Neisius Bautenschutz Im Mörsewinkel 29, 30900 Wedemark Tel.: 05130/79300 Fax: 05130/793030 Handy: 0171/4128460 neisius@t-online.de www.cavastop.com	**Abdichtungstechnik M. Schmechtig** Ingenieurfachbetrieb für Abdichtungen Steindamm 16, 39326 Gutenswegen Tel. 1: 039202/8756 Tel. 2: 039202/6363 Fax: 039202/87589 Handy: 0171/4445096 wilhelmschmechtig@gmx.de www.schmechtig.de
Dipl. Ing. Stephan Schukowski BAU GmbH Trockenbau, Zimmerer, Maurer, Abdichtung Str. vor Schönholz 14, 13158 Berlin Tel.: 030/91699420 Fax: 030/9166252 stephan@schukowski.de	**Torsten Völter** Bauhandwerk Völter und Sachverständigenbüro Zeppelinstr. 26, 15370 Fredersdorf Tel. 1: 033439/76205, Tel. 2: 033397/71001 Fax: 033439/76206 Handy: 0171/4162890 VOELTER@t-online.de
Hochschulingenieur Hans-Jörg Winter BBG-Brandenburgische Bauwerksabdichtung GmbH Fasanenweg 7b, 16547 Birkenwerder Tel. 1: 03303/210745 Tel. 2: 03303/2148930 Fax: 03303/210596 Handy: 0162/1053648 h-j-winter@web.de	

V – Hersteller / Lieferanten

Alfred Buschek Bautenschutz Buschek Hoher Nussbaumweg 21, A- 7000 Eisenstadt Tel.: 0043-2682/64732, Fax: 0043-2682/64742 office@buschek.at www.feuchtmauerputz.info	**Dipl.-Ing. Franz-Josef Hölzen** Remmers Baustofftechnik GmbH Bernhard-Remmers-Str. 13, 49624 Löningen Tel.: 05432/83151 Fax: 05432/83740 Handy: 0170/9245290 fjhoelzen@remmers.de www.remmers.de
Dipl.-Chem. Jürgen Lindner Niederlassungsleiter Sto AG, Berlin Ullsteinstr. 98-106, 12109 Berlin Tel.: 030/707937-143 Fax: 030/707937-145 Handy: 0171/9787309 j.lindner@stoeu.com www.sto.de	**Uwe Neisius** Neisius Bautenschutz Im Mörsewinkel 29, 30900 Wedemark Tel.: 05130/79300 Fax: 05130/793030 Handy: 0171/4128460 neisius@t-online.de www.cavastop.com

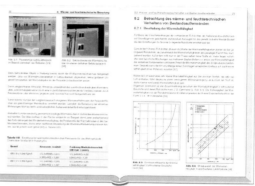